Formule matematiche
per le scienze economiche

Springer - Collana di Statistica

a cura di

Adelchi Azzalini
Francesco Battaglia
Michele Cifarelli
Klaus Haagen
Ludovico Piccinato
Elvezio Ronchetti

Volumi pubblicati

C. Rossi, G. Serio
La metodologia statistica nelle applicazioni biomediche
1990, 354 pp, ISBN 3-540-52797-4

L. Piccinato
Metodi per le decisioni statistiche
1996, 492 pp, ISBN 3-540-75027-4

A. Azzalini
Inferenza statistica:
una presentazione basata sul concetto di verosimiglianza
2a edizione
2000, 382 pp, ISBN 88-470-0130-7

A. Rotondi, P. Pedroni, A. Pievatolo
Probabilità, Statistica e Simulazione
2001, 496 pp, ISBN 88-470-0081-5

E. Bee Dagum
Analisi delle serie storiche:
modellistica, previsione e scomposizione
2002, 312 pp, ISBN 88-470-0146-3

B. Luderer, V. Nollau, K. Vetters
Formule matematiche per le scienze economiche
2003, 222 pp, ISBN 88-470-0224-9

B. Luderer

V. Nollau

K. Vetters

Formule matematiche per le scienze economiche

Springer

Prof. Dr. Bernd Luderer
Chemnitz University of Technology
Faculty of Mathematics
Straße der Nationen 62
09111 Chemnitz - Germania

Prof. Dr. Volker Nollau
Dr. Klaus Vetters
Dresden University of Technology
Faculty of Mathematics and Natural Science
Mommsenstraße 13
01062 Dresden - Germania

Traduzione a cura di Alessio Farcomeni
Facoltà di Scienze Statistiche, Università "La Sapienza", Roma

Pubblicato in origine in tedesco da B.G. Teubner Verlag con il titolo "Bernd Luderer, Volker Nollau, Klaus Vetters: Mathematische Formeln für Wirtschaftswissenschaftler. 4th edition"
© B.G. Teubner Verlag/GWV Fachverlage, Wiesbaden 2002

Springer-Verlag Italia
una società del gruppo BertelsmannSpringer Science+Business Media GmbH

http://www.springer.it

© Springer-Verlag Italia, Milano 2003

ISBN 88-470-0224-9

Riprodotto da copia camera-ready fornita dal traduttore
Progetto grafico della copertina: Simona Colombo, Milano

SPIN: 10942482

Prefazione

Questa raccolta di formule costituisce un compendio matematico per l'economia e il mondo degli affari. Contiene tutte le formule, gli enunciati e gli algoritmi più rilevanti per questo campo della matematica moderna. Pur essendo rivolto principalmente a studenti universitari di discipline economiche, il testo può essere un punto di riferimento di facile uso per persone interessate a problemi pratici ed applicativi.

Il libro tratta inizialmente simboli matematici e costanti; insiemi e proposizioni; sistemi numerici e la loro aritmetica; così come le basi del calcolo combinatorio. Il capitolo su successioni e serie è seguito dalla matematica finanziaria, le funzioni di una o più variabili, il calcolo differenziale ed integrale, le equazioni differenziali e alle differenze finite. In ciascun caso, speciale enfasi è riposta nelle applicazioni e nei modelli per l'economia.

Il capitolo sull'algebra lineare tratta le matrici, i vettori, i determinanti e i sistemi di equazioni lineari, seguite dagli algoritmi di programmazione lineare. Quindi, il lettore trova formule di statistica descrittiva (analisi dei dati, numeri indici e analisi delle serie storiche), di calcolo delle probabilità (eventi, probabilità, variabili aleatorie e loro distribuzioni) e di inferenza statistica (stime puntuali e di intervallo, test di ipotesi). Alcune tavole fondamentali completano la trattazione.

Questo manuale è il risultato di molti anni di insegnamento rivolto agli studenti di economia dell'Istituto di Tecnologia di Dresda e Chemnitz, in Germania. Gli autori si sono anche giovati dell'esperienza e dei suggerimenti di numerosi colleghi: ringraziamo sentitamente M. Richter e K. Eppler per aver riletto il manoscritto; M. Schoenherr, U. Wuerker e J. Rudl per aver contribuito alla preparazione tecnica del libro.

Dopo il successo accordato dai lettori tedeschi, è per noi un grande piacere presentare questa collezione di formule al pubblico italiano.

Siamo grati alla Springer-Verlag per averci dato l'opportunità di pubblicare questo libro in italiano.

In conclusione, vorremmo enfatizzare che commenti e critiche sono sempre benvenuti.

<table>
<tr><td>Chemnitz / Dresda,
Luglio 2001</td><td>Bernd Luderer
Volker Nollau
Klaus Vetters</td></tr>
</table>

Indice

Simboli e costanti matematiche

$\mathbb{N}$ – insieme dei numeri naturali

$\mathbb{N}_0$ – insieme dei numeri naturali comprendente lo zero

$\mathbb{Z}$ – insieme dei numeri interi

$\mathbb{Q}$ – insieme dei numeri razionali

$\mathbb{R}$ – insieme dei numeri reali

$\mathbb{R}^+$ – insieme dei numeri reali non negativi

$\mathbb{R}^n$ – insieme delle n-uple di numeri reali (vettori di dimensione n)

$\mathbb{C}$ – insieme dei numeri complessi

$\sqrt{x}$ – numero non negativo y (radice quadrata) tale che $y^2 = x$, $x \geq 0$

$\sqrt[n]{x}$ – numero non negativo y (radice n-ma) tale che $y^n = x$, $x \geq 0$

$\displaystyle\sum_{i=1}^{n} x_i$ – somma dei numeri x_i: $x_1 + x_2 + \ldots + x_n$

$\displaystyle\prod_{i=1}^{n} x_i$ – prodotto dei numeri x_i: $x_1 \cdot x_2 \cdot \ldots \cdot x_n$

$n!$ – $1 \cdot 2 \cdot \ldots \cdot n$ (n fattoriale)

$\min\{a,b\}$ – minimo tra i numeri a e b: a se $a \leq b$, b se $a \geq b$

$\max\{a,b\}$ – massimo tra i numeri a o b: a se $a \geq b$, b se $a \leq b$

$\lceil x \rceil$ – il più piccolo intero y tale che $y \geq x$ (arrotondamento per eccesso)

$\lfloor x \rfloor$ – il più grande intero y tale che $y \leq x$ (arrotondamento per difetto)

$\operatorname{sgn} x$ – segno: 1 se $x > 0$, 0 se $x = 0$, -1 se $x < 0$

$|x|$ – valore assoluto del numero reale x: x se $x \geq 0$ e $-x$ per $x < 0$

(a,b) – intervallo aperto, ovvero $a < x < b$

$[a,b]$ – intervallo chiuso, ovvero $a \leq x \leq b$

$(a,b]$ – intervallo semi-aperto chiuso a destra, ovvero $a < x \leq b$

$[a,b)$ – intervallo semi-aperto aperto a destra, ovvero $a \leq x < b$

$\leq,\ \geq$ – minore o uguale; maggiore o uguale

$\pm,\ \mp$ – prima più e poi meno; prima meno e poi più

$\stackrel{\text{def}}{=}$ – uguale per definizione

$:=$ – la quantità a sinistra è definita dalla quantità a destra

$\forall$	– per tutti; per ogni ...
$\exists$	– esiste (almeno uno)...
$p \wedge q$	– congiunzione: p e q
$p \vee q$	– disgiunzione: p o q
$p \Longrightarrow q$	– implicazione: da p segue q
$p \Longleftrightarrow q$	– equivalenza: p è equivalente a q
$\neg p$	– negazione: non p
$a \in M$	– a è un elemento dell'insieme M
$a \notin M$	– a non è un elemento dell'insieme M
$n! = 1 \cdot 2 \cdot \ldots \cdot n$	– fattoriale
$\dbinom{n}{k}$	– coefficiente binomiale
$A \subset B$	– A è un sottoinsieme di B
$\emptyset$	– insieme vuoto
$\| \cdot \|$	– norma (di un vettore, di una matrice, ...)
$\operatorname{rang}(\boldsymbol{A})$	– rango della matrice $\boldsymbol{A}$
$\det \boldsymbol{A}, \; |\boldsymbol{A}|$	– determinante della matrice $\boldsymbol{A}$
δ_{ij}	– simbolo di Kronecker: 1 per $i = j$ e 0 per $i \neq j$
$\displaystyle\lim_{n \to \infty} a_n$	– limite della successione $\{a_n\}$ per n che tende all'infinito
$\displaystyle\lim_{x \to x_0} f(x)$	– limite della funzione f nel punto x_0
$\displaystyle\lim_{x \downarrow x_0} f(x)$	– limite da destra (limite destro) nel punto x_0
$\displaystyle\lim_{x \uparrow x_0} f(x)$	– limite da sinistra (limite sinistro) nel punto x_0
$U_\varepsilon(x^*)$	– intorno di raggio ε del punto x^*

$$f(x)\Big|_a^b = \big[f(x)\big]_a^b = f(b) - f(a)$$

Costanti matematiche

$$\pi = 3.141\,592\,653\,589\,793 \ldots$$

$$e = 2.718\,281\,828\,459\,045 \ldots$$

$$1° = 0.017\,453\,292\,520 \ldots = \frac{\pi}{180}$$

$$1' = 0.000\,290\,888\,209 \ldots$$

$$1'' = 0.000\,004\,848\,137 \ldots$$

Insiemi e proposizioni

insieme M	– collezione di oggetti distinti, ben definiti
elementi	– oggetti in un insieme
	$a \in M \iff a$ appartiene all'insieme M
	$a \notin M \iff a$ non appartiene all'insieme M
descrizione	– 1. elencando gli elementi: $M = \{a, b, c, \dots\}$
	2. caratterizzando le proprietà degli elementi
	$M = \{x \in \Omega \mid A(x) \text{ è vera}\}$
insieme vuoto	– insieme che non contiene alcun elemento; notazione: $\emptyset$
insiemi disgiunti	– insiemi senza alcun elemento in comune: $M \cap N = \emptyset$

Sottoinsiemi (inclusione tra insiemi)

$M \subset N \iff (\forall x: x \in M \implies x \in N)$	– M è sottoinsieme di N (inclusione)
$M \subset N \wedge (\exists x \in N : x \notin M)$	– M è sottoinsieme proprio di N
$\mathcal{P}(M) = \{X \mid X \subset M\}$	– insieme potenza, insieme di tutti i sottoinsiemi di M
Proprietà:	
$M \subset M$	– riflessiva
$M \subset N \wedge N \subset P \implies M \subset P$	– transitiva
$\emptyset \subset M \quad \forall M$	– $\emptyset$ è sottoinsieme di ogni insieme

- Altra notazione per l'inclusione: $M \subseteq N$ (sottoinsieme proprio: $M \subset N$).

Uguaglianza tra insiemi

$M = N \iff (\forall x: x \in M \iff x \in N)$ – uguaglianza

Proprietà:

$M \subset N \wedge N \subset M \iff M = N$ – relazione d'ordine

$M = M$ – proprietà riflessiva

$M = N \implies N = M$ – simmetria

$M = N \wedge N = P \implies M = P$ – proprietà transitiva

Operazioni con gli insiemi

$M \cap N = \{x \mid x \in M \wedge x \in N\}$ – intersezione tra gli insiemi M e N; contiene tutti gli elementi comuni a M e N (1)

$M \cup N = \{x \mid x \in M \vee x \in N\}$ – unione tra gli insiemi M e N; contiene tutti gli elementi che appartengono ad almeno uno tra M e N (2)

$M \setminus N = \{x \mid x \in M \wedge x \notin N\}$ – differenza tra gli insiemi M e N; contiene tutti gli elementi di M che non appartengono ad N (3)

$\mathbf{C}_\Omega M = \overline{M} = \Omega \setminus M$ – complemento di M in Ω; qui Ω è un insieme di riferimento e $M \subset \Omega$ (4)

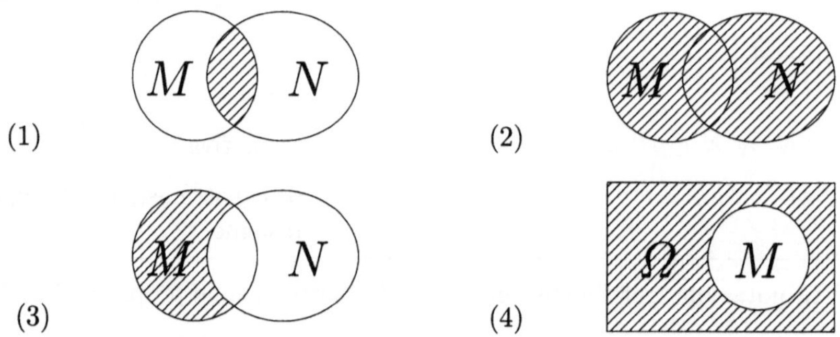

• Insiemi A, B tali che $A \cap B = \emptyset$ (A, B non hanno elementi in comune) sono detti *disgiunti*.

Operazioni con più insiemi

$$\bigcup_{i=1}^{n} M_i = M_1 \cup M_2 \cup \ldots \cup M_n = \{x \mid \exists\, i \in \{1,\ldots,n\} : x \in M_i\}$$

$$\bigcap_{i=1}^{n} M_i = M_1 \cap M_2 \cap \ldots \cap M_n = \{x \mid \forall\, i \in \{1,\ldots,n\} : x \in M_i\}$$

Leggi di De Morgan

$$\overline{(M \cup N)} = \overline{M} \cap \overline{N}, \qquad \overline{(M \cap N)} = \overline{M} \cup \overline{N} \qquad \text{(per due insiemi)},$$

$$\overline{\bigcup_{i=1}^{n} M_i} = \bigcap_{i=1}^{n} \overline{M_i}, \qquad \overline{\bigcap_{i=1}^{n} M_i} = \bigcup_{i=1}^{n} \overline{M_i} \qquad \text{(per } n \text{ insiemi)}$$

Regole per le operazioni tra insiemi

Unione e intersezione

$$A \cup (B \cap A) = A \qquad\qquad A \cap (B \cup A) = A$$

$$A \cup (B \cup C) = (A \cup B) \cup C \qquad\qquad A \cap (B \cap C) = (A \cap B) \cap C$$

$$A \cup (B \cap C) = (A \cup B) \cap (A \cup C)$$

$$A \cap (B \cup C) = (A \cap B) \cup (A \cap C)$$

Unione, intersezione e differenza

$$A \setminus (A \setminus B) = A \cap B$$

$$A \setminus (B \cup C) = (A \setminus B) \cap (A \setminus C)$$

$$A \setminus (B \cap C) = (A \setminus B) \cup (A \setminus C)$$

$$(A \cup B) \setminus C = (A \setminus C) \cup (B \setminus C)$$

$$(A \cap B) \setminus C = (A \setminus C) \cap (B \setminus C)$$

$$A \cap B = \emptyset \iff A \setminus B = A$$

Unione, intersezione e differenza rispetto all'inclusione

$$A \subset B \iff A \cap B = A \iff A \cup B = B$$
$$A \subset B \implies A \cup C \subset B \cup C$$
$$A \subset B \implies A \cap C \subset B \cap C$$
$$A \subset B \iff A \setminus B = \emptyset$$

Unione, intersezione e complementazione

Se $A \subset \Omega$ e $B \subset \Omega$, allora valgono le relazioni seguenti (tutte le complementazioni sono intese rispetto a Ω):

$$\overline{\emptyset} = \Omega \qquad\qquad \overline{\Omega} = \emptyset$$
$$A \cup \overline{A} = \Omega \qquad\qquad A \cap \overline{A} = \emptyset$$
$$\overline{A \cup B} = \overline{A} \cap \overline{B} \qquad\qquad \overline{A \cap B} = \overline{A} \cup \overline{B} \qquad \text{Leggi di De Morgan, p. 5}$$
$$\overline{\left(\overline{A}\right)} = A \qquad\qquad A \subset B \iff \overline{B} \subset \overline{A}$$

Insieme prodotto e funzioni

Insieme prodotto

(x, y) –   coppia ordinata; associazione tra gli elementi $x \in X$ e $y \in Y$ che tiene conto dell'ordinamento

$(x, y) = (z, w) \iff x = z \land y = w$ –   uguaglianza tra due coppie ordinate

$X \times Y = \{(x, y) \mid x \in X \land y \in Y\}$ –   insieme prodotto, prodotto cartesiano, prodotto diretto

Prodotto di n insiemi

$$\prod_{i=1}^{n} X_i = X_1 \times X_2 \times \ldots \times X_n = \{(x_1, \ldots, x_n) \mid \forall\, i \in \{1, \ldots, n\} : x_i \in X_i\}$$
$$\underbrace{X \times X \times \ldots \times X}_{n \text{ volte}} = X^n; \qquad \underbrace{\mathbb{R} \times \mathbb{R} \times \ldots \times \mathbb{R}}_{n \text{ volte}} = \mathbb{R}^n$$

- Gli elementi di $X_1 \times \ldots \times X_n$, i. e. $(x_1, \ldots, x_n)$, sono detti *n-uple*, per $n = 2$ *coppie*, per $n = 3$ *terne*; in particolare $\mathbb{R}^2$ indica tutte le coppie, $\mathbb{R}^n$ tutte le *n*-uple di numeri reali (vettori con n componenti).

Corrispondenze

$$A \subset X \times Y$$ – corrispondenza tra X e Y; sottoinsieme del prodotto cartesiano di X e Y

$$D_A = \{x \in X \mid \exists\, y \colon (x,y) \in A\}$$ – dominio di A

$$W_A = \{y \in Y \mid \exists\, x \colon (x,y) \in A\}$$ – campo di variazione di A

$$A^{-1} = \{(y,x) \mid (x,y) \in A\}$$ – corrispondenza inversa di A

- Se $(x,y) \in A$, allora y è un elemento associato all'elemento x. Una corrispondenza A tra X e Y è detta *univoca* se per ogni $x \in X$ esiste un solo $y \in Y$ associato a x. Una corrispondenza univoca è chiamata *funzione* f e la regola di associazione è indicata con $y = f(x)$. Se una corrispondenza A e la sua inversa A^{-1} (funzione inversa f^{-1}) sono entrambe univoche, allora A (e f) è detta *corrispondenza (funzione) biunivoca*.

Funzioni lineari

$$f(\lambda x + \mu y) = \lambda f(x) + \mu f(y)$$ – proprietà che definisce una funzione (corrispondenza) lineare, $\lambda, \mu \in \mathbb{R}$

- La composizione $h(x) = g(f(x))$ di due funzioni lineari (e. g. $f \colon \mathbb{R}^n \to \mathbb{R}^m$ e $g \colon \mathbb{R}^m \to \mathbb{R}^p$) è una funzione lineare ($h \colon \mathbb{R}^n \to \mathbb{R}^p$) indicata con $h = g \circ f$.

Algebra delle proposizioni

Proposizioni e proprietà

proposizione p – affermazione in base alla quale una frase p ha valore logico "vero" (t) o "falso" (f)

proprietà $p(x)$ – affermazione che dipende da una variabile x; solo dopo aver sostituito x con un oggetto concreto è possibile determinarne il valore logico

- Il valore logico della proprietà $p(x)$ può essere determinato anche attraverso un *quantificatore universale* $\forall$ ($\forall x \colon p(x)$): "per ogni x la proposizione $p(x)$ è vera") o attraverso un *quantificatore esistenziale* $\exists$ ($\exists x \colon p(x)$: "esiste un x per il quale $p(x)$ è vera").

Proposizioni composte

- La composizione di proposizioni produce nuove proposizioni il cui valore logico dipende dai valori logici delle proposizioni iniziali. Sono proposizioni composte la negazione, le relazioni diadiche (vedi tabella seguente) e le relazioni poliadiche costruite attraverso gli operatori $\neg$, $\wedge$, $\vee$, $\Longrightarrow$, $\Longleftrightarrow$.

• Una *tautologia* è sempre vera, una *contraddizione* è sempre falsa (indipendentemente dai valori logici delle proposizioni che la compongono).

Tavola dei valori logici della negazione

negazione $\neg p$ (non p)

p	$\neg p$
t	f
f	t

Relazioni diadiche (tavola dei valori logici)

| Relazione | significato | p | t | t | f | f |
		q	t	f	t	f
congiunzione	p e q	$p \wedge q$	t	f	f	f
disgiunzione	p o q	$p \vee q$	t	t	t	f
implicazione	p implica q	$p \Longrightarrow q$	t	f	t	t
equivalenza	p è equivalente a q	$p \Longleftrightarrow q$	t	f	f	t

• L'implicazione ("da p segue q") è indicata anche come proposizione nella forma "se..., allora..."; p è detta *premessa* (assunzione), q è la *conclusione* (asserzione).

• La premessa p è *sufficiente* per la conclusione q, q è *necessaria* per p. Altra formulazione per l'equivalenza è: "se e solo se... (sse)".

Tautologie dell'algebra delle proposizioni

$p \lor \neg p$	– legge del terzo escluso
$\neg (p \land \neg p)$	– legge della contraddizione
$\neg (\neg p) \Longleftrightarrow p$	– negazione della negazione
$\neg (p \Longrightarrow q) \Longleftrightarrow (p \land \neg q)$	– negazione dell'implicazione
$\neg (p \land q) \Longleftrightarrow \neg p \lor \neg q$	– legge di De Morgan
$\neg (p \lor q) \Longleftrightarrow \neg p \land \neg q$	– legge di De Morgan
$(p \Longrightarrow q) \Longleftrightarrow (\neg q \Longrightarrow \neg p)$	– legge di contrapposizione
$[(p \Longrightarrow q) \land (q \Longrightarrow r)] \Longrightarrow (p \Longrightarrow r)$	– proprietà transitiva
$p \land (p \Longrightarrow q) \Longrightarrow q$	– legge di separazione
$q \land (\neg p \Longrightarrow \neg q) \Longrightarrow p$	– principio della prova indiretta
$[(p_1 \lor p_2) \land (p_1 \Longrightarrow q) \land (p_2 \Longrightarrow q)] \Longrightarrow q$	– distinzione dei casi

Principio di induzione completa

Problema: Una proposizione $A(n)$ dipendente da un numero naturale n deve essere provata per ogni n.

Base dell'induzione: Si mostra la validità della proposizione $A(n)$ per qualche valore iniziale (spesso $n = 0$ o $n = 1$).

Ipotesi di induzione: Si assume che $A(n)$ sia valida per $n = k$.

Passo induttivo: Usando l'ipotesi di induzione, si prova che $A(n)$ è valida per $n = k + 1$.

Sistemi Numerici e loro Aritmetica

Numeri naturali: $\mathbb{N} = \{1, 2, 3, \ldots\}$, $\mathbb{N}_0 = \{0, 1, 2, 3, \ldots\}$

divisore	– un numero naturale $m \in \mathbb{N}$ è definito divisore di $n \in \mathbb{N}$ se esiste un altro numero naturale $k \in \mathbb{N}$ tale che $n = m \cdot k$
numero primo	– un numero naturale $n \in \mathbb{N}$, con $n > 1$, i cui soli divisori sono 1 ed n
massimo comun divisore	– m.c.d.$(n, m) = \max\{k \in \mathbb{N}$ tale che k è divisore di n ed $m\}$
minimo comune multiplo	– m.c.m.$(n, m) = \min\{k \in \mathbb{N}$ tale che n ed m sono divisori di $k\}$

- Ogni numero naturale $n \in \mathbb{N}$, $n > 1$ può essere rappresentato come prodotto di potenze di numeri primi

$$n = p_1^{r_1} \cdot p_2^{r_2} \cdot \ldots \cdot p_k^{r_k}$$ p_j numeri primi, r_j numeri naturali

Interi: $\mathbb{Z} = \{\ldots, -3, -2, -1, 0, 1, 2, 3, \ldots\}$

Numeri razionali: $\mathbb{Q} = \left\{\frac{m}{n} \mid m \in \mathbb{Z},\ n \in \mathbb{N}\right\}$

- La rappresentazione decimale di un numero razionale è finita o periodica. Ogni numero con una rappresentazione decimale finita o periodica è un numero razionale.

Numeri reali: $\mathbb{R}$

- L'insieme dei numeri reali nasce dall'"estensione" di $\mathbb{Q}$ a numeri decimali non periodici con un numero infinito di cifre.

$$x = \sum_{j=-\infty}^{k} r_j g^j$$ –   rappresentazione in base g

$g = 2$: binaria $g = 8$: ottale $g = 10$: decimale

Conversione decimale $\longrightarrow$ base g

1. Decomposizione del numero decimale positivo x: $x = n + x_0$, $\quad n \in \mathbb{N}$, $x_0 \in \mathbb{R}$

2. Conversione della parte intera n via *divisione iterata* per g:
$$q_0 = n, \qquad q_{j-1} = q_j \cdot g + r_j, \qquad 0 \le r_j < g, \qquad j = 1, 2, \ldots$$

3. Conversione della parte non intera x_0 via *moltiplicazione iterata* per g:
$$g \cdot x_{j-1} = s_j + x_j, \qquad 0 < x_j < 1, \qquad j = 1, 2, \ldots$$

4. Risultato: $x = (r_k \ldots r_2 r_1 . s_1 s_2 \ldots)_g$

Conversione base g $\longrightarrow$ decimale (per mezzo dello ▶ schema di Horner)

$$x = (r_k \ldots r_2 r_1 . s_1 s_2 \ldots s_p)_g = (\ldots((r_k g + r_{k-1})g + r_{k-2})g + \ldots + r_2)g + r_1$$
$$+ (\ldots((s_p/g + s_{p-1})/g + s_{p-2})/g + \ldots + s_1)/g$$

Calcoli con i numeri reali

Proprietà Elementari

$$a + b = b + a$$
$$a \cdot b = b \cdot a$$

– proprietà commutativa

$$(a + b) + c = a + (b + c)$$
$$(a \cdot b) \cdot c = a \cdot (b \cdot c)$$

proprietà associativa

$$(a + b) \cdot c = a \cdot c + b \cdot c$$
$$a \cdot (b + c) = a \cdot b + a \cdot c$$

– proprietà distributiva

$$(a + b)(c + d) = ac + bc + ad + bd$$

– moltiplicazione fuori dalle parentesi

$$\frac{a}{b} = \frac{a \cdot c}{b \cdot c}$$

– estensione di una frazione $(b, c \neq 0)$

$$\frac{a \cdot c}{b \cdot c} = \frac{a}{b}$$

– riduzione di una frazione $(b, c \neq 0)$

$$\frac{a}{c} \pm \frac{b}{c} = \frac{a \pm b}{c}$$

– addizione/sottrazione di frazioni con denominatore uguale $(c \neq 0)$

$$\frac{a}{c} \pm \frac{b}{d} = \frac{a \cdot d \pm b \cdot c}{c \cdot d}$$

– addizione/sottrazione di frazioni arbitrarie $(c, d \neq 0)$

$$\frac{a}{b} \cdot \frac{c}{d} = \frac{a \cdot c}{b \cdot d}$$

– moltiplicazione di frazioni $(b, d \neq 0)$

$$\frac{\frac{a}{b}}{\frac{c}{d}} = \frac{a}{b} : \frac{c}{d} = \frac{a \cdot d}{b \cdot c}$$

– divisione di frazioni $(b, c, d \neq 0)$

Definizioni

$$\sum_{i=1}^{n} a_i = a_1 + a_2 + \ldots + a_n$$

– somma degli elementi di una sequenza

$$\prod_{i=1}^{n} a_i = a_1 \cdot a_2 \cdot \ldots \cdot a_n$$

– prodotto degli elementi di una sequenza

Operazioni

$$\sum_{i=1}^{n}(a_i + b_i) = \sum_{i=1}^{n} a_i + \sum_{i=1}^{n} b_i \qquad\qquad \sum_{i=1}^{n}(c \cdot a_i) = c \cdot \sum_{i=1}^{n} a_i$$

$$\sum_{i=1}^{n} a_i = n \cdot a \quad (\text{per } a_i = a) \qquad\qquad \sum_{i=1}^{m}\sum_{j=1}^{n} a_{ij} = \sum_{j=1}^{n}\sum_{i=1}^{m} a_{ij}$$

$$\sum_{i=1}^{n} a_i = \sum_{i=0}^{n-1} a_{i+1} \qquad\qquad \prod_{i=1}^{n} a_i = \prod_{i=0}^{n-1} a_{i+1}$$

$$\prod_{i=1}^{n}(c \cdot a_i) = c^n \cdot \prod_{i=1}^{n} a_i \qquad\qquad \prod_{i=1}^{n} a_i = a^n \quad (\text{per } a_i = a)$$

Indipendenza dall'indice (indice "muto")

$$\sum_{i=1}^{n} a_i = \sum_{k=1}^{n} a_k \qquad\qquad \prod_{i=1}^{n} a_i = \prod_{k=1}^{n} a_k$$

Valori assoluti

Definizione

$$|x| = \begin{cases} x & \text{se } x \geq 0 \\ -x & \text{se } x < 0 \end{cases} \qquad - \quad \text{valore (assoluto) del numero } x$$

Operazioni e proprietà

$$|x| = x \cdot \operatorname{sgn} x \qquad\qquad |-x| = |x|$$

$$|x| = 0 \quad \Longleftrightarrow \quad x = 0$$

$$|x \cdot y| = |x| \cdot |y| \qquad\qquad \left|\frac{x}{y}\right| = \frac{|x|}{|y|} \quad \text{per } y \neq 0$$

Disuguaglianze triangolari:

$$|x + y| \leq |x| + |y| \qquad \text{(si ha uguaglianza se e solo se}$$
$$\operatorname{sgn} x = \operatorname{sgn} y)$$

$$\big||x| - |y|\big| \leq |x + y| \qquad \text{(si ha uguaglianza se e solo se}$$
$$\operatorname{sgn} x = -\operatorname{sgn} y)$$

Fattoriale e coefficienti binomiali

Definizioni

$$n! = 1 \cdot 2 \cdot \ldots \cdot n \qquad\qquad - \text{ fattoriale } (n \in \mathbb{N})$$

$$\binom{n}{k} = \frac{n \cdot (n-1) \cdot \ldots \cdot (n-k+1)}{1 \cdot 2 \cdot \ldots \cdot k} \qquad - \text{ coefficiente binomiale } (k, n \in \mathbb{N},$$
$$k \leq n; \text{ leggi: "binomiale di } n \text{ a } k\text{"}$$
$$\text{o "}n \text{ su } k\text{")}$$

$$\binom{n}{k} = \begin{cases} \dfrac{n!}{k!(n-k)!} & \text{for} \quad k \leq n \\[2mm] 0 & \text{for} \quad k > n \end{cases} \qquad - \text{ definizione estesa a } k, n \in \mathbb{N}_0$$
$$\text{con} \quad 0! = 1$$

$$\binom{0}{0} = 1 \qquad\qquad \binom{n}{0} = 1 \qquad\qquad \binom{n}{1} = n \qquad\qquad \binom{n}{n} = 1$$

Triangolo di Pascal:

```
n=0:                        1        k=1
n=1:                    1       1        k=2
n=2:                1       2       1        k=3
n=3:            1       3       3       1
n=4:        1       4       6       4       1
n=5:    1       5      10      10       5       1
```
....

Proprietà

$$\binom{n}{k} = \binom{n}{n-k} \qquad\qquad - \text{ simmetria}$$

$$\binom{n}{k} + \binom{n}{k-1} = \binom{n+1}{k} \qquad\qquad - \text{ proprietà di somma}$$

$$\binom{n}{0} + \binom{n+1}{1} + \ldots + \binom{n+m}{m} = \binom{n+m+1}{m} \quad - \text{ teoremi di addizione}$$

$$\binom{n}{0}\binom{m}{k} + \binom{n}{1}\binom{m}{k-1} + \ldots + \binom{n}{k}\binom{m}{0} = \binom{n+m}{k}$$

$$\sum_{k=0}^{n} \binom{n}{k} = 2^n$$

• La definizione di coefficiente binomiale è inoltre valida per $n \in \mathbb{R}$. In questo caso, anche la proprietà di somma e i teoremi di addizione rimangono validi.

Equazioni

Trasformazione delle espressioni

$$(a \pm b)^2 = a^2 \pm 2ab + b^2 \qquad\qquad \text{(formule del binomio)}$$

$$(a+b)(a-b) = a^2 - b^2$$

$$(a \pm b)^3 = a^3 \pm 3a^2b + 3ab^2 \pm b^3 \qquad (a \pm b)(a^2 \mp ab + b^2) = a^3 \pm b^3$$

$$\frac{a^n - b^n}{a - b} = a^{n-1} + a^{n-2}b + a^{n-3}b^2 + \ldots + ab^{n-2} + b^{n-1},$$

$$a \neq b,\ n = 2, 3, \ldots$$

$$x^2 + bx + c = \left(x + \frac{b}{2}\right)^2 + c - \frac{b^2}{4} \qquad \text{(completamento del quadrato)}$$

Teorema binomiale

$$(a+b)^n = \sum_{k=0}^{n} \binom{n}{k} a^{n-k}b^k$$

$$= a^n + \binom{n}{1} a^{n-1}b + \ldots + \binom{n}{n-1} ab^{n-1} + b^n, \qquad n \in \mathbb{N}$$

Trasformazione di equazioni

Due termini rimangono uguali se la stessa operazione è applicata a **entrambe**.

$$a = b \implies a + c = b + c, \qquad c \in \mathbb{R}$$

$$a = b \implies a - c = b - c, \qquad c \in \mathbb{R}$$

$$a = b \implies c \cdot a = c \cdot b, \qquad c \in \mathbb{R}$$

$$a = b,\ a \neq 0 \implies \frac{c}{a} = \frac{c}{b}, \qquad c \in \mathbb{R}$$

$$a = b \implies a^n = b^n, \qquad n \in \mathbb{N}$$

$$a^2 = b^2 \implies \begin{cases} a = b & \text{per} \quad \operatorname{sgn} a = \operatorname{sgn} b \\ a = -b & \text{per} \quad \operatorname{sgn} a = -\operatorname{sgn} b \end{cases}$$

Soluzione di equazioni

Se una equazione contiene delle variabili, per alcuni valori di queste può essere vera e per altre falsa. La determinazione di uno o tutti i valori delle variabili per cui una equazione è **vera** è detta *risolvere* l'equazione.

$$ax + b = 0 \implies \begin{cases} x = -\frac{b}{a} & \text{per} \quad a \neq 0 \\ x \text{ arbitraria} & \text{per} \quad a = b = 0 \\ \text{nessuna soluzione} & \text{per} \quad a = 0,\ b \neq 0 \end{cases}$$

$$(x - a)(x - b) = 0 \implies x = a \quad \text{or} \quad x = b$$

$$(x - a)(y - b) = 0 \implies (x = a \text{ e } y \text{ arbitraria}) \quad \textbf{o}$$
$$(x \text{ arbitraria o } y = b)$$

Equazione quadratica per x reale :

$$x^2 + px + q = 0 \implies$$

$$\begin{cases} x = -\dfrac{p}{2} \pm \sqrt{\dfrac{p^2}{4} - q} & \text{per} \quad p^2 > 4q \quad \text{(due soluzioni distinte)} \\[2ex] x = -\dfrac{p}{2} & \text{per} \quad p^2 = 4q \quad \text{(una soluzione doppia)} \\[1ex] \text{nessuna soluzione} & \text{per} \quad p^2 < 4q \end{cases}$$

Disequazioni

Operazioni

$$
\begin{aligned}
x < y \,\wedge\, y < z &\implies x < z \qquad\qquad (x, y, z, u, v \in \mathbb{R})\\[4pt]
x < y &\implies x + z < y + z\\[4pt]
x < y \,\wedge\, z > 0 &\implies x \cdot z < y \cdot z\\[4pt]
x < y \,\wedge\, z < 0 &\implies x \cdot z > y \cdot z\\[4pt]
0 < x < y \,\wedge\, 0 < u < v &\implies x \cdot u < y \cdot v\\[4pt]
0 < x < y &\implies \frac{1}{x} > \frac{1}{y}\\[4pt]
\frac{x}{y} < \frac{u}{v} \,\wedge\, y > 0 \,\wedge\, v > 0 &\implies \frac{x}{y} < \frac{x+u}{y+v} < \frac{u}{v}
\end{aligned}
$$

Disuguaglianza di Bernoulli

$$
(1 + x)^n \geq 1 + nx \qquad \text{per} \qquad x > -1, \ n \in \mathbb{N}
$$

Disuguaglianza di Cauchy-Schwarz

$$
\sum_{i=1}^{n} x_i y_i \leq \left(\sum_{i=1}^{n} x_i^2 \right)^{\frac{1}{2}} \cdot \left(\sum_{i=1}^{n} y_i^2 \right)^{\frac{1}{2}}
$$

Somme finite

progressione aritmetica:

$$
a_{k+1} = a_k + d \implies s_n = \sum_{k=1}^{n} a_k = \frac{n(a_1 + a_n)}{2}
$$

progressione geometrica:

$$
a_{k+1} = q \cdot a_k \implies s_n = \sum_{k=1}^{n} a_k = a_1 \frac{q^n - 1}{q - 1} \quad (q \neq 1)
$$

Somme finite particolari

somma	valore
$1 + 2 + 3 + \ldots + n$	$\frac{1}{2}n(n+1)$
$1 + 3 + 5 + \ldots + (2n-1)$	n^2
$2 + 4 + 6 + \ldots + 2n$	$n(n+1)$
$1^2 + 2^2 + 3^2 + \ldots + n^2$	$\frac{1}{6}n(n+1)(2n+1)$
$1^2 + 3^2 + 5^2 + \ldots + (2n-1)^2$	$\frac{1}{3}n(4n^2-1)$
$2^2 + 4^2 + 6^2 + \ldots + (2n)^2$	$\frac{2}{3}n(n+1)(2n+1)$
$1^3 + 2^3 + 3^3 + \ldots + n^3$	$\frac{1}{4}n^2(n+1)^2$
$1^3 + 3^3 + 5^3 + \ldots + (2n-1)^3$	$n^2(2n^2-1)$
$2^3 + 4^3 + 6^3 + \ldots + (2n)^3$	$2n^2(n+1)^2$
$1 + x + x^2 + \ldots + x^n$	$\dfrac{x^{n+1}-1}{x-1} \qquad (x \neq 1)$
$\operatorname{sen}x + \operatorname{sen}2x + \ldots + \operatorname{sen}nx$	$\dfrac{\cos\frac{x}{2} - \cos(n+\frac{1}{2})x}{2\operatorname{sen}\frac{x}{2}}$
$\cos x + \cos 2x + \ldots + \cos nx$	$\dfrac{\operatorname{sen}(n+\frac{1}{2}x) - \operatorname{sen}\frac{x}{2}}{2\operatorname{sen}\frac{x}{2}}$

Potenze e radici

Potenze con esponente intero $(a \in \mathbb{R};\ n \in \mathbb{N};\ p, q \in \mathbb{Z})$

Potenze con esponente positivo:	$a^n = \underbrace{a \cdot a \cdot \ldots \cdot a}_{n \text{ fattori}}, \qquad a^0 = 1$
Potenze con esponente negativo:	$a^{-n} = \dfrac{1}{a^n} \qquad (a \neq 0)$

Operazioni

$a^p \cdot a^q = a^{p+q}$	$a^p \cdot b^p = (a \cdot b)^p$	$(a^p)^q = (a^q)^p = a^{p \cdot q}$
$\dfrac{a^p}{a^q} = a^{p-q}$	$\dfrac{a^p}{b^p} = \left(\dfrac{a}{b}\right)^p$	$(a, b \neq 0)$

Radici, potenze con esponente reale $(a, b \in \mathbb{R};\ a, b > 0;\ m, n \in \mathbb{N})$

$$\text{radice } n\text{-ma:} \qquad u = \sqrt[n]{a} \qquad \Longleftrightarrow \qquad u^n = a, \quad u \geq 0$$

Operazioni

$$\sqrt[n]{a} \cdot \sqrt[n]{b} = \sqrt[n]{a \cdot b} \qquad\qquad \frac{\sqrt[n]{a}}{\sqrt[n]{b}} = \sqrt[n]{\frac{a}{b}} \qquad (b \neq 0) \quad (a, b > 0)$$

$$\sqrt[m]{\sqrt[n]{a}} = \sqrt[n]{\sqrt[m]{a}} = \sqrt[m \cdot n]{a} \qquad\qquad \sqrt[n]{a^m} = (\sqrt[n]{a})^m \qquad\qquad (a \geq 0)$$

$$\text{Potenze con esponente razionale:} \quad a^{\frac{1}{n}} = \sqrt[n]{a}, \qquad a^{\frac{m}{n}} = \sqrt[n]{a^m}$$

$$\text{Potenze con esponente reale:} \quad a^x = \lim_{k \to \infty} a^{q_k}, \qquad q_k \in \mathbb{Q}, \ \lim_{k \to \infty} q_k = x$$

• Per le potenze con esponente reale sono vere le stesse proprietà delle potenze ad esponente intero.

Logaritmi

$$\text{Logaritmo in base } a: \quad x = \log_a u \quad \Longleftrightarrow \quad a^x = u, \ a > 1, \ u \geq 0$$

$$\text{Base } a = 10: \quad \log_{10} u = \lg u \quad - \quad \text{logaritmo di Briggs}$$

$$\text{Base } a = e: \quad \log_e u = \ln u \quad - \quad \text{logaritmo naturale}$$

Operazioni

$$\log_a(u \cdot v) = \log_a u + \log_a v \qquad\qquad \log_a\left(\frac{u}{v}\right) = \log_a u - \log_a v$$

$$\log_a u^v = v \cdot \log_a u \qquad\qquad \log_b u = \frac{\log_a u}{\log_a b} \quad (u, v > 0, b > 1)$$

Numeri complessi

$i:\quad i^2 = -1$	– unità immaginaria
$z = a + b\,i,\quad a, b \in \mathbb{R}$	– rappresentazione cartesiana del numero complesso $z \in \mathbb{C}$
$z = r(\cos\varphi + i\operatorname{sen}\varphi) = re^{i\varphi}$	– rappresentazione polare (trigonometrica) del numero complesso $z \in \mathbb{C}$ (relazione di Eulero)
$\operatorname{Re} z = a = r\cos\varphi$	– parte reale di z
$\operatorname{Im} z = b = r\operatorname{sen}\varphi$	– parte immaginaria di z
$\lvert z \rvert = \sqrt{a^2 + b^2} = r$	– valore assoluto di z
$\arg z = \varphi$	– argomento di z
$\overline{z} = a - b\,i$	– complesso coniugato di $z = a + b\,i$

Numeri complessi particolari

$$e^{i0} = 1, \qquad e^{\pm i\frac{\pi}{3}} = \frac{1}{2}\left(1 \pm \sqrt{3}\,i\right)$$

$$e^{\pm i\frac{\pi}{2}} = \pm i, \qquad e^{\pm i\frac{\pi}{4}} = \frac{1}{2}\sqrt{2}(1 \pm i)$$

$$e^{\pm i\pi} = -1, \qquad e^{\pm i\frac{\pi}{6}} = \frac{1}{2}\left(\sqrt{3} \pm i\right)$$

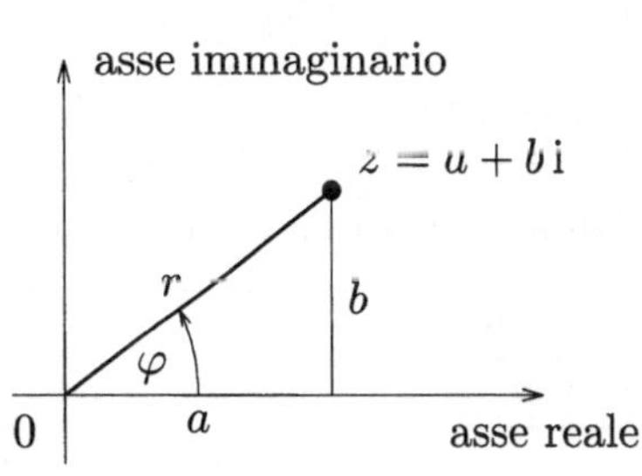

Trasformazione rappresentazione cartesiana $\longrightarrow$ polare

Dati $a, b \implies r = \sqrt{a^2 + b^2}$,

φ è la soluzione di $\cos\varphi = \dfrac{a}{r}, \quad \operatorname{sen}\varphi = \dfrac{b}{r}$

Trasformazione forma polare $\longrightarrow$ cartesiana

Dati $r, \varphi \implies a = r \cdot \cos\varphi, \qquad b = r \cdot \operatorname{sen}\varphi$

Operazioni

Dati $z_k = a_k + b_k\,\mathrm{i} = r_k(\cos\varphi_k + \mathrm{i}\mathrm{sen}\varphi_k) = r_k\mathrm{e}^{\mathrm{i}\varphi_k}$, $k = 1, 2$.

$$z_1 \pm z_2 = (a_1 \pm a_2) + (b_1 \pm b_2)\,\mathrm{i}$$

$$z_1 \cdot z_2 = (a_1 a_2 - b_1 b_2) + (a_1 b_2 + a_2 b_1)\,\mathrm{i}$$

$$z_1 \cdot z_2 = r_1 r_2\left[\cos(\varphi_1 + \varphi_2) + \mathrm{i}\,\mathrm{sen}(\varphi_1 + \varphi_2)\right] = r_1 r_2\,\mathrm{e}^{\mathrm{i}(\varphi_1 + \varphi_2)}$$

$$\frac{z_1}{z_2} = \frac{r_1}{r_2}\left[\cos(\varphi_1 - \varphi_2) + \mathrm{i}\,\mathrm{sen}(\varphi_1 - \varphi_2)\right] = \frac{r_1}{r_2}\,\mathrm{e}^{\mathrm{i}(\varphi_1 - \varphi_2)}$$

$$\frac{z_1}{z_2} = \frac{z_1 \overline{z}_2}{|z_2|^2} = \frac{a_1 a_2 + b_1 b_2 + (a_2 b_1 - a_1 b_2)\,\mathrm{i}}{a_2^2 + b_2^2} \qquad (a_2^2 + b_2^2 > 0)$$

$$z \cdot \overline{z} = |z|^2 \qquad\qquad \frac{1}{z} = \frac{\overline{z}}{|z|^2}$$

Soluzione di $z^n = a$ (estrazione di radice)

Rappresentando il numero a nella forma polare $a = r\mathrm{e}^{\mathrm{i}\varphi}$, si hanno n soluzioni situate sulla circonferenza di raggio $\sqrt[n]{r}$ e centrata sull'origine. Queste sono

$$z_k = \sqrt[n]{r}\,\mathrm{e}^{\mathrm{i}\frac{\varphi + 2k\pi}{n}}, \quad k = 0, 1, \ldots, n-1.$$

Gli angoli tra l'asse reale e il radiante di questi numeri sono:

$$\frac{\varphi + 2k\pi}{n}, \quad k = 0, 1, \ldots, n-1.$$

Intersezione del cerchio unitario

Nella figura il cerchio unitario $|z| = 1$ è diviso in 6 segmenti dalle soluzioni dell'equazione

$$z^6 = 1$$

che individua i punti

$$z_1 = \mathrm{e}^0, \quad z_2 = \mathrm{e}^{\mathrm{i}\frac{\pi}{3}}, \quad z_3 = \mathrm{e}^{\mathrm{i}\frac{2\pi}{3}},$$

$$z_4 = \mathrm{e}^{\mathrm{i}\pi}, \quad z_5 = \mathrm{e}^{\mathrm{i}\frac{4\pi}{3}}, \quad z_6 = \mathrm{e}^{\mathrm{i}\frac{5\pi}{3}}.$$

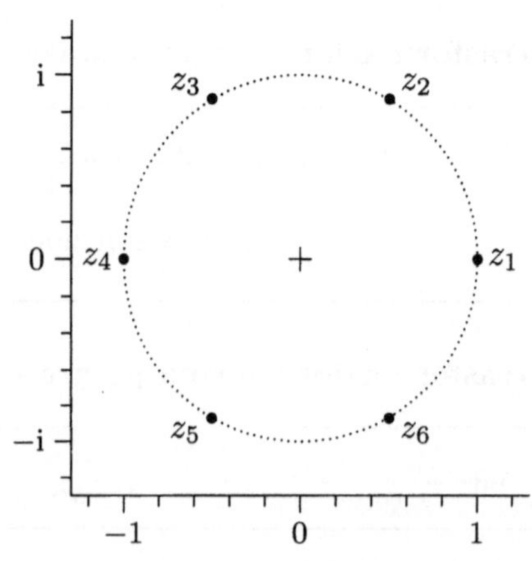

Calcolo combinatorio

- Dati n elementi, un loro ordinamento arbitrario è chiamato *permutazione*. Se tra gli n oggetti ci sono p gruppi di elementi non distinti, allora si parla di permutazioni *con ripetizione*. Sia n_i il numero di elementi nell'i-mo gruppo, dove si assume che $n_1 + n_2 + \ldots + n_p = n$.

	senza ripetizione	con ripetizione
numero di permutazioni differenti	$P_n = n!$	$P_{n_1,\ldots,n_p} = \dfrac{n!}{n_1! \, n_2! \cdot \ldots \cdot n_p!}$ $n_1 + n_2 + \ldots + n_p = n$

Le permutazioni di 1,2,3,4 ($n = 4$) sono:

```
1 2 3 4      2 1 3 4      3 1 2 4      4 1 2 3
1 2 4 3      2 1 4 3      3 1 4 2      4 1 3 2
1 3 2 4      2 3 1 4      3 2 1 4      4 2 1 3
1 3 4 2      2 3 4 1      3 2 4 1      4 2 3 1
1 4 2 3      2 4 1 3      3 4 1 2      4 3 1 2
1 4 3 2      2 4 3 1      3 4 2 1      4 3 2 1
```

$$4! = 24$$

Le permutazioni con ripetizione di 1,2,2,3 ($n = 4$, $n_1 = 1$, $n_2 = 2$, $n_3 = 1$) sono:

```
1 2 2 3      2 1 2 3      2 2 3 1      3 1 2 2
1 2 3 2      2 1 3 2      2 3 1 2      3 2 1 2
1 3 2 2      2 2 1 3      2 3 2 1      3 2 2 1
```

$$\frac{4!}{1! \cdot 2! \cdot 1!} = 12$$

- Dati n elementi distinti, l'assegnazione di k di questi a k posti è chiamata *disposizione (senza ripetizione)*. Questo corrisponde a un campionamento di k tra gli n elementi **tenendo in considerazione l'ordine** di estrazione, $1 \leq k \leq n$. Se è possibile che ciascuno degli n elementi sia estratto un numero arbitrario di volte, si parla di *disposizioni con ripetizione*.

	senza ripetizione	con ripetizione
numero di disposizioni differenti	$V_n^k = \dfrac{n!}{(n-k)!}$ $1 \leq k \leq n$	$\overline{V}_n^k = n^k$

Le disposizioni di 1,2,3,4 in 2 posti ($n = 4$, $k = 2$) sono:

1 2	2 1	3 1	4 1	
1 3	2 3	3 2	4 2	$\dfrac{4!}{2!} = 12$
1 4	2 4	3 4	4 3	

Le disposizioni di 1,2,3,4 in 2 posti con ripetizione ($n = 4$, $k = 2$) sono:

1 1	2 1	3 1	4 1	
1 2	2 2	3 2	4 2	
1 3	2 3	3 3	4 3	$4^2 = 16$
1 4	2 4	3 4	4 4	

Combinazioni

- Se vengono estratti k tra n elementi distinti, dove $1 \leq k \leq n$ e **non si considera l'ordine** di estrazione, allora si parla di *combinazioni (senza ripetizione)*. Se ciascuno degli n elementi distinti può essere estratto più volte, allora si parla di *combinazioni con ripetizione*.

	senza ripetizione	con ripetizione
numero di combinazioni differenti	$C_n^k = \dbinom{n}{k}$ $1 \leq k \leq n$	$\overline{C}_n^k = \dbinom{n + k - 1}{k}$

Le combinazioni di 1,2,3,4 in 2 posti ($n = 4$, $k = 2$) sono:

1 2	2 3	3 4	
1 3	2 4		$\dbinom{4}{2} = 6$
1 4			

Le combinazioni di 1,2,3,4 in 2 posti, con ripetizione, ($n = 4$, $k = 2$) sono:

1 1	2 2	3 3	4 4	
1 2	2 3	3 4		$\dbinom{4 + 2 - 1}{2} = 10$
1 3	2 4			
1 4				

Successioni e serie numeriche

Successioni numeriche

Una corrispondenza $a : K \to \mathbb{R}$, $K \subset \mathbb{N}$, è detta *successione (numerica)* e indicata con $\{a_n\}$. Per $K = \mathbb{N}$ questa consiste degli *elementi (termini)* $a_n = a(n)$, $n = 1, 2, \ldots$. La successioni è *finita* o *infinita* a seconda che l'insieme K sia finito o infinito.

Nozioni

successione in forma esplicita	–	è nota la regola $a_n = a(n)$
successione ricorsiva	–	$a_{n+1} = a(a_n, a_{n-1}, \ldots, a_{n-k})$
successione limitata	–	$\exists\, C \in \mathbb{R}$: $|a_n| \leq C \;\; \forall n \in K$
successione crescente	–	$a_{n+1} \geq a_n \quad \forall n \in \mathbb{N}$
successione strettamente crescente	–	$a_{n+1} > a_n \quad \forall n \in \mathbb{N}$
successione decrescente	–	$a_{n+1} \leq a_n \quad \forall n \in \mathbb{N}$
successione strettamente decrescente	–	$a_{n+1} < a_n \quad \forall n \in \mathbb{N}$
successione convergente (al limite g)	–	Il numero g è *limite* della successione $\{a_n\}$ se per ogni $\varepsilon > 0$ esiste un indice $n(\varepsilon)$ tale che $|a_n - g| < \varepsilon$ per tutti gli $n \geq (\varepsilon)$. Notazione: $\lim\limits_{n\to\infty} a_n = g$ o $a_n \to g$ per $n \to \infty$.
successione divergente	–	successione che non ha un limite
successione (propriamente) divergente (convergente al limite improprio $+\infty$ o $-\infty$, risp.)	–	successione per cui per ogni numero c esiste un indice $n(c)$ tale che $a_n > c$ ($a_n < c$, risp.) per tutti gli $n \geq n(c)$
successione impropriamente divergente	–	successione che non converge nè diverge propriamente
successione infinitesima	–	successione convergente al limite $g = 0$
successione alternante	–	successione che alterna valori positivi e negativi
successione aritmetica	–	$a_{n+1} - a_n = d \;\forall n \in \mathbb{N}$, $d = \text{cost}$
successione geometrica	–	$\dfrac{a_{n+1}}{a_n} = q \;\; \forall n \in \mathbb{N}$, $q = \text{cost}$

- Un numero a è chiamato *punto di accumulazione* della successione $\{a_n\}$ se per ogni $\varepsilon > 0$ ci sono un numero infinito di elementi a_n tale che $|a_n - a| < \varepsilon$.

Teoremi di convergenza

- Una successione può avere al più un limite.
- Una successione monotona è convergente se e solo se è limitata.
- Una successione limitata ammette almeno un punto di accumulazione.
- Se a è un punto di accumulazione della successione $\{a_n\}$, esiste almeno una sottosuccessione di $\{a_n\}$ convergente ad a.

Proprietà della convergenza

$$\text{Sia } \lim_{n\to\infty} a_n = a, \quad \lim_{n\to\infty} b_n = b \quad \text{e} \quad \alpha, \beta \in \mathbb{R}. \text{ Allora:}$$

$$\lim_{n\to\infty} (\alpha a_n + \beta b_n) = \alpha a + \beta b \qquad\qquad \lim_{n\to\infty} a_n b_n = ab$$

$$\lim_{n\to\infty} \frac{a_n}{b_n} = \frac{a}{b} \quad \text{if } b, b_n \neq 0 \qquad\qquad \lim_{n\to\infty} |a_n| = |a|$$

$$\lim_{n\to\infty} \sqrt[k]{a_n} = \sqrt[k]{a} \quad \text{for } a, a_n \geq 0, \quad k = 1, 2, \dots$$

$$\lim_{n\to\infty} \frac{1}{n}(a_1 + \dots + a_n) = a \qquad\qquad A \leq a_n \leq B \implies A \leq a \leq B$$

Limiti particolari

$$\lim_{n\to\infty} \frac{1}{n} = 0 \qquad\qquad \lim_{n\to\infty} \frac{n}{n+\alpha} = 1, \quad \alpha \in \mathbb{R}$$

$$\lim_{n\to\infty} \sqrt[n]{\lambda} = 1 \quad \text{for } \lambda > 0 \qquad\qquad \lim_{n\to\infty} \left(1 + \frac{1}{n}\right)^n = e$$

$$\lim_{n\to\infty} \left(1 - \frac{1}{n}\right)^n = \frac{1}{e} \qquad\qquad \lim_{n\to\infty} \left(1 + \frac{\lambda}{n}\right)^n = e^\lambda, \quad \lambda \in \mathbb{R}$$

Successioni di funzioni

Le successioni nella forma $\{f_n\}$, $n \in \mathbb{N}$, i cui termini f_n sono funzioni a valori reali definite su un intervallo $D \subset \mathbb{R}$, sono chiamate *successioni di funzioni*. Tutti i valori $x \in D$ per cui la successione $\{f_n(x)\}$ ammette limite formano il *dominio di convergenza* della successione di funzioni (si assumerà che coincida con D).

- La *funzione limite* f della successione $\{f_n\}$ è definita da

$$f(x) = \lim_{n \to \infty} f_n(x), \quad x \in D.$$

Convergenza uniforme

- La successione di funzioni $\{f_n\}$, $n \in \mathbb{N}$, converge *uniformemente in D* alla funzione limite f se per ogni numero reale $\varepsilon > 0$ esiste un numero $n(\varepsilon)$ indipendente da x tale che per tutti gli $n \geq n(\varepsilon)$ e tutti gli $x \in D$ si ha: $|f(x) - f_n(x)| < \varepsilon$.

- La successione di funzioni $\{f_n\}$, $n \in \mathbb{N}$, è convergente uniformemente nell'intervallo $D \subset \mathbb{R}$ se e solo se per ogni $\varepsilon > 0$ esiste un numero $n(\varepsilon)$ indipendente da x tale che per tutti gli $n \geq n(\varepsilon)$ e tutti gli $m \in \mathbb{N}$ si ha:

$$|f_{n+m}(x) - f_n(x)| < \varepsilon \qquad \text{per ogni } x \in D$$

Condizione di Cauchy

Serie numeriche

$$a_1 + a_2 + a_3 + \ldots = \sum_{k=1}^{\infty} a_k$$

somme parziali :
$$\begin{aligned} s_1 &= a_1 \\ s_2 &= a_1 + a_2 \\ &\cdots\cdots\cdots\cdots \\ s_n &= a_1 + a_2 + \ldots + a_n \end{aligned}$$

- La serie $\displaystyle\sum_{k=1}^{\infty} a_k$ è detta *convergente* se la successione $\{s_n\}$ delle somme parziali è convergente. Il limite s della successione $\{s_n\}$ delle somme parziali è detta *somma* della serie (se esiste):

$$\lim_{n \to \infty} s_n = s = \sum_{k=1}^{\infty} a_k$$

- Se la successione $\{s_n\}$ delle somme parziali diverge, allora la serie $\displaystyle\sum_{k=1}^{\infty} a_k$ è detta *divergente*.

Criteri di convergenza per serie alternanti

La serie $\displaystyle\sum_{n=1}^{\infty} a_n$ è detta *alternante* se il segno cambia da termine a termine.

Una serie alternante è convergente se per i suoi termini a_n si ha

$$|a_n| \geq |a_{n+1}| \text{ per } n = 1, 2, \ldots \text{ e } \lim_{n \to \infty} |a_n| = 0.$$

**Criterio di Leibniz
per le serie alternanti**

Criteri di convergenza per serie a termini non negativi

Una serie di termini non negativi a_n converge se e solo se la successione $\{s_n\}$ delle somme parziali è limitata superiormente.

$$\text{Sia } 0 \leq a_n \leq b_n,\ n = 1, 2, \ldots$$

Se $\displaystyle\sum_{n=1}^{\infty} b_n$ converge, allora $\displaystyle\sum_{n=1}^{\infty} a_n$ è convergente.

Se $\displaystyle\sum_{n=1}^{\infty} a_n$ diverge, allora $\displaystyle\sum_{n=1}^{\infty} b_n$ è divergente.

criterio del confronto

Se $\dfrac{a_{n+1}}{a_n} \leq q,\ n = 1, 2, \ldots,$ con $0 < q < 1$ o $\displaystyle\lim_{n \to \infty} \dfrac{a_{n+1}}{a_n} < 1,$

allora la serie $\displaystyle\sum_{n=1}^{\infty} a_n$ converge;

se $\dfrac{a_{n+1}}{a_n} \geq 1,\ n = 1, 2, \ldots$ o $\displaystyle\lim_{n \to \infty} \dfrac{a_{n+1}}{a_n} > 1,$ allora diverge.

criterio del rapporto

Se $\sqrt[n]{a_n} \leq \lambda,\ n = 1, 2, \ldots$ con $0 < \lambda < 1$ o

$\displaystyle\lim_{n \to \infty} \sqrt[n]{a_n} < 1,$ allora la serie $\displaystyle\sum_{n=1}^{\infty} a_n$ converge;

se $\sqrt[n]{a_n} \geq 1,\ n = 1, 2, \ldots$ o $\displaystyle\lim_{n \to \infty} \sqrt[n]{a_n} > 1,$ allora diverge.

criterio della radice

Serie a termini arbitrari

- Se la serie $\displaystyle\sum_{n=1}^{\infty} a_n$ converge, allora $\boxed{\displaystyle\lim_{n \to \infty} a_n = 0}$ **condizione necessaria di convergenza**

- La serie $\displaystyle\sum_{n=1}^{\infty} a_n$ è convergente se e solo se per ogni reale $\varepsilon > 0$ esiste $n(\varepsilon) \in \mathbb{N}$ tale che per tutti $n > n(\varepsilon)$ e per ogni $m \in \mathbb{N}$ si ha:

$$\boxed{|a_n + a_{n+1} + \ldots + a_{n+m}| < \varepsilon} \qquad \textbf{condizione di Cauchy}$$

- Una serie $\displaystyle\sum_{n=1}^{\infty} a_n$ è detta *assolutamente convergente* se la serie $\displaystyle\sum_{n=1}^{\infty} |a_n|$ è convergente.

- La serie $\displaystyle\sum_{n=1}^{\infty} a_n$ è convergente se è assolutamente convergente.

Trasformazione della serie

- Se si aggiungono o tolgono un numero finito di termini ad una serie, non muta il tipo di convergenza.
- Serie convergenti rimangono tali se sono sommate, sottratte o moltiplicate per una costante termine a termine:

$$\sum_{n=1}^{\infty} a_n = a, \quad \sum_{n=1}^{\infty} b_n = b \quad \Longrightarrow \quad \sum_{n=1}^{\infty} (a_n \pm b_n) = a \pm b, \quad \sum_{n=1}^{\infty} c \cdot a_n = c \cdot a$$

• In una serie assolutamente convergente, l'ordine degli elementi può essere mutato arbitrariamente. Nel fare ciò, la serie rimane convergente e la somma rimane la stessa.

Somme di serie particolari

$$1 - \frac{1}{2} + \frac{1}{3} \mp \ldots + \frac{(-1)^{n+1}}{n} + \ldots = \ln 2$$

$$1 + \frac{1}{2} + \frac{1}{4} + \ldots + \frac{1}{2^n} + \ldots = 2$$

$$1 - \frac{1}{3} + \frac{1}{5} \mp \ldots + \frac{(-1)^{n+1}}{2n-1} + \ldots = \frac{\pi}{4}$$

$$1 - \frac{1}{2} + \frac{1}{4} \mp \ldots + \frac{(-1)^n}{2^n} + \ldots = \frac{2}{3}$$

$$1 + \frac{1}{2^2} + \frac{1}{3^2} + \ldots + \frac{1}{n^2} + \ldots = \frac{\pi^2}{6}$$

$$1 - \frac{1}{2^2} + \frac{1}{3^2} \mp \ldots + \frac{(-1)^{n+1}}{n^2} + \ldots = \frac{\pi^2}{12}$$

$$1 + \frac{1}{3^2} + \frac{1}{5^2} + \ldots + \frac{1}{(2n-1)^2} + \ldots = \frac{\pi^2}{8}$$

$$1 + \frac{1}{1!} + \frac{1}{2!} + \ldots + \frac{1}{n!} + \ldots = e$$

$$1 - \frac{1}{1!} + \frac{1}{2!} \mp \ldots + \frac{(-1)^n}{n!} + \ldots = \frac{1}{e}$$

$$\frac{1}{1 \cdot 3} + \frac{1}{3 \cdot 5} + \ldots + \frac{1}{(2n-1)(2n+1)} + \ldots = \frac{1}{2}$$

$$\frac{1}{1 \cdot 2} + \frac{1}{2 \cdot 3} + \ldots + \frac{1}{n(n+1)} + \ldots = 1$$

$$\frac{1}{1 \cdot 3} + \frac{1}{2 \cdot 4} + \ldots + \frac{1}{n(n+2)} + \ldots = \frac{3}{4}$$

Serie di funzioni e di potenze

Serie di funzioni

Una serie infinita i cui elementi siano funzioni è chiamata *serie di funzioni*:

$$f_1(x) + f_2(x) + \ldots = \sum_{k=1}^{\infty} f_k(x) \qquad \text{somme parziali:} \quad s_n(x) = \sum_{k=1}^{n} f_k(x)$$

- L'intersezione dei domini di definizione delle funzioni f_k è detto *dominio* D della serie di funzioni. Questa serie è detta *convergente* per qualche valore $x \in D$ se la successione $\{s_n(x)\}$ delle somme parziali converge a un limite $s(x)$, altrimenti è detta *divergente*. Tutti gli $x \in D$ per i quali la serie di funzioni converge formano il *dominio di convergenza* della serie (si assume che questo coincida con D).

- La *funzione limite* della successione $\{s_n\}$ è la funzione $s \colon D \to \mathbb{R}$ definita dalla relazione

$$\lim_{n \to \infty} s_n(x) = s(x) = \sum_{k=1}^{\infty} f_k(x)$$

- La serie di funzioni $\displaystyle\sum_{k=1}^{\infty} f_k(x)$ è detta *uniformemente convergente in D* se la successione $\{s_n\}$ delle somme parziali converge uniformemente ▶ successioni di funzioni.

Criterio del confronto di Weierstrass

La serie di funzioni $\displaystyle\sum_{n=1}^{\infty} f_n(x)$ converge uniformemente in D se esiste una serie convergente $\displaystyle\sum_{n=1}^{\infty} a_n$ tale che $\forall n \in \mathbb{N}$ e $\forall x \in D$: $\quad |f_n(x)| \leq a_n$.

- Se tutte le funzioni f_n, $n \in \mathbb{N}$, sono continue nel punto x_0 e se la serie $\displaystyle\sum_{n=1}^{\infty} f_n(x)$ è uniformemente convergente in D, allora la funzione limite $s(x)$ è anche lei continua nel punto x_0.

Serie di potenze

Serie di funzioni i cui termini sono nella forma $f_n(x) = a_n(x - x_0)^n$, $n \in \mathbb{N}_0$, sono dette *serie di potenze* di *centro* x_0. Dopo la trasformazione $x := x - x_0$ si ha una serie di potenze centrata nello zero. Questa proprietà verrà assunta nel seguito. Nel suo dominio di convergenza, la serie di potenze è una funzione s:

$$s(x) = a_0 + a_1 x + a_2 x^2 + \ldots = \sum_{n=0}^{\infty} a_n x^n$$

Se la serie di potenze non è divergente per $x \neq 0$ nè convergente per tutti gli x, allora esiste uno ed un solo valore $r > 0$, chiamato *raggio di convergenza*, tale che la serie converge per $|x| < r$ e diverge per $|x| > r$. Per $|x| = r$ non è possibile fare una affermazione in generale. (Si fissa $r = 0$ se la serie di potenze converge solo per $x = 0$ e si fissa $r = \infty$ se converge per tutti $x \in \mathbb{R}$.)

Determinazione del dominio di convergenza

Sia $b_n = \left| \dfrac{a_n}{a_{n+1}} \right|$ e $c_n = \sqrt[n]{|a_n|}$. Allora:

$\{b_n\}$ è convergente	$\Longrightarrow$	$r = \lim\limits_{n \to \infty} b_n$
$\{b_n\}$ è propriamente divergente a $+\infty$	$\Longrightarrow$	$r = \infty$
$\{c_n\}$ è convergente a zero	$\Longrightarrow$	$r = \infty$
$\{c_n\}$ è convergente a $c \neq 0$	$\Longrightarrow$	$r = \dfrac{1}{c}$
$\{c_n\}$ è propriamente divergente a $+\infty$	$\Longrightarrow$	$r = 0$

Proprietà delle serie di potenze (raggio di convergenza $r > 0$)

- Una serie di potenze è assolutamente convergente per ogni $x \in (-r, r)$. Inoltre, converge uniformemente in ogni intervallo chiuso $I \subset (-r, r)$.
- La somma $s(x)$ di una serie di potenze è infinitamente differenziabile nell'intervallo $(-r, r)$. Le derivate possono essere ottenute tramite differenza termine a termine.
- In $[0, t]$ e $[t, 0]$, risp., con $|t| < r$ la serie di potenze può inoltre essere integrata termine a termine:

$$s(x) = \sum_{n=0}^{\infty} a_n x^n \Longrightarrow s'(x) = \sum_{n=1}^{\infty} n a_n x^{n-1} \text{ and } \int_0^t s(x)\,\mathrm{d}x = \sum_{n=0}^{\infty} a_n \frac{t^{n+1}}{n+1}$$

- Se le serie di potenze $\sum\limits_{n=0}^{\infty} a_n x^n$ e $\sum\limits_{n=0}^{\infty} b_n x^n$ convergono nello stesso intervallo $(-v, v)$ e hanno uguale somma, allora sono identiche: $a_n = b_n \ \forall n = 0, 1, \ldots$

Serie di Taylor

Se la funzione $f : D \to \mathbb{R}$, $D \subset \mathbb{R}$ è infinitamente differenziabile in $x_0 \in D$, allora la seguente serie di potenze è detta *serie di Taylor* nel punto x_0:

$$\sum_{n=0}^{\infty} \frac{f^{(n)}(x_0)}{n!}(x - x_0)^n, \ f^{(0)}(x) = f(x) \qquad \textbf{serie di Taylor}$$

- Se f è infinitamente differenziabile in un intorno U del punto x_0 e se il resto in ▶ formula di Taylor converge a zero for ogni $x \in U$, allora la serie di Taylor ha un raggio di convergenza $r > 0$ e per x tale che $|x - x_0| < r$ si ha:

$$f(x) = \sum_{n=0}^{\infty} \frac{f^{(n)}(x_0)}{n!}(x - x_0)^n \qquad \textbf{espansione in serie di Taylor}$$

Tavole di serie di potenze

Dominio di convergenza: $|x| \leq 1$

funzione	serie di potenze, serie di Taylor
$(1+x)^\alpha$	$1 + \alpha x + \dfrac{\alpha(\alpha-1)}{2!}x^2 + \dfrac{\alpha(\alpha-1)(\alpha-2)}{3!}x^3 + \ldots \quad (\alpha > 0)$
$\sqrt{1+x}$	$1 + \dfrac{1}{2}x - \dfrac{1\cdot 1}{2\cdot 4}x^2 + \dfrac{1\cdot 1\cdot 3}{2\cdot 4\cdot 6}x^3 - \dfrac{1\cdot 1\cdot 3\cdot 5}{2\cdot 4\cdot 6\cdot 8}x^4 \pm \ldots$
$\sqrt[3]{1+x}$	$1 + \dfrac{1}{3}x - \dfrac{1\cdot 2}{3\cdot 6}x^2 + \dfrac{1\cdot 2\cdot 5}{3\cdot 6\cdot 9}x^3 - \dfrac{1\cdot 2\cdot 5\cdot 8}{3\cdot 6\cdot 9\cdot 12}x^4 \pm \ldots$

Dominio di convergenza: $|x| < 1$

funzione	serie di potenze, serie di Taylor
$\dfrac{1}{(1+x)^\alpha}$	$1 - \alpha x + \dfrac{\alpha(\alpha+1)}{2!}x^2 - \dfrac{\alpha(\alpha+1)(\alpha+2)}{3!}x^3 \pm \ldots \quad (\alpha > 0)$
$\dfrac{1}{1+x}$	$1 - x + x^2 - x^3 + x^4 - x^5 \pm \ldots$
$\dfrac{1}{(1+x)^2}$	$1 - 2x + 3x^2 - 4x^3 + 5x^4 - 6x^5 \pm \ldots$
$\dfrac{1}{(1+x)^3}$	$1 - \dfrac{1}{2}\left(2\cdot 3x - 3\cdot 4x^2 + 4\cdot 5x^3 - 5\cdot 6x^4 \pm \ldots\right)$
$\dfrac{1}{\sqrt{1+x}}$	$1 - \dfrac{1}{2}x + \dfrac{1\cdot 3}{2\cdot 4}x^2 - \dfrac{1\cdot 3\cdot 5}{2\cdot 4\cdot 6}x^3 + \dfrac{1\cdot 3\cdot 5\cdot 7}{2\cdot 4\cdot 6\cdot 8}x^4 \mp \ldots$
$\dfrac{1}{\sqrt[3]{1+x}}$	$1 - \dfrac{1}{3}x + \dfrac{1\cdot 4}{3\cdot 6}x^2 - \dfrac{1\cdot 4\cdot 7}{3\cdot 6\cdot 9}x^3 + \dfrac{1\cdot 4\cdot 7\cdot 10}{3\cdot 6\cdot 9\cdot 12}x^4 \mp \ldots$
$\arcsin x$	$x + \dfrac{1}{2\cdot 3}x^3 + \dfrac{1\cdot 3}{2\cdot 4\cdot 5}x^5 + \ldots + \dfrac{1\cdot 3\cdot\ldots\cdot(2n-1)}{2\cdot 4\cdot\ldots\cdot 2n\cdot(2n+1)}x^{2n+1} + \ldots$
$\arccos x$	$\dfrac{\pi}{2} - x - \dfrac{1}{2\cdot 3}x^3 - \ldots - \dfrac{1\cdot 3\cdot\ldots\cdot(2n-1)}{2\cdot 4\cdot\ldots\cdot 2n\cdot(2n+1)}x^{2n+1} - \ldots$
$\arctan x$	$x - \dfrac{1}{3}x^3 + \dfrac{1}{5}x^5 - \dfrac{1}{7}x^7 \pm \ldots + (-1)^n\dfrac{1}{2n+1}x^{2n+1} \pm \ldots$

Dominio di convergenza: $|x| \leq \infty$

funzione	serie di potenze, serie di Taylor
$\sin x$	$x - \dfrac{1}{3!}x^3 + \dfrac{1}{5!}x^5 - \dfrac{1}{7!}x^7 \pm \ldots + (-1)^n \dfrac{1}{(2n+1)!}x^{2n+1} \pm \ldots$
$\cos x$	$1 - \dfrac{1}{2!}x^2 + \dfrac{1}{4!}x^4 - \dfrac{1}{6!}x^6 \pm \ldots + (-1)^n \dfrac{1}{(2n)!}x^{2n} \pm \ldots$
e^x	$1 + \dfrac{1}{1!}x + \dfrac{1}{2!}x^2 + \ldots + \dfrac{1}{n!}x^n + \ldots$
a^x	$1 + \dfrac{\ln a}{1!}x + \dfrac{\ln^2 a}{2!}x^2 + \ldots + \dfrac{\ln^n a}{n!}x^n + \ldots$
$\sinh x$	$x + \dfrac{1}{3!}x^3 + \dfrac{1}{5!}x^5 + \ldots + \dfrac{1}{(2n+1)!}x^{2n+1} + \ldots$
$\cosh x$	$1 + \dfrac{1}{2!}x^2 + \dfrac{1}{4!}x^4 + \ldots + \dfrac{1}{(2n)!}x^{2n} + \ldots$

Dominio di convergenza: $-1 < x \leq 1$

funzione	serie di potenze, serie di Taylor
$\ln(1+x)$	$x - \dfrac{1}{2}x^2 + \dfrac{1}{3}x^3 - \dfrac{1}{4}x^4 \pm \ldots + (-1)^{n+1}\dfrac{1}{n}x^n \pm \ldots$

Serie di Fourier

Serie nella forma

$$s(x) = a_0 + \sum_{k=1}^{\infty} \left(a_k \cos \frac{k\pi x}{l} + b_k \,\mathrm{sen}\, \frac{k\pi x}{l} \right)$$

sono dette serie trigonometriche o serie di Fourier. Per rappresentare una funzione $f(x)$ in serie di Fourier, è necessario che $f(x)$ sia una funzione periodica, cioè che $f(x+2l) = f(x)$, e che i cosìdetti coefficienti di Fourier a_k, b_k siano pari a

$$a_0 = \frac{1}{2l} \int f(x)\,\mathrm{d}x, \quad a_k = \frac{1}{l} \int f(x)\cos\frac{k\pi x}{l}\,\mathrm{d}x, \quad b_k = \frac{1}{l} \int f(x)\,\mathrm{sen}\,\frac{k\pi x}{l}\,\mathrm{d}x.$$

Funzioni simmetriche

f funzione pari, ovvero $f(-x) = f(x)$ $\quad\Longrightarrow\quad b_k = 0 \;\;$ per $\; k = 1, 2, \ldots$
f funzione dispari, ovvero $f(-x) = -f(x)$ $\quad\Longrightarrow\quad a_k = 0 \;\;$ per $\; k = 0, 1, 2, \ldots$

Tavole di alcune serie di Fourier

Le funzioni sono definite in un intervallo di lunghezza 2π e sono di periodo 2π.

$$y = \begin{cases} x & \text{per} \quad -\pi < x < \pi \\ 0 & \text{per} \quad x = \pi \end{cases}$$

$$= 2\left(\frac{\text{sen}x}{1} - \frac{\text{sen}2x}{2} + \frac{\text{sen}3x}{3} \pm \ldots\right)$$

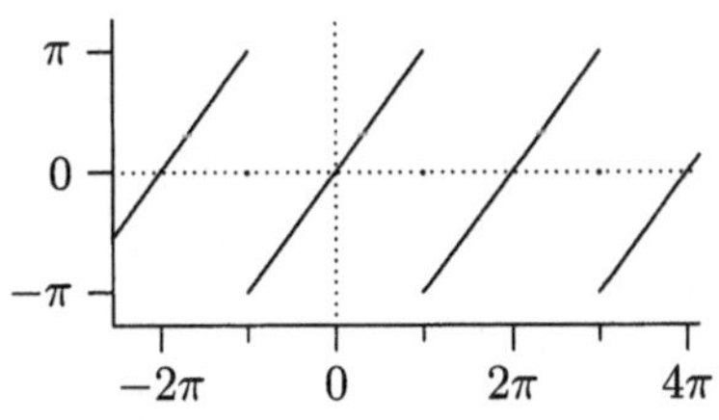

$$y = \begin{cases} x & \text{per} \ -\frac{\pi}{2} \leq x \leq \frac{\pi}{2} \\ \pi - x & \text{per} \ \frac{\pi}{2} \leq x \leq \frac{3\pi}{2} \end{cases}$$

$$= \frac{4}{\pi}\left(\frac{\text{sen}x}{1^2} - \frac{\text{sen}3x}{3^2} + \frac{\text{sen}5x}{5^2} \mp \ldots\right)$$

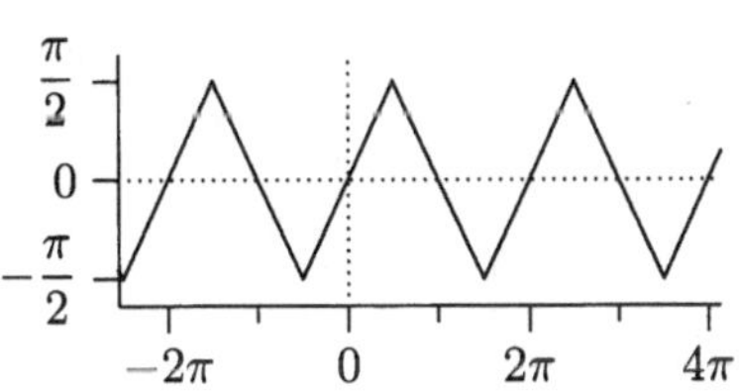

$$y = |x| \quad \text{per} \ -\pi < x < \pi$$

$$= \frac{\pi}{2} - \frac{4}{\pi}\left(\frac{\cos x}{1^2} + \frac{\cos 3x}{3^2} + \frac{\cos 5x}{5^2} + \ldots\right)$$

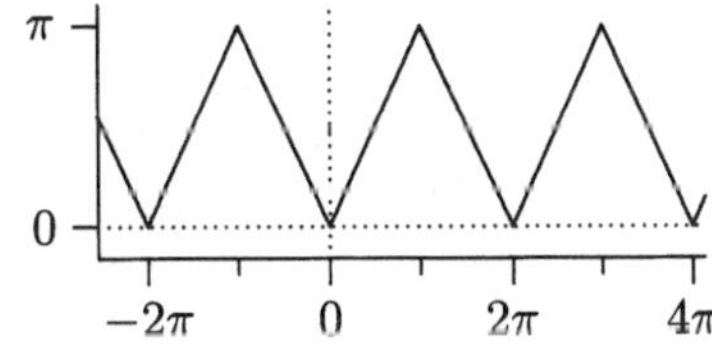

$$y = \begin{cases} -\alpha & \text{per} \quad -\pi < x < 0 \\ \alpha & \text{per} \quad 0 < x < \pi \\ 0 & \text{per} \quad x = 0, \pi \end{cases}$$

$$= \frac{4\alpha}{\pi}\left(\frac{\text{sen}x}{1} + \frac{\text{sen}3x}{3} + \frac{\text{sen}5x}{5} + \ldots\right)$$

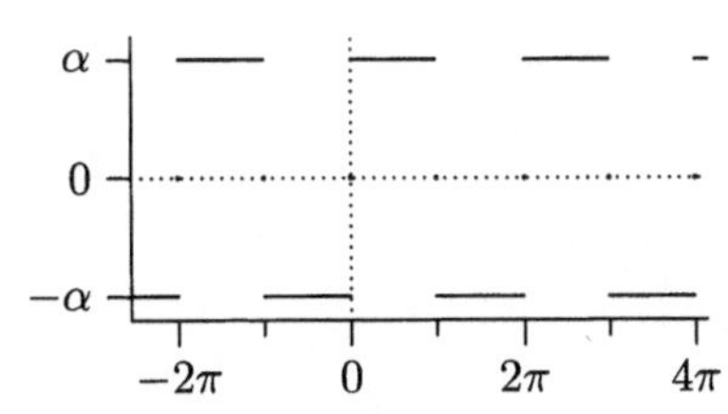

$$y = |\text{sen}x| \quad \text{per} \ -\pi \leq x \leq \pi$$

$$= \frac{2}{\pi} - \frac{4}{\pi}\left(\frac{\cos 2x}{1\cdot 3} + \frac{\cos 4x}{3\cdot 5} + \frac{\cos 6x}{5\cdot 7} + \ldots\right)$$

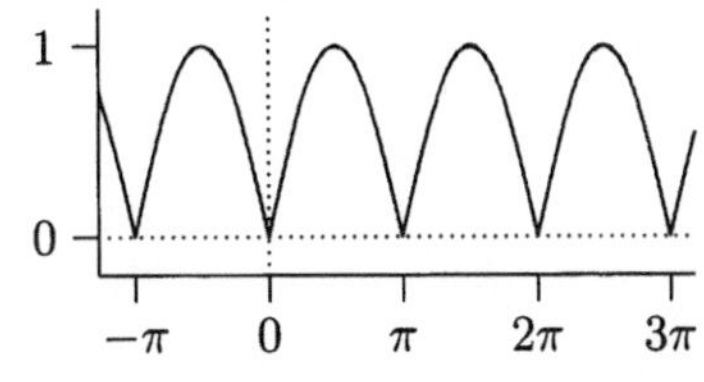

Matematica finanziaria

Notazione

p	–	tasso di interesse nel periodo (in percentuale)
l	–	tempo in unità corrispondenti al tasso, momento t
K_0	–	capitale iniziale, capitale investito, valore attuale
K_t	–	montante, capitale al momento t
Z_t	–	interesse semplice guadagnato al tempo t
i	–	tasso unitario di interesse: $i = \frac{p}{100}$
T	–	numero di giorni

• Il periodo più frequentemente considerato è quello annuale, ma possono essere usati anche il semestre, quadrimestre, mese, ecc. Il numero di giorni standard, per anno o mese, è differente da nazione a nazione. È possibile utilizzare $\dfrac{30}{360}$, $\dfrac{\text{reale}}{360}$, $\dfrac{\text{reale}}{\text{reale}}$, dove "reale" indica il reale numero di giorni. In seguito, in tutte le formule contenenti la quantità T il periodo considerato è l'anno di 360 giorni, ciascun mese di 30 (ovvero, la prima possibilità proposta).

Formule base per l'interesse

$$T = 30 \cdot (m_2 - m_1) + d_2 - d_1$$ – numero di giorni nei quali è pagato l'interesse, periodo; m_1, m_2 – mesi; d_1, d_2 – giorni

$$Z_t = K_0 \cdot \frac{p}{100} \cdot t = K_0 \cdot i \cdot t$$ – interesse semplice

$$Z_T = \frac{K_0 \cdot i \cdot T}{360} = \frac{K_0 \cdot p \cdot T}{100 \cdot 360}$$ – interesse semplice giornaliero

$$K_0 = \frac{100 \cdot Z_t}{p \cdot t} = \frac{Z_t}{i \cdot t}$$ – capitale (al tempo $t = 0$)

$$p = \frac{100 \cdot Z_t}{K_0 \cdot t}$$ – tasso di interesse (percentuale)

$$i = \frac{Z_t}{K_0 \cdot t}$$ – tasso di interesse

$$t = \frac{100 \cdot Z_t}{K_0 \cdot p} = \frac{Z_t}{K_0 \cdot i}$$ – durata, tempo

Capitale al momento t

$$K_t = K_0(1 + i \cdot t) = K_0 \left(1 + i \cdot \frac{T}{360}\right)$$ – montante, capitale al momento t

$$K_0 = \frac{K_t}{1 + i \cdot t} = \frac{K_t}{1 + i \cdot \frac{T}{360}}$$ – capitale iniziale, valore attuale

$$i = \frac{K_n - K_0}{K_0 \cdot t} = 360 \cdot \frac{K_n - K_0}{K_0 \cdot T}$$ – tasso di interesse

$$t = \frac{K_n - K_0}{K_0 \cdot i}$$ – durata, tempo

$$T = 360 \cdot \frac{K_n - K_0}{K_0 \cdot i}$$ – numero di giorni nei quali è pagato l'interesse, periodo

Pagamenti periodici

• Dividendo il periodo di capitalizzazione in m parti di lunghezza $\frac{1}{m}$ e assumendo pagamenti periodici di ammontare r all'inizio (*interessi anticipa-*

ti) e alla fine (*interessi posticipati o maturati*), rispettivamente, di ciascun intervallo di pagamento, valgono i seguenti risultati:

$$R = r\left(m + \frac{m+1}{2}\cdot i\right) \qquad - \quad \text{interesse anticipato}$$

$$R = r\left(m + \frac{m-1}{2}\cdot i\right) \qquad - \quad \text{interesse maturato}$$

In particolare $m = 12$ (pagamenti mensili e interesse annuale)

$R = r(12 + 6,5i)$ – interesse anticipato $R = r(12 + 5,5i)$ – maturato

Metodi diversi per calcolare l'interesse

Sia $t_i = D_i M_i Y_i$ il giorno, mese e anno dell'i-ma data ($i = 1$: inizio, $i = 2$: fine); sia $t = t_2 - t_1$ il numero reale di giorni tra l'inizio e la fine; sia T_i il numero di giorni nell'anno "spezzato" i; base $i = 365$ o 366.

metodo	formula
30/360	$t = [360 \cdot (Y_2 - Y_1) + 30 \cdot (M_2 - M_1) + D_2 - D_1]/360$
reale/360	$t = (t_2 - t_1)/360$
reale/reale	$t = \dfrac{T_1}{\text{base }1} + Y_2 - Y_1 - 1 + \dfrac{T_2}{\text{base }2}$ *

* Se il periodo considerato è all'interno di un solo anno, si considera solo il primo addendo.

Interesse composto

Quando si considerano più periodi,si parla di *interesse composto* se l'interesse guadagnato è aggiunto al capitale (in genere alla fine di ciascun periodo) e produce a sua volta interesse.

Notazione

p	–	tasso di interesse (percentuale) in ciascun periodo
n	–	numero di periodi
K_0	–	capitale iniziale, valore attuale
K_n	–	capitale dopo n periodi, montante, capitale finale
i	–	tasso unitario di interesse (nominale) per periodo: $i = \dfrac{p}{100}$
q	–	tasso di accumulazione (per 1 periodo): $q = 1 + i$
q^n	–	fattore di capitalizzazione composta (per n periodi)
m	–	numero di parti del periodo di capitalizzazione
d	–	tasso di sconto
$i_m, \hat{i}_m$	–	tassi di interesse per ciascuna delle m parti di un periodo
δ	–	intensità di interesse

Tavola di conversione tra le quantità di base

	p	i	q	d	δ
p	p	$100i$	$100(q-1)$	$100\dfrac{d}{1-d}$	$100(e^\delta - 1)$
i	$\dfrac{p}{100}$	i	$q-1$	$\dfrac{d}{1-d}$	$e^\delta - 1$
q	$1 + \dfrac{p}{100}$	$1+i$	q	$\dfrac{1}{1-d}$	e^δ
d	$\dfrac{p}{100+p}$	$\dfrac{i}{1+i}$	$\dfrac{q-1}{q}$	d	$1 - e^{-\delta}$
δ	$\ln\left(1 + \dfrac{p}{100}\right)$	$\ln(1+i)$	$\ln q$	$\ln\left(\dfrac{1}{1-d}\right)$	δ

Formule basilari

$$K_n = K_0 \cdot (1 + i)^n = K_0 \cdot q^n \qquad \text{– montante in regime di capitalizzazione composta}$$

$$K_0 = \frac{K_n}{(1 + i)^n} = \frac{K_n}{q^n} \qquad \text{– valore attuale da capitalizzazione composta, montante al tempo } t = 0$$

$$p = 100 \left(\sqrt[n]{\frac{K_n}{K_0}} - 1 \right) \qquad \text{– tasso di interesse (percentuale)}$$

$$n = \frac{\log K_n - \log K_0}{\log q} \qquad \text{– periodo, tempo}$$

$$n \approx \frac{69}{p} \qquad \text{– formula approssimata per il tempo in cui il capitale raddoppia}$$

$$K_n = K_0 \cdot q_1 \cdot q_2 \cdot \ldots \cdot q_n \qquad \text{– capitale finale con tassi di interesse variabili } p_j,\ j = 1, \ldots, n \ \left(\text{con } q_j = \frac{p_j}{100}\right)$$

$$p_r = 100 \left(\frac{1+i}{1+r} - 1 \right) \approx 100(i - r) \qquad \text{– tasso di interesse reale, considerando un tasso di inflazione } r$$

Capitalizzazione mista

$$K_t = K_0(1 + it_1)(1 + i)^N(1 + it_2) \quad \text{– capitale al tempo } t$$

- Qui N indica il numero di periodi di capitalizzazione, e t_1, t_2 sono le lunghezze delle parti del periodo di conversione nel quale è pagato interesse semplice.

- Per semplificare i calcoli, in matematica finanziaria si utilizza la formula di capitalizzazione composta a esponente non intero, invece della formula di capitalizzazione mista, ovvero $K_t = K_0(1 + i)^t$, dove $t = t_1 + N + t_2$.

Interesse anticipato (Sconto)

In questo caso il tasso di interesse è determinato come parte del capitale finale (▶ tasso di sconto p. 40).

$$d = \frac{K_1 - K_0}{K_1} = \frac{K_t - K_0}{K_t \cdot t}$$
  – tasso di interesse (scontato) nel caso di composizione anticipata

$$K_n = \frac{K_0}{(1 - d)^n}$$
  – montante

$$K_0 = K_n(1 - d)^n$$
  – valore attuale

Capitalizzazione a periodi sottomultipli dell'anno

$$K_{n,m} = K_0 \cdot \left(1 + \tfrac{i}{m}\right)^{n \cdot m}$$
  – montante dopo n anni se il tasso di interesse è convertito m volte l'anno

$$i_m = \tfrac{i}{m}$$
  – tasso di interesse relativo per periodo

$$\hat{i}_m = \sqrt[m]{1 + i} - 1$$
  – tasso equivalente per periodo

$$i_{\text{eff}} = (1 + i_m)^m - 1$$
  – tasso effettivo annuo

$$p_{\text{eff}} = 100 \left[(1 + \tfrac{p}{100m})^m - 1\right]$$
  – tasso di interesse effettivo annuale (in percentuale)

• Invece di un anno si può considerare un qualunque periodo come base.

• Capitalizzare l'interesse m volte l'anno con un tasso equivalente di $\hat{i}_m$ porta allo stesso montante che si ha capitalizzando una volta l'anno con un tasso i; capitalizzare l'interesse m volte l'anno con un tasso i_m porta al (maggior) montante finale, che risulterebbe dal capitalizzare una volta l'anno con il tasso effettivo i_{eff}.

Interesse perpetuo

$$K_{n,\infty} = K_0 \cdot e^{i \cdot n}$$
  – montante nel caso di capitalizzazione continua

$$\delta = \ln(1 + i)$$
  – intensità di interesse (equivalente al tasso di interesse i)

$$i = e^\delta - 1$$
  – tasso nominale (equivalente all'intensità δ)

Data media di pagamento

Problema: In quale data di pagamento t_m si deve pagare l'equivalente del debito totale $K_1 + K_2 + \ldots + K_k$?

$$
\begin{array}{ccccc}
K_1 & K_2 & & & K_k \\
\end{array}
$$

scadenze di pagamento

---

interesse semplice:

$$t_m = \frac{K_1 + K_2 + \ldots + K_k - K_0}{i}, \quad \text{dove} \quad K_0 = \frac{K_1}{1 + it_1} + \ldots + \frac{K_k}{1 + it_k}$$

interesse composto:

$$t_m = \frac{\ln(K_1 + \ldots + K_k) - \ln K_0}{\ln q}, \quad \text{dove} \quad K_0 = \frac{K_1}{q^{t_1}} + \ldots + \frac{K_k}{q^{t_k}}$$

capitalizzazione continua:

$$t_m = \frac{\ln(K_1 + \ldots + K_k) - \ln K_0}{\delta}, \quad \text{dove} \quad K_0 = K_1 e^{-\delta t_1} + \ldots + K_k e^{-\delta t_k}$$

Rendite annuali

Notazione

p	–	tasso di interesse
n	–	numero di intervalli di pagamento o periodi di prestito
R	–	prestito periodico, ammontare di ogni pagamento
q	–	tasso di accumulazione: $q = 1 + \frac{p}{100}$

Formule basilari

Assunzione di base: periodi di prestito e di capitalizzazione sono uguali.

$$F_n^{\mathrm{ant}} = R \cdot q \cdot \frac{q^n - 1}{q - 1}$$ –   montante di una rendita annuale anticipata, capitale finale

$$P_n^{\mathrm{ant}} = \frac{R}{q^{n-1}} \cdot \frac{q^n - 1}{q - 1}$$ –   valore attuale di una rendita annuale anticipata

$$F_n^{\mathrm{mat}} = R \cdot \frac{q^n - 1}{q - 1}$$ –   montante di una rendita annuale maturata, capitale finale

$$P_n^{\mathrm{mat}} = \frac{R}{q^n} \cdot \frac{q^n - 1}{q - 1}$$ –   valore attuale di una rendita annuale maturata

$$P_\infty^{\mathrm{ant}} = \frac{Rq}{q - 1}$$ –   valore attuale di una rendita perpetua, pagamenti all'inizio di ciascun periodo

$$P_\infty^{\mathrm{mat}} = \frac{R}{q - 1}$$ –   valore attuale di una rendita perpetua, interesse utilizzato al momento del guadagno

$$n = \frac{1}{\log q} \cdot \log\left(F_n^{\mathrm{mat}} \cdot \frac{q - 1}{R} + 1\right) = \frac{1}{\log q} \cdot \log \frac{R}{R - P_n^{\mathrm{mat}}(q - 1)}$$ –   durata

Fattori per l'ammontare unitario

	anticipata	maturata
montante unitario	$\ddot{s}_{\overline{n}|} = q \cdot \dfrac{q^n - 1}{q - 1}$	$s_{\overline{n}|} = \dfrac{q^n - 1}{q - 1}$
valore attuale unitario	$\ddot{a}_{\overline{n}|} = \dfrac{q^n - 1}{q^{n-1}(q - 1)}$	$a_{\overline{n}|} = \dfrac{q^n - 1}{q^n(q - 1)}$

Conversione periodo > periodo di prestito

Se si fanno m pagamenti (prestiti) per ciascun periodo, nelle formule precedenti i pagamenti R si devono intendere come $R = r\left(m + \frac{m+1}{2} \cdot i\right)$ (rendita anticipata) ed $R = r\left(m + \frac{m-1}{2} \cdot i\right)$ (rendita maturata), risp. Questi ammontari R si raggiungono alla fine del periodo, quindi rispetto ad R è sempre necessario utilizzare formule per rendita maturata.

Quantità di base

$a_{\overline{n}|}$ – valore attuale unitario (rendita maturata)

$\ddot{a}_{\overline{n}|}$ – valore attuale unitario (rendita anticipata)

$s_{\overline{n}|}$ – capitale finale (montante) unitario (rendita maturata)

$\ddot{s}_{\overline{n}|}$ – capitale finale (montante) unitario (rendita anticipata)

$a_{\overline{\infty}|}$ – valore attuale unitario (rendita perpetua, pagamenti all'inizio di ciascun periodo)

$\ddot{a}_{\overline{\infty}|}$ – valore attuale unitario (rendita perpetua, interesse utilizzato al momento del guadagno)

Fattori per il montante e valore attuale

$$a_{\overline{n}|} = \frac{1}{q} + \frac{1}{q^2} + \frac{1}{q^3} + \ldots + \frac{1}{q^n} = \frac{q^n - 1}{q^n(q - 1)}$$

$$\ddot{a}_{\overline{n}|} = 1 + \frac{1}{q} + \frac{1}{q^2} + \ldots + \frac{1}{q^{n-1}} = \frac{q^n - 1}{q^{n-1}(q - 1)}$$

$$s_{\overline{n}|} = 1 + q + q^2 + \ldots + q^{n-1} = \frac{q^n - 1}{q - 1}$$

$$\ddot{s}_{\overline{n}|} = q + q^2 + q^3 + \ldots + q^n = q \cdot \frac{q^n - 1}{q - 1}$$

$$a_{\overline{\infty}|} = \frac{1}{q} + \frac{1}{q^2} + \frac{1}{q^3} + \ldots = \frac{1}{q - 1}$$

$$\ddot{a}_{\overline{\infty}|} = 1 + \frac{1}{q} + \frac{1}{q^2} + \ldots = \frac{q}{q - 1}$$

Tavola di conversione

	$a_{\overline{n}|}$	$\ddot{a}_{\overline{n}|}$	$s_{\overline{n}|}$	$\ddot{s}_{\overline{n}|}$	q^n
$a_{\overline{n}|}$	$a_{\overline{n}|}$	$\dfrac{\ddot{a}_{\overline{n}|}}{q}$	$\dfrac{s_{\overline{n}|}}{1+is_{\overline{n}|}}$	$\dfrac{\ddot{s}_{\overline{n}|}}{q(1+d\ddot{s}_{\overline{n}|})}$	$\dfrac{q^n-1}{q^n i}$
$\ddot{a}_{\overline{n}|}$	$qa_{\overline{n}|}$	$\ddot{a}_{\overline{n}|}$	$\dfrac{qs_{\overline{n}|}}{1+is_{\overline{n}|}}$	$\dfrac{\ddot{s}_{\overline{n}|}}{1+d\ddot{s}_{\overline{n}|}}$	$\dfrac{q^n-1}{q^n d}$
$s_{\overline{n}|}$	$\dfrac{a_{\overline{n}|}}{1-ia_{\overline{n}|}}$	$\dfrac{\ddot{a}_{\overline{n}|}}{q(1-d\ddot{a}_{\overline{n}|})}$	$s_{\overline{n}|}$	$\dfrac{\ddot{s}_{\overline{n}|}}{q}$	$\dfrac{q^n-1}{i}$
$\ddot{s}_{\overline{n}|}$	$\dfrac{qa_{\overline{n}|}}{1-ia_{\overline{n}|}}$	$\dfrac{\ddot{a}_{\overline{n}|}}{1-d\ddot{a}_{\overline{n}|}}$	$qs_{\overline{n}|}$	$\ddot{s}_{\overline{n}|}$	$\dfrac{q^n-1}{d}$
q^n	$\dfrac{1}{1-ia_{\overline{n}|}}$	$\dfrac{1}{1-d\ddot{a}_{\overline{n}|}}$	$1+is_{\overline{n}|}$	$1+d\ddot{s}_{\overline{n}|}$	q^n

Rendita variabile

Rendita variabile, crescente in progressione aritmetica

Cash flow (crescita proporzionale al prestito R con fattore δ):

$$
F_n^{\text{ant}} = \frac{Rq}{q-1}\left[q^n - 1 + \delta\left(\frac{q^n-1}{q-1} - n\right)\right]
$$

$$
P_n^{\text{ant}} = \frac{R}{q^{n-1}(q-1)}\left[q^n - 1 + \delta\left(\frac{q^n-1}{q-1} - n\right)\right]
$$

$$
F_n^{\text{mat}} = \frac{R}{q-1}\left[q^n - 1 + \delta\left(\frac{q^n-1}{q-1} - n\right)\right]
$$

$$
P_n^{\text{mat}} = \frac{R}{q^n(q-1)}\left[q^n - 1 + \delta\left(\frac{q^n-1}{q-1} - n\right)\right]
$$

$$
P_\infty^{\text{ant}} = \frac{Rq}{q-1}\left(1 + \frac{\delta}{q-1}\right), \qquad\qquad P_\infty^{\text{mat}} = \frac{R}{q-1}\left(1 + \frac{\delta}{q-1}\right)
$$

Rendita variabile, crescente in progressione geometrica

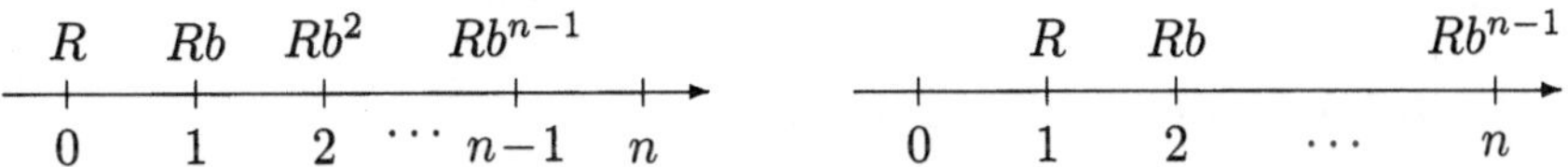

Il quoziente costante $b = 1 + \frac{s}{100}$ tra termini successivi è caratterizzato dal *tasso di crescita s*.

$$F_n^{\text{ant}} = Rq \cdot \frac{q^n - b^n}{q - b}, \qquad b \neq q; \qquad\qquad F_n^{\text{ant}} = Rnq^n, \qquad b = q$$

$$P_n^{\text{ant}} = \frac{R}{q^{n-1}} \cdot \frac{q^n - b^n}{q - b}, \qquad b \neq q; \qquad\qquad P_n^{\text{ant}} = Rn, \qquad b = q$$

$$F_n^{\text{mat}} = R \cdot \frac{q^n - b^n}{q - b}, \qquad b \neq q; \qquad\qquad F_n^{\text{mat}} = Rnq^{n-1}, \qquad b = q$$

$$P_n^{\text{mat}} = \frac{R}{q^n} \cdot \frac{q^n - b^n}{q - b}, \qquad b \neq q; \qquad\qquad P_n^{\text{mat}} = \frac{Rn}{q}, \qquad b = q$$

$$P_\infty^{\text{ant}} = \frac{Rq}{q - b}, \qquad b < q; \qquad\qquad P_\infty^{\text{mat}} = \frac{R}{q - b}, \qquad b < q$$

Calcolo dell'ammortamento

Notazione

p –   tasso di interesse (in percentuale)

n –   numero di periodi di restituzione

i –   tasso di interesse: $i = \frac{p}{100}$

q –   fattore di accumulazione: $q = 1 + i$

S_0 –   prestito, debito originale

S_k –   debito residuo dopo k periodi

T_k –   quota capitale nel k-mo periodo

Z_k –   quota interessi nel k-mo periodo

A_k –   rata nel k-mo periodo

Tipi di ammortamento

- *Capitale costante*: quota capitale costante: $T_k = T = \dfrac{S_0}{n}$, interesse decrescente

- *Rata costante* : Pagamento totale costante: $A_k = A = \text{cost}$, interesse decrescente, quota capitale crescente

- *Restituzione integrale alla fine del periodo di prestito*: $A_k = S_0 \cdot i$, $k = 1, \ldots, n - 1$; $A_n = S_0 \cdot (1 + i)$

• In un *piano di ammortamento* tutte le quantità rilevanti (quota interessi, quota capitale, rate, ecc.) sono chiaramente indicate in una tavola.

Formula di base per il calcolo della rata

$$A_k = T_k + Z_k \qquad - \qquad \text{Rata (rendita) consistente di quota capitale e quota interessi}$$

Capitale costante (periodo di prestito = periodo di pagamento)

$$T_k = \frac{S_0}{n} \qquad - \qquad \text{quota capitale nel } k\text{-mo periodo}$$

$$Z_k = S_0 \cdot \left(1 - \frac{k-1}{n}\right) i \qquad - \qquad \text{quota interesse nel } k\text{-mo periodo}$$

$$A_k = \frac{S_0}{n}\left[1 - (n-k+1)i\right] \qquad - \qquad \text{rata nel } k\text{-mo periodo}$$

$$S_k = S_0 \cdot \left(1 - \frac{k}{n}\right) \qquad - \qquad \text{debito residuo dopo } k \text{ periodi}$$

$$P = \frac{S_0 i}{n}\left[(n+1)a_{\overline{n}|} - \frac{1}{q^n}\left(q\frac{q^n-1}{(q-1)^2} - \frac{n}{q-1}\right)\right] \qquad - \qquad \text{valore attuale dei pagamenti di interessi}$$

Rata costante (periodo di prestito = periodo di pagamento)

$$A = S_0 \cdot \frac{q^n(q-1)}{q^n - 1} \qquad - \qquad \text{pagamento (totale), rata}$$

$$S_0 = \frac{A(q^n - 1)}{q^n(q-1)} \qquad - \qquad \text{debito originale}$$

$$T_k = T_1 q^{k-1} = (A - S_0 \cdot i)q^{k-1} \qquad - \qquad \text{quota capitale nel } k\text{-mo periodo}$$

$$S_k = S_0 q^k - A\frac{q^k-1}{q-1} = S_0 - T_1\frac{q^k-1}{q-1} \qquad - \qquad \text{debito residuo}$$

$$Z_k = S_0 i - T_1(q^{k-1} - 1) = A - T_1 q^{k-1} \qquad - \qquad \text{interesse}$$

$$n = \frac{1}{\log q}\left[\log A - \log(A - S_0 i)\right] \qquad - \qquad \text{estensione del prestito, periodo di estinzione del debito}$$

Pagamenti in periodi sottomultipli dell'anno

In ogni periodo sono pagate m rate costanti $A^{(m)}$.

$$A^{(m)} = \frac{A}{m + \frac{m-1}{2}i} \qquad - \quad \text{pagamento alla fine di ciascun periodo}$$

$$A^{(m)} = \frac{A}{m + \frac{m+1}{2}i} \qquad - \quad \text{pagamento all'inizio di ciascun periodo}$$

In particolare: Pagamenti mensili, periodo $= 1$ anno $(m = 12)$

$$A_{\text{men}} = \frac{A}{12 + 5,5i} \qquad - \quad \text{pagamento alla fine del mese}$$

$$A_{\text{men}} = \frac{A}{12 + 6,5i} \qquad - \quad \text{pagamento al principio del mese}$$

Ammortamento con aggio

In un ammortamento con aggio (premio di riscatto) dell'α percento sulla quota capitale, la quantità T_k va sostituita con $\hat{T}_k = T_k \cdot \left(1 + \frac{\alpha}{100}\right) = T_k \cdot f_\alpha$. Considerando un ammortamento a rata costante con aggio, nelle formule precedenti vanno usate le quantitità $S_\alpha = S_0 \cdot f_\alpha$ (*debito fittizio*), $i_\alpha = \dfrac{i}{f_\alpha}$ (*tasso di interesse fittizio*) e $q_\alpha = 1 + i_\alpha$, rispettivamente.

Calcolo del prezzo

Notazione

P	$-$ prezzo, quotazione (in percentuale)
K_{nom}	$-$ capitale nominale o valore nominale
K_{reale}	$-$ capitale reale, valore di mercato
n	$-$ durata (rimanente), estensione del prestito
p, p_{eff}	$-$ tasso di interesse nominale (effettivo, risp.)
$b_{n,\text{nom}}; \, b_{n,\text{reale}}$	$-$ valore attuale unitario (rendita annuale)
$a = C - 100$	$-$ aggio per prezzo sopra la parità
$d = 100 - C$	$-$ disaggio per prezzo sotto la parità
R	$-$ ricavo alla scadenza
$q_{\text{eff}} = 1 + \frac{p_{\text{eff}}}{100}$	$-$ fattore di capitalizzazione (tasso di interesse effettivo)

Formule per il calcolo del prezzo

$$P = 100 \cdot \frac{K_{\text{reale}}}{K_{\text{nom}}}$$

   – prezzo come quoziente di capitale reale su nominale

$$P = 100 \cdot \frac{b_{n,\text{reale}}}{b_{n,\text{nom}}} = 100 \cdot \frac{\sum_{k=1}^{n} \frac{1}{q_{\text{eff}}^k}}{\sum_{k=1}^{n} \frac{1}{q^k}}$$

   – prezzo di un debito ripagato a rate costanti

$$P = \frac{100}{n} \left[n \cdot \frac{p}{p_{\text{eff}}} + b_{n,\text{reale}} \left(1 - \frac{p}{p_{\text{eff}}} \right) \right]$$

   – prezzo di un debito ripagato a quota capitale costante

$$P = \frac{1}{q_{\text{eff}}^n} \cdot \left(p \cdot \frac{q_{\text{eff}}^n - 1}{q_{\text{eff}} - 1} + R \right)$$

   – prezzo di un debito ripagato alla fine del periodo di prestito

$$P = p \cdot (p_{\text{eff}})^{-1}$$

   – prezzo di una rendita perpetua

$$p_s = \frac{100}{C} \left(p - \frac{a}{n} \right) = \frac{100}{C} \left(p + \frac{d}{n} \right)$$

   – rendimento alla scadenza semplice;

= tasso di interesse effettivo approssimato di un debito dovuto alla fine del periodo (risp., prezzo sopra e sotto la parità)

- Titoli ed azioni sono valutate sul mercato in base al prezzo. Dato un prezzo C, in generale, il tasso di interesse effettivo (rendimento alla scadenza, valore di riscatto) si ottiene dalle formule precedenti risolvendo (approssimativamente) una equazione polinomiale di grado maggiore. (▶ p. 53).

Analisi degli investimenti

Le tecniche di budgeting su più periodi (metodi di contenimento del flusso di cassa) sono metodi per stimare la profittabilità degli investimenti. I più noti sono: metodo del *capitale* (o *valore attuale netto*), *metodo del tasso di ritorno interno*, *metodo della rendita*. Future entrate ed uscite sono i valori da considerare nell'analisi.

Notazione

I_i	–	entrate al momento i
E_i	–	uscite, investimenti al momento i
C_i	–	entrate nette, cash flow al momento i: $C_i = I_i - E_i$
K_I	–	valore attuale delle entrate
K_E	–	valore attuale delle uscite
C	–	valore attuale netto, capitale dell'investimento
n	–	numero di periodi
p	–	tasso di interesse convenzionale (o minimo accettabile)
q	–	fattore di accumulazione: $q = 1 + \frac{p}{100}$

Metodo del capitale

$$K_I = \sum_{i=0}^{n} \frac{I_i}{q^i}$$
– valore attuale delle entrate
somma dei valori attuali delle entrate future

$$K_E = \sum_{i=0}^{n} \frac{E_i}{q^i}$$
– valore attuale delle uscite
somma dei valori attuali delle uscite future

$$C = K_I - K_E = \sum_{i=0}^{n} \frac{C_i}{q^i}$$ – valore attuale del capitale, valore attuale netto

- Per $C = 0$ l'investimento corrisponde al tasso di interesse convenzionale p, per $C > 0$ il suo rendimento alla scadenza è maggiore. Se ci sono diverse possibilità di investimento, si deve preferire quella con valore attuale netto maggiore.

Metodo del tasso di ritorno interno

Il *tasso di ritorno interno (rendita alla scadenza)* è quella quantità per cui il valore attuale netto dell'investimento è nullo. Se ci sono diverse possibilità di investimento, si deve preferire quella con rendita alla scadenza maggiore.

Metodo della rendita

$F_A = \dfrac{q^n \cdot (q-1)}{q^n - 1}$	–	fattore di rendita (o di capitale di ritorno)
$A_I = K_I \cdot F_A$	–	rendita delle entrate
$A = K_E \cdot F_A$	–	rendita delle uscite
$A_P = A_I - A$	–	rendita netta (profitto)

- Per $A_I = A$ il rendimento a scadenza dell'investimento è pari a p, per $A_I > A$ il rendimento è maggiore del tasso di interesse convenzionale p.

Svalutazione

Il *deprezzamento* descrive la riduzione in valore di beni o parti di attrezzatura. La differenza tra il valore originale (prezzo di costo, prezzo di produzione) e il deprezzamento è il *valore contabile*.

n	–	periodo di utilizzo (in anni)
A	–	valore originale
w_k	–	deprezzamento (svalutazione) nel k-mo anno
R_k	–	valore contabile dopo k anni (R_n – resto, valore finale)

Svalutazione lineare

$$w_k = w = \frac{A - R_n}{n} \qquad \text{–} \qquad \text{deprezzamento annuale}$$

$$R_k = A - k \cdot w \qquad \text{–} \qquad \text{valore contabile dopo } k \text{ anni}$$

Svalutazione in progressione aritmetica (riduzione di d ogni anno)

$$w_k = w_1 - (k - 1) \cdot d \qquad \text{–} \qquad \text{svalutazione nel } k\text{-mo anno}$$

$$d = 2 \cdot \frac{nw_1 - (A - R_n)}{n(n - 1)} \qquad \text{–} \qquad \text{ammontare della riduzione}$$

Metodo di somma delle cifre dell'anno (caso particolare): $w_n = d$

$$w_k = (n - k + 1) \cdot d \qquad \text{–} \qquad \text{svalutazione al } k\text{-mo anno}$$

$$d = \frac{2 \cdot (A - R_n)}{n(n + 1)} \qquad \text{–} \qquad \text{ammontare della riduzione}$$

Svalutazione in progressione geometrica (riduzione ogni anno dell's percento del valore contabile dell'anno precedente)

$$R_k = A \cdot \left(1 - \frac{s}{100}\right)^k \qquad \text{–} \qquad \text{valore contabile dopo } k \text{ anni}$$

$$s = 100 \cdot \left(1 - \sqrt[n]{\frac{R_n}{A}}\right) \qquad \text{–} \qquad \text{tasso di svalutazione}$$

$$w_k = A \cdot \frac{s}{100} \cdot \left(1 - \frac{s}{100}\right)^{k-1} \qquad \text{–} \qquad \text{svalutazione nel } k\text{-mo anno}$$

Passaggio da svalutazione in progressione geometrica a lineare

Assumendo $R_n = 0$ ha senso considerare una svalutazione in progressione geometrica fino all'anno $\lceil k \rceil$, con $k = n + 1 - \frac{100}{s}$, e poi computare una svalutazione lineare.

Metodi numerici per la determinazione degli zeri

Obiettivo: Trovare uno zero x^* della funzione continua $f(x)$ dato ε, limite di tolleranza per fermare il processo iterativo.

Tabella di valori

Per alcuni valori di x si trovino i corrispondenti $f(x)$. In questo modo si ha una idea approssimata del grafico della funzione e della locazione degli zeri.

Metodo della bisezione

Dato x_L con $f(x_L) < 0$ e x_R con $f(x_R) > 0$.

---

1. Calcolare $x_M = \frac{1}{2}(x_L + x_R)$ e $f(x_M)$.

2. Se $|f(x_M)| < \varepsilon$, fermare le iterazioni e prendere x_M come approssimazione di x^*.

3. Se $f(x_M) < 0$, allora $x_L := x_M$ (x_R immutato), se $f(x_M) > 0$, allora $x_R := x_M$ (x_L immutato), tornare al passo 1.

Interpolazione lineare (regula falsi)

Dato x_L con $f(x_L) < 0$ e x_R con $f(x_R) > 0$.

---

1. Calcolare $x_S = x_L - \dfrac{x_R - x_L}{f(x_R) - f(x_L)} f(x_L)$ e $f(x_S)$.

2. Se $|f(x_S)| < \varepsilon$, fermare le iterazioni e prendere x_S come approssimazione di x^*.

3. Se $f(x_S) < 0$, allora $x_L := x_S$ (x_R immutato), se $f(x_M) > 0$, allora $x_R := x_S$ (x_L immutato), tornare al passo 1.

- Per $f(x_L) > 0$, $f(x_R) < 0$ i metodi possono essere adattati in maniera ovvia.

Metodo di Newton

Sia dato $x_0 \in U(x^*)$; sia f differenziabile.

---

1. Calcolare $x_{k+1} = x_k - \dfrac{f(x_k)}{f'(x_k)}$.

2. Se $|f(x_{k+1})| < \varepsilon$, fermare le iterazioni e prendere x_{k+1} come approssimazione di x^*.

3. Fissare $k := k + 1$, tornare al passo 1.

- Se $f'(x_k) = 0$ per qualche k, riavviare le iterazioni con un diverso punto di partenza x_0.
- Altra *stopping rule* possibile: $|x_L - x_R| < \varepsilon$ o $|x_{k+1} - x_k| < \varepsilon$.

Regola dei segni di Descartes *Il numero di zeri nel polinomio* $\sum_{k=0}^{n} a_k x^k$ *è pari a w o $w-2$, $w-4$, ..., dove w è il numero di cambi di segno dei coefficienti a_k (non considerando gli zeri).*

Funzioni di una variabile

Una funzione reale f di una variabile reale $x \in \mathbb{R}$ è una mappa (regola di assegnazione) $y = f(x)$ che ad ogni valore x nel dominio $D_f \subset \mathbb{R}$ associa uno e un solo valore $y \in \mathbb{R}$. Notazione: $f : D_f \to \mathbb{R}$.

codominio	–	$W_f = \{y \in \mathbb{R} \mid \exists\, x \in D_f \text{ con } y = f(x)\}$
funzione biettiva	–	per ogni $y \in W_f$ esiste uno ed un solo $x \in D_f$ tale che $y = f(x)$
funzione inversa, reciproco	–	se f è una funzione biettiva, allora la mappa $y \to x$ con $y = f(x)$ è ancora biettiva, ed è chiamata funzione inversa di f; notazione $f^{-1} : W_f \to \mathbb{R}$

Monotonia, simmetria, periodicità

funzione crescente	$-\, f(x_1) \leq f(x_2) \ \forall\, x_1, x_2 \in D_f,\ x_1 < x_2$
funzione decrescente	$-\, f(x_1) \geq f(x_2) \ \forall\, x_1, x_2 \in D_f,\ x_1 < x_2$
strettamente crescente	$-\, f(x_1) < f(x_2) \ \forall\, x_1, x_2 \in D_f,\ x_1 < x_2$
strettamente decrescente	$-\, f(x_1) > f(x_2) \ \forall\, x_1, x_2 \in D_f,\ x_1 < x_2$
funzione pari	$-\, f(-x) = f(x) \ \forall\, x \in (-a, a) \cap D_f,\ a > 0$
funzione dispari	$-\, f(-x) = -f(x) \ \forall\, x \in (-a, a) \cap D_f,\ a > 0$
funzione periodica (periodo p)	$-\, f(x + p) = f(x) \ \forall x,\ x + p \in D_f$

• Intorno di raggio ε del punto x^* (= insieme dei punti aventi distanza da x^* minore di ε): $U_\varepsilon(x^*) = \{x \in \mathbb{R} : |x - x^*| < \varepsilon\}, \quad \varepsilon > 0$

Funzioni limitate

funzione limitata superiormente	$-\ \exists\, K : f(x) \leq K \ \forall x \in D_f$
funzione limitata inferiormente	$-\ \exists\, K : f(x) \geq K \ \forall x \in D_f$
funzione limitata	$-\ \exists\, K : |f(x)| \leq K \ \forall x \in D_f$

Estremi

estremo superiore	– più piccolo limite superiore K;　$\displaystyle\sup_{x\in D_f} f(x)$
estremo inferiore	– più grande limite inferiore K;　$\displaystyle\inf_{x\in D_f} f(x)$
punto di massimo globale	– $x^* \in D_f$ tale che $f(x^*) \geq f(x)$ $\forall x \in D_f$
massimo globale	– $f(x^*) = \displaystyle\max_{x\in D_f} f(x)$
punto di massimo locale	– $x^* \in D_f$ tale che $f(x^*) \geq f(x)$ $\forall x \in D_f \cap$ $U_\varepsilon(x^*)$
punto di minimo globale	– $x^* \in D_f$ tale che $f(x^*) \leq f(x)$ $\forall x \in D_f$
minimo globale	– $f(x^*) = \displaystyle\min_{x\in D_f} f(x)$
punto di minimo locale	– $x^* \in D_f$ tale che $f(x^*) \leq f(x)$ $\forall x \in D_f \cap U_\varepsilon(x^*)$

Curvatura

funzione convessa	– $f(\lambda x_1 + (1-\lambda)x_2) \leq \lambda f(x_1) + (1-\lambda)f(x_2)$
strettamente convessa	– $f(\lambda x_1 + (1-\lambda)x_2) < \lambda f(x_1) + (1-\lambda)f(x_2)$
funzione concava	– $f(\lambda x_1 + (1-\lambda)x_2) \geq \lambda f(x_1) + (1-\lambda)f(x_2)$
strettamente concava	– $f(\lambda x_1 + (1-\lambda)x_2) > \lambda f(x_1) + (1-\lambda)f(x_2)$

• Le disuguaglianze sono vere per ogni $x_1, x_2 \in D_f$ e valore arbitrario di $\lambda \in (0,1)$. Sotto convessità o concavità le disuguaglianze valgono anche per $\lambda = 0$ e $\lambda = 1$.

Rappresentazione di funzioni reali

zero	– valore $x_0 \in D_f$ tale che $f(x_0)=0$
grafico di una funzione	– visualizzazione dei punti $(x,y) = (x, f(x))$ associati ad f nel piano $\mathbb{R}^2$, in generale utilizzando un sistema di coordinate cartesiane
sistema di coordinate cartesiane	– sistema sul piano consistente di due assi ortogonali; un asse orizzontale *(delle ascisse)*, in genere x, un asse verticale *(delle ordinate)*, in genere y; sugli assi è individuata una scala (che può essere differente).

Funzioni lineari

Siano $a, b, \lambda \in \mathbb{R}$.

funzione lineare	$-\quad y = f(x) = ax$
funzione lineare affine	$-\quad y = f(x) = ax + b$

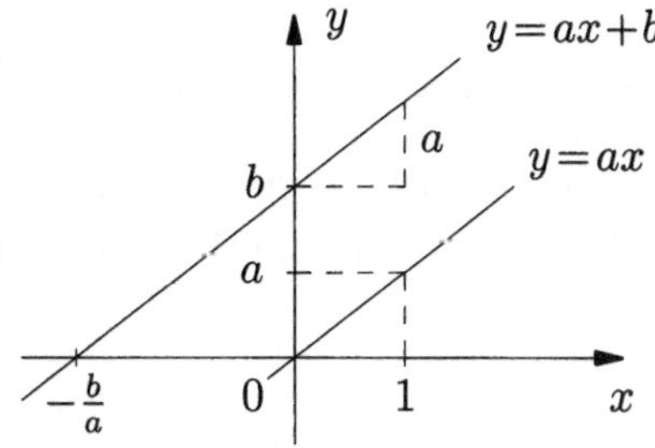

Proprietà delle funzioni lineari

$$f(x_1 + x_2) = f(x_1) + f(x_2) \qquad\qquad f(\lambda x) = \lambda f(x) \qquad\qquad f(0) = 0$$

Proprietà delle funzioni lineari affini

$$\frac{f(x_1) - f(x_2)}{x_1 - x_2} = a \qquad\qquad f\left(-\frac{b}{a}\right) = 0, \ \ a \neq 0 \qquad\qquad f(0) = b$$

- Le funzioni lineari affini sono spesso semplicemente dette funzioni lineari.
- In un sistema di coordinate x, y di scala uniforme, il grafico di una funzione lineare o lineare affine è una retta.

Discriminante: $\boxed{D = p^2 - 4q}$

con $p = \dfrac{b}{a}, \ \ q = \dfrac{c}{a}$

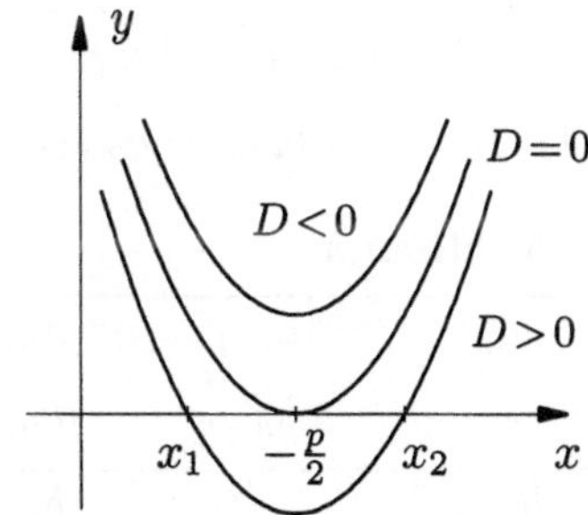

Zeri

$D > 0:$	$x_{1,2} = \dfrac{1}{2}\left(-p \pm \sqrt{D}\right)$	due zeri reali
$D = 0:$	$x_1 = x_2 = -\dfrac{p}{2}$	uno zero doppio
$D < 0:$		nessuno zero

Punti estremi

$$\begin{array}{lll} a > 0: & \text{un punto di minimo} & x_{\min} = -\dfrac{p}{2} \\[2ex] a < 0: & \text{un punto di massimo} & x_{\max} = -\dfrac{p}{2} \end{array}$$

- Per $a > 0$ $(a < 0)$ la funzione f è strettamente convessa (concava) e il grafico di f è una parabola aperta superiormente (inferiormente) di vertice $\left(-\dfrac{p}{2}, \ -\dfrac{aD}{4} \right)$.

Polinomi

Funzioni $y = p_n(x)\colon \mathbb{R} \to \mathbb{R}$ del tipo

$$p_n(x) = a_n x^n + a_{n-1} x^{n-1} + \ldots + a_1 x + a_0, \quad a_n \neq 0, \quad a_i \in \mathbb{R}, \quad n \in \mathbb{N}_0$$

sono chiamate *funzioni razionali intere* o *polinomi di grado n*.

- Il teorema fondamentale dell'algebra afferma che ogni polinomio di grado n può essere rappresentato nella forma

$$p_n(x) = a_n(x - x_1)(x - x_2) \ldots (x - x_{n-1})(x - x_n) \qquad \textbf{rappresentazione come prodotto}$$

Il valori x_i sono gli zeri, reali o complessi, del polinomio. Gli zeri complessi sono sempre in numero pari, in coppie di complessi coniugati. Lo zero x_i è di ordine p se il fattore $(x - x_i)$ nel prodotto compare p volte. I valori della funzione polinomiale, così come i valori delle sue derivate, si possono calcolare come segue:

$$b_{n-1} := a_n, \quad b_i := a_{i+1} + ab_{i+1}, \quad i = n - 2, \ldots, 0, \quad p_n(a) = a_0 + ab_0$$

$$c_{n-2} := b_{n-1}, \quad c_i := b_{i+1} + ac_{i+1}, \quad i = n - 3, \ldots, 0, \quad p_n'(a) = b_0 + ac_0$$

Schema di Horner

	a_n	a_{n-1}	a_{n-2}	$\ldots$	a_2	a_1	a_0
a	$-$	ab_{n-1}	ab_{n-2}	$\ldots$	ab_2	ab_1	ab_0
	b_{n-1}	b_{n-2}	b_{n-3}	$\ldots$	b_1	b_0	$p_n(a)$
a	$-$	ac_{n-2}	ac_{n-3}	$\ldots$	ac_1	ac_0	
	c_{n-2}	c_{n-3}	c_{n-4}	$\ldots$	c_0	$p_n'(a)$	

Vale la seguente relazione:

$$p_n(x) = p_n(a) + (x - a) \cdot (b_{n-1} x^{n-1} + b_{n-2} x^{n-2} + \cdots + b_1 x + b_0)$$

Funzioni razionali fratte, scomposizione parziale

Funzioni del tipo $y = r(x)$,

$$r(x) = \frac{p_m(x)}{q_n(x)} = \frac{a_m x^m + a_{m-1} x^{m-1} + \cdots + a_1 x + a_0}{b_n x^n + b_{n-1} x^{n-1} + \cdots + b_1 x + b_0}, \quad a_m \neq 0,\ b_n \neq 0$$

sono chiamate *razionali fratte*, in particolare *proprie* per $m < n$ ed *improprie* per $m \geq n$.

• Una funzione razionale fratta *impropria* può essere riscritta nella forma

$$r(x) = p(x) + s(x)$$

tramite *divisione polinomiale*, dove $p(x)$ è un polinomio (*asintoto*) ed $s(x)$ è una funzione razionale *impropria* (▶ rappresentazione come prodotto di un polinomio).

zeri di $r(x)$	– tutti gli zeri del polinomio a numeratore, che non siano zeri del denominatore
asintoto verticale di $r(x)$	– tutti gli zeri del polinomio a denominatore, che non siano zeri del numeratore, così come gli zeri di entrambe i polinomi, quando la molteplicità a numeratore sia minore di quella a denominatore
discontinuità di $r(x)$	– tutti gli zeri comuni a numeratore e denominatore quando la molteplicità a numeratore sia maggiore o uguale di quella a denominatore

Scomposizione parziale di una razionale fratta propria

> 1. Rappresentare il polinomio a denominatore $q_n(x)$ come prodotto di polinomi semplici e quadrati a coefficienti reali, dove i quadratici hanno zeri complessi coniugati:
>
> $$q_n(x) = (x-a)^\alpha (x-b)^\beta \ldots (x^2 + cx + d)^\gamma \ldots$$
>
> 2. Possibile soluzione:
>
> $$r(x) = \frac{A_1}{x-a} + \frac{A_2}{(x-a)^2} + \ldots + \frac{A_\alpha}{(x-a)^\alpha} + \frac{B_1}{(x-b)} + \frac{B_2}{(x-b)^2}$$
>
> $$+ \ldots + \frac{B_\beta}{(x-b)^\beta} + \ldots + \frac{C_1 x + D_1}{x^2 + cx + d} + \ldots + \frac{C_\gamma x + D_\gamma}{(x^2 + cx + d)^\gamma} + \ldots$$
>
> 3. Determinare i coefficienti (reali) $A_i, B_i, C_i, D_i, \ldots$:
>
>   a) Trovare il minimo comun denominatore e
>
>   b) Moltiplicare per il minimo comun denominatore
>
>   c) Sostituire $x = a, x = b, \ldots$ e ottenere $A_\alpha, B_\beta, \ldots$
>
>   d) Confrontare i coefficienti porta a un sistema di equazioni lineari per i rimanenti coefficienti incogniti.

Funzioni esponenziali

$y = a^x$	–	funzione esponenziale, $\quad a \in \mathbb{R}, \ a > 0$
a	–	base
x	–	esponente
Caso particolare $\ a = \mathrm{e}$:		
$y = \mathrm{e}^x = \exp(x)$	–	funzione esponenziale in base e

Dominio: $D_f = \mathbb{R}$

Codominio: $W_f = \mathbb{R}^+ = \{y \,|\, y > 0\}$

• La funzione inversa dell'esponenziale $y = a^x$ è la funzione logaritmica $y = log_a x$ (▶ p. 61).

• Operazioni ▶ potenze (p. 19)

• La crescita di una funzione esponenziale con $a > 1$ è più veloce di quella di qualunque funzione potenza $y = x^n$.

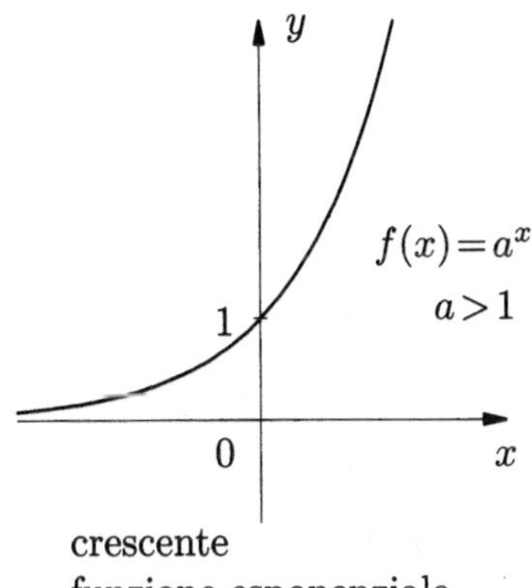

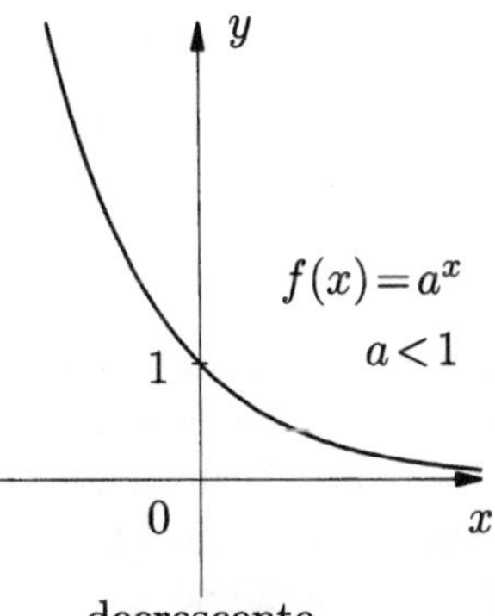

Potenza negativa

Usando la trasformazione

$$a^{-x} = \left(\frac{1}{a}\right)^x, \qquad a > 0,$$

si possono ottenere i valori per le potenze negative (positive) attraverso i valori delle potenze positive (negative).

Base a, $0 < a < 1$

Attraverso la regola

$$a^{-x} = b^x \quad \text{con} \quad b = \frac{1}{a},$$

una funzione esponenziale in base a, $0 < a < 1$ può essere trasformata in una funzione esponenziale in base b, $b > 1$.

Funzioni logaritmiche

$y = \log_a x$	– funzione logaritmica, $\quad a \in \mathbb{R}$, $a > 1$
x	– argomento
a	– base

Caso particolare $a = e$:

$y = \ln x$	– logaritmo naturale

Caso particolare $a = 10$:

$y = \lg x$	– logaritmo in base 10 (o di Briggs)

Dominio: $\quad D_f = \mathbb{R}^+ = \{x \in \mathbb{R} \mid x > 0\}$

Codominio: $\quad W = \mathbb{R}$

- Il valore $y = \log_a x$ è definito dalla relazione $x = a^y$.
- Operazioni ▶ logaritmi (p. 19).

- La funzione inversa del logaritmo $y = \log_a x$ è la funzione esponenziale (▶ p. 60). Utilizzando la stessa scala su entrambe gli assi, il grafico della funzione $y = a^x$ si ottiene come riflessione simmetrica del grafico di $y = \log_a x$ rispetto alla bisettrice $y = x$.

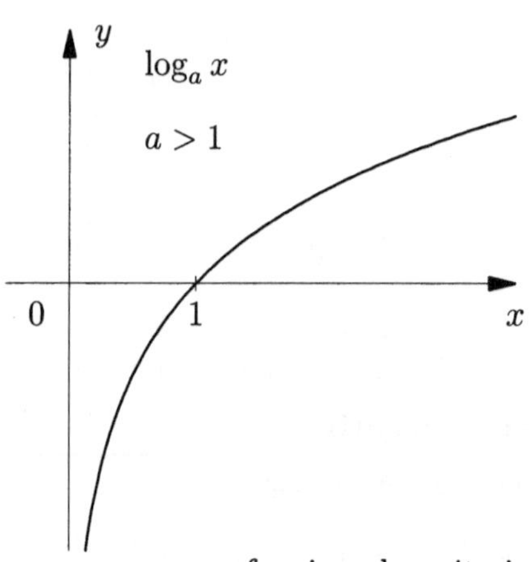

funzione logaritmica, crescente

Base a, $0 < a < 1$

> Tramite la regola
>
> $$\log_a x = -\log_b x \quad \text{con} \quad b = \frac{1}{a}$$
>
> si può trasformare una logaritmo in base a, $0 < a < 1$, in un logaritmo in base b, $b > 1$.

Funzioni trigonometriche

La relazione tra i lati di triangoli congruenti è costante. Nei triangoli retti questa relazione è definita unicamente da uno degli angoli non retti. Per definizione,

$$\operatorname{sen} x = \frac{a}{c}, \qquad \cos x = \frac{b}{c},$$

$$\tan x = \frac{a}{b}, \qquad \cot x = \frac{b}{a}.$$

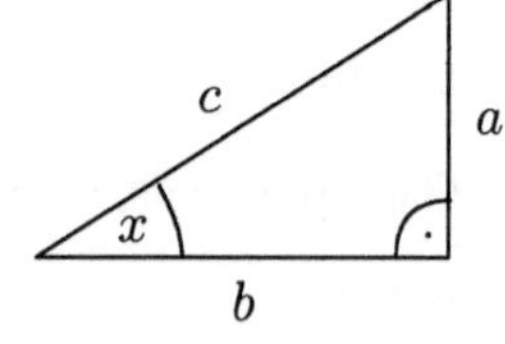

Per angoli x tra $\frac{\pi}{2}$ e 2π i segmenti a, b hanno il segno indicato dalla loro posizione in un sistema di coordinate cartesiane.

Proprietà di traslazione e riflessione

$$\operatorname{sen}\left(\tfrac{\pi}{2}+x\right)=\operatorname{sen}\left(\tfrac{\pi}{2}-x\right)=\cos x \qquad\qquad \operatorname{sen}(\pi+x)=-\operatorname{sen}x$$

$$\cos\left(\tfrac{\pi}{2}+x\right)=-\cos\left(\tfrac{\pi}{2}-x\right)=-\operatorname{sen}x \qquad\qquad \cos(\pi+x)=-\cos x$$

$$\tan\left(\tfrac{\pi}{2}+x\right)=-\tan\left(\tfrac{\pi}{2}-x\right)=-\cot x \qquad\qquad \tan(\pi+x)=\tan x$$

$$\cot\left(\tfrac{\pi}{2}+x\right)=-\cot\left(\tfrac{\pi}{2}-x\right)=-\tan x \qquad\qquad \cot(\pi+x)=\cot x$$

$$\operatorname{sen}\left(\tfrac{3\pi}{2}+x\right)=-\cos x \qquad\qquad \cos\left(\tfrac{3\pi}{2}+x\right)=\operatorname{sen}x$$

$$\tan\left(\tfrac{3\pi}{2}+x\right)=-\cot x \qquad\qquad \cot\left(\tfrac{3\pi}{2}+x\right)=-\tan x$$

Periodicità

$$\operatorname{sen}(x+2\pi)=\operatorname{sen}x \qquad\qquad \cos(x+2\pi)=\cos x$$

$$\tan(x+\pi)=\tan x \qquad\qquad \cot(x+\pi)=\cot x$$

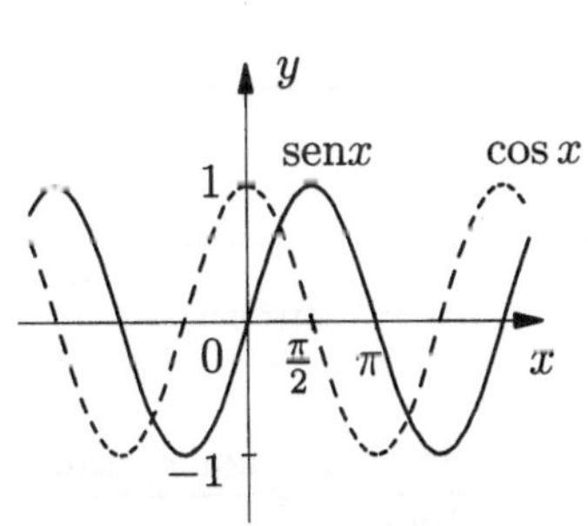

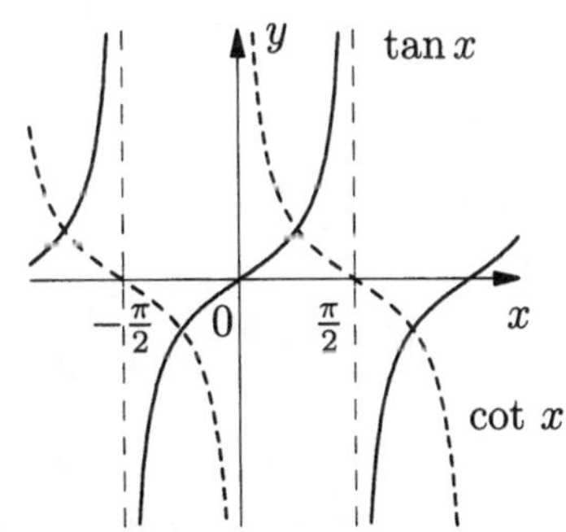

Valori particolari

in radianti	0	$\frac{\pi}{6}$	$\frac{\pi}{4}$	$\frac{\pi}{3}$	$\frac{\pi}{2}$
in gradi	0°	30°	45°	60°	90°
senx	0	$\frac{1}{2}$	$\frac{1}{2}\sqrt{2}$	$\frac{1}{2}\sqrt{3}$	1
cos x	1	$\frac{1}{2}\sqrt{3}$	$\frac{1}{2}\sqrt{2}$	$\frac{1}{2}$	0
tan x	0	$\frac{1}{3}\sqrt{3}$	1	$\sqrt{3}$	–
cot x	–	$\sqrt{3}$	1	$\frac{1}{3}\sqrt{3}$	0

Trasformazione di funzioni trigonometriche $(0 \leq x \leq \frac{\pi}{2})$

	$\operatorname{sen} x$	$\cos x$	$\tan x$	$\cot x$
$\operatorname{sen} x$	$-$	$\sqrt{1 - \cos^2 x}$	$\dfrac{\tan x}{\sqrt{1 + \tan^2 x}}$	$\dfrac{1}{\sqrt{1 + \cot^2 x}}$
$\cos x$	$\sqrt{1 - \operatorname{sen}^2 x}$	$-$	$\dfrac{1}{\sqrt{1 + \tan^2 x}}$	$\dfrac{\cot x}{\sqrt{1 + \cot^2 x}}$
$\tan x$	$\dfrac{\operatorname{sen} x}{\sqrt{1 - \operatorname{sen}^2 x}}$	$\dfrac{\sqrt{1 - \cos^2 x}}{\cos x}$	$-$	$\dfrac{1}{\cot x}$
$\cot x$	$\dfrac{\sqrt{1 - \operatorname{sen}^2 x}}{\operatorname{sen} x}$	$\dfrac{\cos x}{\sqrt{1 - \cos^2 x}}$	$\dfrac{1}{\tan x}$	$-$

$$\operatorname{sen}^2 x + \cos^2 x = 1, \qquad \tan x = \frac{\operatorname{sen} x}{\cos x} \; (\cos x \neq 0), \qquad \cot x = \frac{\cos x}{\operatorname{sen} x} \; (\operatorname{sen} x \neq 0)$$

Formule di addizione

$$\operatorname{sen}(x \pm y) = \operatorname{sen} x \cos y \pm \cos x \operatorname{sen} y \qquad \cos(x \pm y) = \cos x \cos y \mp \operatorname{sen} x \operatorname{sen} y$$

$$\tan(x \pm y) = \frac{\tan x \pm \tan y}{1 \mp \tan x \tan y} \qquad \cot(x \pm y) = \frac{\cot x \cot y \mp 1}{\cot y \pm \cot x}$$

Formule di duplicazione

$$\operatorname{sen} 2x = 2 \operatorname{sen} x \cos x = \frac{2 \tan x}{1 + \tan^2 x} \qquad \cos 2x = \cos^2 x - \operatorname{sen}^2 x = \frac{1 - \tan^2 x}{1 + \tan^2 x}$$

$$\tan 2x = \frac{2 \tan x}{1 - \tan^2 x} = \frac{2}{\cot x - \tan x} \qquad \cot 2x = \frac{\cot^2 x - 1}{2 \cot x} = \frac{\cot x - \tan x}{2}$$

Formule di bisezione (per $0 < x < \pi$)

$$\operatorname{sen} \frac{x}{2} = \sqrt{\frac{1 - \cos x}{2}} \qquad \tan \frac{x}{2} = \sqrt{\frac{1 - \cos x}{1 + \cos x}} = \frac{\operatorname{sen} x}{1 + \cos x} = \frac{1 - \cos x}{\operatorname{sen} x}$$

$$\cos \frac{x}{2} = \sqrt{\frac{1 + \cos x}{2}} \qquad \cot \frac{x}{2} = \sqrt{\frac{1 + \cos x}{1 - \cos x}} = \frac{\operatorname{sen} x}{1 - \cos x} = \frac{1 + \cos x}{\operatorname{sen} x}$$

Potenze di funzioni trigonometriche

$$\operatorname{sen}^2 x = \frac{1}{2}(1 - \cos 2x) \qquad \cos^2 x = \frac{1}{2}(1 + \cos 2x)$$

$$\operatorname{sen}^3 x = \frac{1}{4}(3\operatorname{sen} x - \operatorname{sen} 3x) \qquad \cos^3 x = \frac{1}{4}(3\cos x + \cos 3x)$$

$$\operatorname{sen}^4 x = \frac{1}{8}(3 - 4\cos 2x + \cos 4x) \qquad \cos^4 x = \frac{1}{8}(3 + 4\cos 2x + \cos 4x)$$

Inverse di funzioni trigonometriche

• Le inverse delle funzioni trigonometriche sono indicate dal prefisso *arc*. Per esempio, dalla relazione $x = \operatorname{sen} y$ si ottiene la funzione inversa $y = \operatorname{arcsen} x$ (arcoseno).

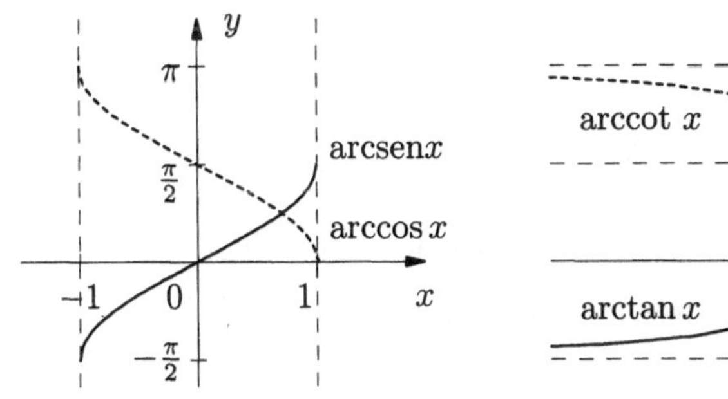

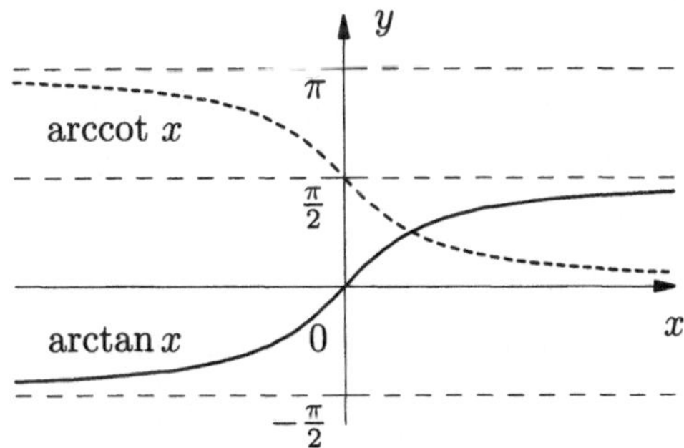

Domini e Codomini

funzione trigonometrica inversa	dominio	codominio
$y = \operatorname{arcsen} x$	$-1 \le x \le 1$	$-\dfrac{\pi}{2} \le y \le \dfrac{\pi}{2}$
$y = \operatorname{arccos} x$	$-1 \le x \le 1$	$0 \le y \le \pi$
$y = \operatorname{arctan} x$	$-\infty < x < \infty$	$-\dfrac{\pi}{2} < y < \dfrac{\pi}{2}$
$y = \operatorname{arccot} x$	$-\infty < x < \infty$	$0 < y < \pi$

Funzioni iperboliche

$$y = \operatorname{senh} x = \frac{1}{2}(e^x - e^{-x}) \quad - \quad \text{seno iperbolico}, D_f = \mathbb{R}, \ W_f = \mathbb{R}$$

$$y = \cosh x = \frac{1}{2}(e^x + e^{-x}) \quad - \quad \text{coseno iperbolico}, D_f = \mathbb{R}, \ W_f = [1, \infty)$$

$$y = \tanh x = \frac{e^x - e^{-x}}{e^x + e^{-x}} \quad - \quad \text{tangente iperbolica}, D_f = \mathbb{R}, \ W_f = (-1, 1)$$

$$y = \coth x = \frac{e^x + e^{-x}}{e^x - e^{-x}} \quad - \quad \text{cotangente iperbolica}$$
$$D_f = \mathbb{R} \setminus \{0\}, \ W_f = (-\infty, -1) \cup (1, \infty)$$

Inverse di funzioni iperboliche

Le inverse del seno, tangente, cotangente e parte destra del coseno iperbolico sono chiamate funzioni *argomento iperbolico*

$$y = \operatorname{arsenh} x \quad - \quad \text{argomento seno iperbolico}, \ D_f = \mathbb{R}, \ W_f = \mathbb{R}$$

$$y = \operatorname{arcosh} x \quad - \quad \text{argomento coseno iperbolico},$$
$$D_f = [1, \infty), \ W_f = [0, \infty)$$

$$y = \operatorname{artanh} x \quad - \quad \text{argomento tangente iperbolica},$$
$$D_f = (-1, 1), \ W_f = \mathbb{R}$$

$$y = \operatorname{arcoth} x \quad - \quad \text{argomento cotangente iperbolica},$$
$$D_f = (-\infty, -1) \cup (1, \infty), \ W_f = \mathbb{R} \setminus \{0\}$$

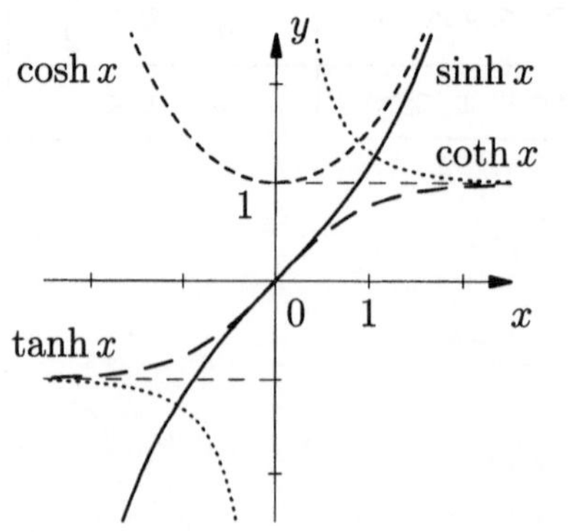

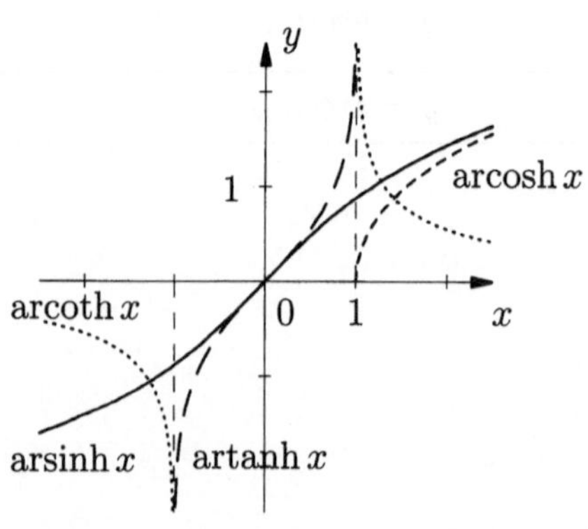

Alcune funzioni economiche

Notazione

x	–	quantità di un bene (in unità)
p	–	prezzo di un bene (in unità di prezzo per unità di quantità)
E	–	prodotto nazionale, reddito nazionale (in unità di moneta per unità di tempo)

Funzioni microeconomiche e macroeconomiche

$x = x(p)$	–	funzione di domanda; in generale decrescente; x – quantità richiesta e venduta, risp.
$p = p(x)$	–	funzione di offerta, in generale crescente; x – quantità offerta
$U(p) = x(p) \cdot p$	–	funzione di fatturato (funzione di ritorno, funzione di ricavo); dipendente dal prezzo p
$K(x) = K_f + K_v(x)$	–	funzione di costo, somma di una parte di costi fissi e una di costi variabili dipendenti dalla quantità (o dai lavoratori)
$k(x) = \dfrac{K(x)}{x}$	–	costi medi (totali); costi unitari
$k_f(x) = \dfrac{K_f}{x}$	–	costi medi fissi; costi fissi unitari
$k_v(x) = \dfrac{K_v(x)}{x}$	–	costi variabili fissi; costi variabili unitari
$G(x) = U(x) - K(x)$	–	profitto (margine operativo)
$D(x) = U(x) - K_v(x)$	–	margine di contribuzione (totale)
$g(x) = \dfrac{G(x)}{x}$	–	profitto medio; profitto unitario
$C = C(E)$	–	(macroeconomica) propensione al consumo, uscite per beni di consumo; in generale crescente (E – vedi sopra)
$S(E) = E - C(E)$	–	(macroeconomica) propensione al risparmio

- Il valore della *funzione media* $\bar{f}(x) = \frac{f(x)}{x}$ è pari all'ascissa del raggio che collega l'origine al punto $(x, f(x))$. Descrive la parte del valore della funzione che è dovuto ad **una unità** di x.

- Un punto x che soddisfa l'equazione $G(x) = 0$, ovvero $U(x) = K(x)$, è detto *punto di break-even (o di equilibrio)*. A parte casi banali, la sua determinazione è in genere attuata per mezzo di metodi di approssimazione numerica.

- Il profitto unitario è pari alla differenza di prezzo e costo unitario: $g(x) = p(x) - k(x)$. Il *margine di contribuzione unitario* è la differenza tra prezzo e costo variabile unitario.

Funzione logistica (processo di saturazione)

$$y = f(t) = \frac{a}{1 + b \cdot e^{-ct}},$$
$$a, b, c > 0$$

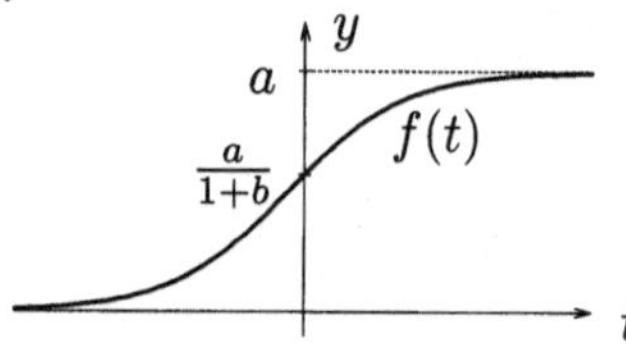

Questa funzione soddisfa le relazioni $\varrho_f(t) = \frac{y'}{y} = p(a - y)$ e $y' = py(a - y)$ ($\blacktriangleright$ equazioni differenziali), dove p – fattore di proporzionalità, y – fattore di stimolo, $(a - y)$ – fattore di freno.

- Il tasso di crescita $\varrho_f(t)$ in un momento arbitrario t è direttamente proporzionale alla distanza dal livello di saturazione a. La crescita della funzione f è proporzionale al prodotto dei fattori di stimolo e di freno.

Funzione di stoccaggio ("funzione a dente di sega")

$$y = f(t) = iS - \frac{S}{T}t,$$
$$(i - 1)T \leq t < iT,$$
$$T > 0, \quad i = 1, 2, \ldots$$

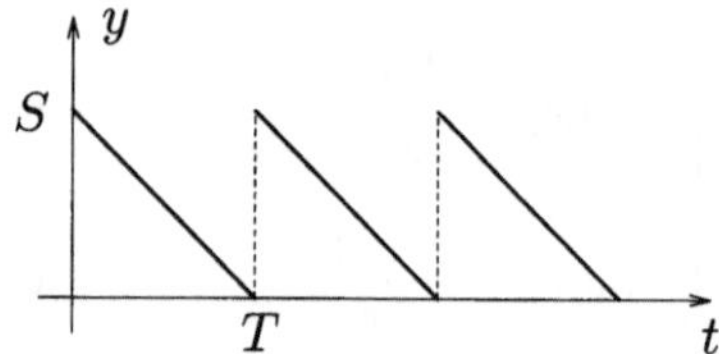

- Nei momenti iT, $i = 0, 1, 2, \ldots$, viene riempito il magazzino, mentre negli intervalli $[(i - 1)T, iT)$ si ha trasporto dei beni e il magazzino viene svuotato ad intensità costante nel tempo.

Funzione di Gompertz-Makeham (legge di mortalità)

$$y = f(t) = a \cdot b^t \cdot c^{d^t}, \quad a, b, c \in \mathbb{R}, \quad d > 0$$

- Questa funzione soddisfa la relazione $y' = p(t)y$ ($\blacktriangleright$ equazioni differenziali) con fattore di proporzionalità (intensità di mortalità) $p(t) = p_1 + p_2 \cdot d^t = \ln|b| + \ln|c| \cdot \ln d \cdot d^t$. La velocità di riduzione della popolazione nell'intervallo $[t, t+dt]$ è proporzionale al numero di persone ancora vive $y = f(t)$ all'età t.

Funzione di trend con fluttuazioni periodiche

$$y = f(t) = a + bt + c \cdot \text{sen } dt,$$
$$a, b, c, d \in \mathbb{R}$$

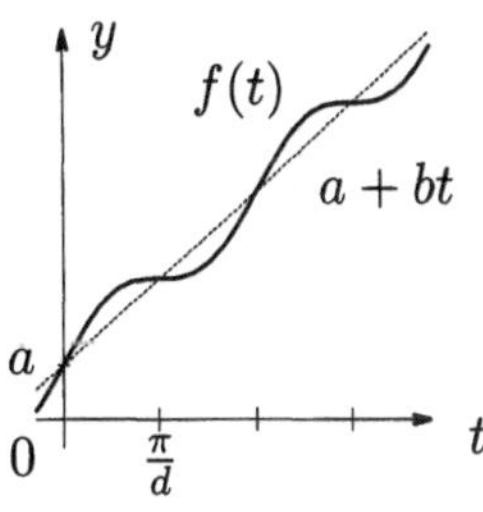

• Alla funzione lineare di trend $a + bt$ è sovrapposta la funzione sendt, che descrive fluttuazioni stagionali (annuali).

Crescita continua (esponenziale)

La funzione

$$y = f(t) = a_0 \cdot q^{\alpha t}$$

descrive la crescita temporale (di popolazione, di moneta, ecc.); a_0 – valore iniziale al tempo $t = 0$, α – intensità di crescita.

Crescita esponenziale generalizzata

$$y = f(t) = a + b \cdot q^t,$$
$$a, b > 0, \quad q > 1$$

• Sia la funzione che il suo tasso di crescita $\varrho_f(t) = \dfrac{y'}{y}$ (▶ p. 78) sono crescenti; inoltre $\lim\limits_{t \to \infty} \varrho_f(t) - \ln q$.

Funzione di produzione di Cobb-Douglas (un fattore input)

La funzione *isoelastica* (ovvero, ad elasticità costante ▶ p. 78)

$$x = f(r) = c \cdot r^\alpha, \quad c, \alpha > 0$$

descrive la connessione tra il fattore input r di produzione (in unità di quantità) e l'output (produzione; espressa nelle stesse o diverse unità di quantità; ▶ p. 131).

Funzione di produzione limitata (un fattore input)

$$x = f(r) = \begin{cases} a \cdot r & \text{se} \quad r \leq \hat{r} \\ b & \text{se} \quad r > \hat{r}, \end{cases} \quad a, b > 0$$

• Le funzioni menzionate nascono dalle funzioni di produzione che interessano molti fattori di input, mantenendo fissi tutti i fattori tranne uno. (*variazione parziale dei fattori*).

Calcolo differenziale per funzioni di una variabile

Limite di una funzione

Se $\{x_n\}$ è una successione **arbitraria** convergente al punto x_0 tale che $x_n \in D_f$, allora il valore $a \in \mathbb{R}$ è chiamato *limite* della funzione f nel punto x_0 se $\lim_{n \to \infty} f(x_n) = a$. Notazione: $\lim_{x \to x_0} f(x) = a$ (o $f(x) \to a$ per $x \to x_0$).

- Se in aggiunta alle condizioni precedenti è verificato che $x_n > x_0$ ($x_n < x_0$), allora si parla di *limite destro* (*limite sinistro*). Notazione: $\lim_{x \downarrow x_0} f(x) = a$ ($\lim_{x \uparrow x_0} f(x) = a$). Per l'esistenza del limite di una funzione i limiti destro e sinistro devono coincidere

- Se la successione $\{f(x_n)\}$ non converge, allora la funzione f non ammette limite nel punto x_0. Se i valori della funzione crescono (decrescono) arbitrariamente (limite *improprio*), allora si usa la notazione $\lim_{x \to x_0} f(x) = \infty$ (risp. $-\infty$).

Operazioni con i limiti

> Se esistono entrambe i limiti $\lim_{x \to x_0} f(x) = a$ e $\lim_{x \to x_0} g(x) = b$, allora:
>
> $$\lim_{x \to x_0} (f(x) \pm g(x)) = a \pm b, \qquad \lim_{x \to x_0} (f(x) \cdot g(x)) = a \cdot b,$$
>
> $$\lim_{x \to x_0} \frac{f(x)}{g(x)} = \frac{a}{b}, \quad \text{if} \quad g(x) \neq 0, \quad b \neq 0.$$

Regola di l'Hopital per $\frac{0}{0}$ o $\frac{\infty}{\infty}$

> Siano f e g differenziabili in un intorno di x_0, ed esista $\lim_{x \to x_0} \frac{f'(x)}{g'(x)} = K$ (finito od infinito), e sia $g'(x) \neq 0$, $\lim_{x \to x_0} f(x) = 0$, $\lim_{x \to x_0} g(x) = 0$ o $\lim_{x \to x_0} |f(x)| = \lim_{x \to x_0} |g(x)| = \infty$. Allora accade che $\lim_{x \to x_0} \frac{f(x)}{g(x)} = K$

- La regola è valida anche quando $x \to \pm\infty$.

- Termini nella forma $0 \cdot \infty$ o $\infty - \infty$ si possono esprimere come $\frac{0}{0}$ o $\frac{\infty}{\infty}$. Espressioni del tipo 0^0, ∞^0 o 1^∞ si possono esprimere come $0 \cdot \infty$ per mezzo della trasformazione $f(x)^{g(x)} = e^{g(x) \ln f(x)}$.

Limiti notevoli

$$\lim_{x\to\pm\infty} \frac{1}{x} = 0, \qquad \lim_{x\to\infty} e^x = \infty, \qquad \lim_{x\to-\infty} e^x = 0,$$

$$\lim_{x\to\infty} x^n = \infty \;\; (n \geq 1), \qquad \lim_{x\to\infty} \ln x = \infty, \qquad \lim_{x\downarrow 0} \ln x = -\infty,$$

$$\lim_{x\to\infty} \frac{x^n}{e^{\alpha x}} = 0 \;\; (\alpha \in \mathbb{R},\; \alpha > 0,\; n \in \mathbb{N}), \qquad \lim_{x\to\infty} q^x = 0 \;\; (0 < q < 1),$$

$$\lim_{x\to\infty} q^x = \infty \;\; (q > 1), \qquad \lim_{x\to\infty} \left(1 + \frac{\alpha}{x}\right)^x = e^\alpha \;\; (\alpha \in \mathbb{R})$$

Continuità

Una funzione $f : D_f \to \mathbb{R}$ è detta *continua nel punto* $x_0 \in D_f$ se

$$\lim_{x\to x_0} f(x) = f(x_0).$$

- Formulazione alternativa: f è *continua nel punto* x_0 se per ogni $\varepsilon > 0$ (piccolo arbitrariamente) esiste un $\delta > 0$ tale che $|f(x) - f(x_0)| < \varepsilon$ se $|x - x_0| < \delta$.

- Se una funzione è continua $\forall\, x \in D_f$, allora è detta *continua*.

Tipi di discontinuità

salto finito	$-\quad \displaystyle\lim_{x\downarrow x_0} f(x) \neq \lim_{x\uparrow x_0} f(x)$
salto infinito	$-\quad$ il limite destro o sinistro è infinito
asintoto verticale	$-\quad \left\lvert \displaystyle\lim_{x\downarrow x_0} f(x) \right\rvert = \left\lvert \displaystyle\lim_{x\uparrow x_0} f(x) \right\rvert = \infty$
asintoto di ordine $p \in \mathbb{N}$	$-\quad$ punto x_0 per cui esiste finito e non nullo il limite $\displaystyle\lim_{x\to x_0} (x - x_0)^p f(x)$
discontinuità rimuovibile	$-\quad \displaystyle\lim_{x\to x_0} f(x) = a$ esiste, ma f non è definita per $x = x_0$ o $f(x_0) \neq a$

- Una funzione razionale fratta ha asintoti verticali in corrispondenza degli zeri del denominatore, se in questi punti il numeratore è non nullo. ($\blacktriangleright$ funzione razionale fratta, p. 59).

Proprietà delle funzioni continue

- Se le funzioni f e g sono continue nei loro domini D_f e D_g, allora le funzioni $f+g$, $f-g$, $f\cdot g$ e $\dfrac{f}{g}$ (l'ultima se $g(x) \neq 0$) sono continue nel dominio $D_f \cap D_g$.

- Se la funzione f è continua in un intervallo chiuso $[a, b]$, raggiunge un punto di massimo $f_{\max}$ e di minimo $f_{\min}$ in questo intervallo. La funzione passa inoltre per ogni punto compreso tra $f_{\min}$ ed $f_{\max}$.

Operazioni con i limiti di funzioni continue

Se f è continua, allora $\displaystyle\lim_{x \to x_0} f(g(x)) = f\left(\lim_{x \to x_0} g(x)\right)$.

Casi particolari:

$$\lim_{x \to x_0} (f(x))^n = \left(\lim_{x \to x_0} f(x)\right)^n, \qquad \lim_{x \to x_0} a^{f(x)} = a^{\left(\lim_{x \to x_0} f(x)\right)}, \quad a > 0$$

$$\lim_{x \to x_0} \ln f(x) = \ln\left(\lim_{x \to x_0} f(x)\right), \qquad \text{se } f(x) > 0$$

Derivate

Derivata e rapporto incrementale

$$\frac{\Delta y}{\Delta x} = \frac{f(x + \Delta x) - f(x)}{\Delta x} = \tan \beta$$

$$\frac{dy}{dx} = \lim_{\Delta x \to 0} \frac{f(x + \Delta x) - f(x)}{\Delta x} = \tan \alpha$$

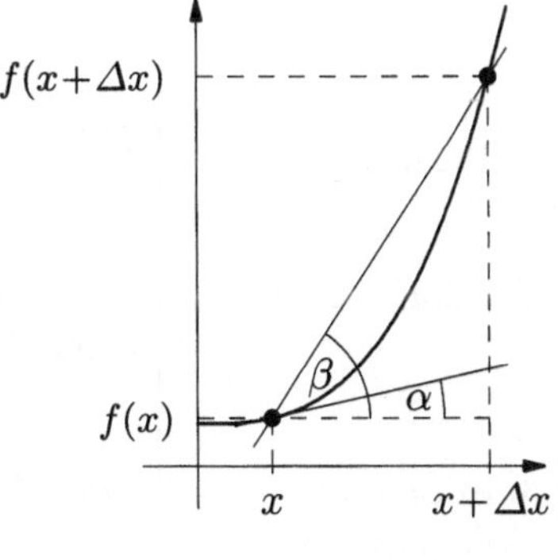

Se il limite esiste, la funzione f è detta *differenziabile nel punto* x. In questo caso, è anche continua nello stesso punto. Se f è differenziabile $\forall x \in D_f$, è allora detta *differenziabile* (su D_f).

Il limite è chiamato *derivata*, ed è indicato con $\dfrac{dy}{dx}$ (o $\dfrac{df}{dx}$, $y'(x)$, $f'(x)$). Il *rapporto incrementale* $\dfrac{\Delta y}{\Delta x}$ descrive il coefficiente angolare della secante che passa per i punti $(x, f(x))$ e $(x + \Delta x, f(x + \Delta x))$. La derivata è il coefficiente angolare della tangente al grafico di f nel punto $(x, f(x))$.

Regole di derivazione

	funzione	derivata
costante	$a \cdot u(x)$	$a \cdot u'(x), \qquad a - \text{reale}$
somma	$u(x) \pm v(x)$	$u'(x) \pm v'(x)$
prodotto	$u(x) \cdot v(x)$	$u'(x) \cdot v(x) + u(x) \cdot v'(x)$
quoziente	$\dfrac{u(x)}{v(x)}$	$\dfrac{u'(x) \cdot v(x) - u(x) \cdot v'(x)}{[v(x)]^2}$
in particolare:	$\dfrac{1}{v(x)}$	$-\dfrac{v'(x)}{[v(x)]^2}$
funzione composta	$u(v(x))$ (risp. $y=u(z),\ z=v(x)$)	$u'(z) \cdot v'(x) \quad \left(\dfrac{\mathrm{d}y}{\mathrm{d}x} = \dfrac{\mathrm{d}y}{\mathrm{d}z} \cdot \dfrac{\mathrm{d}z}{\mathrm{d}x}\right)$
derivata per mezzo della funzione inversa	$f(x)$	$\dfrac{1}{(f^{-1})'(f(x))} \quad \left(\dfrac{\mathrm{d}y}{\mathrm{d}x} = 1 \Big/ \dfrac{\mathrm{d}x}{\mathrm{d}y}\right)$
derivata per mezzo del logaritmo	$f(x)$	$(\ln f(x))' \cdot f(x)$
funzione implicita	$y=f(x)$ definita come $F(x,y)=0$	$f'(x) = -\dfrac{F_x(x,y)}{F_y(x,y)}$
funzione esponenziale	$u(x)^{v(x)} \quad (u > 0)$	$u(x)^{v(x)} \times {}$ $\times \left(v'(x)\ln u(x) + v(x)\dfrac{u'(x)}{u(x)}\right)$

• Il calcolo della derivata per mezzo del logaritmo o tramite passaggio alla funzione inversa si attua se la funzione inversa o la funzione $\ln f(x)$ possono essere differenziate in maniera più "semplice" delle funzioni originali.

Derivate notevoli

$f(x)$	$f'(x)$	$f(x)$	$f'(x)$
$c = \text{cost}$	0	$\ln x$	$\dfrac{1}{x}$
x	1	$\log_a x$	$\dfrac{1}{x \cdot \ln a} = \dfrac{1}{x}\log_a \mathrm{e}$
x^n	$n \cdot x^{n-1}$	$\lg x$	$\dfrac{1}{x}\lg \mathrm{e}$
$\dfrac{1}{x}$	$-\dfrac{1}{x^2}$	$\operatorname{sen}x$	$\cos x$
$\dfrac{1}{x^n}$	$-\dfrac{n}{x^{n+1}}$	$\cos x$	$-\operatorname{sen}x$
$\sqrt{x}$	$\dfrac{1}{2\sqrt{x}}$	$\tan x$	$1 + \tan^2 x = \dfrac{1}{\cos^2 x}$
$\sqrt[n]{x}$	$\dfrac{1}{n\sqrt[n]{x^{n-1}}}$	$\cot x$	$-1 - \cot^2 x = -\dfrac{1}{\operatorname{sen}^2 x}$
x^x	$x^x(\ln x + 1)$	$\operatorname{arcsen}x$	$\dfrac{1}{\sqrt{1 - x^2}}$
e^x	e^x	$\arccos x$	$-\dfrac{1}{\sqrt{1 - x^2}}$
a^x	$a^x \ln a$	$\arctan x$	$\dfrac{1}{1 + x^2}$
$\operatorname{arccot} x$	$-\dfrac{1}{1 + x^2}$	$\operatorname{senh}x$	$\cosh x$
$\cosh x$	$\operatorname{senh}x$	$\tanh x$	$1 - \tanh^2 x$
$\coth x$	$1 - \coth^2 x$	$\operatorname{arsenh}x$	$\dfrac{1}{\sqrt{1 + x^2}}$
$\operatorname{arcosh}x$	$\dfrac{1}{\sqrt{x^2 - 1}}$	$\operatorname{artanh}x$	$\dfrac{1}{1 - x^2}$
$\operatorname{arcoth}x$	$-\dfrac{1}{x^2 - 1}$		

Differenziale

Per una funzione f differenziabile nel punto x_0 si ha:

$$\Delta y = \Delta f(x_0) = f(x_0 + \Delta x) - f(x_0) = f'(x_0) \cdot \Delta x + \mathrm{o}(\Delta x),$$

dove vale la relazione $\lim\limits_{\Delta x \to 0} \dfrac{\mathrm{o}(\Delta x)}{\Delta x} = 0$. Qui il segno $\mathrm{o}(\cdot)$ ("small o") indica l'ordine di infinitesimo.

L'espressione

$$\boxed{\mathrm{d}y = \mathrm{d}f(x_0) = f'(x_0) \cdot \Delta x}$$

o

$$\boxed{\mathrm{d}y = f'(x_0) \cdot \mathrm{d}x}$$

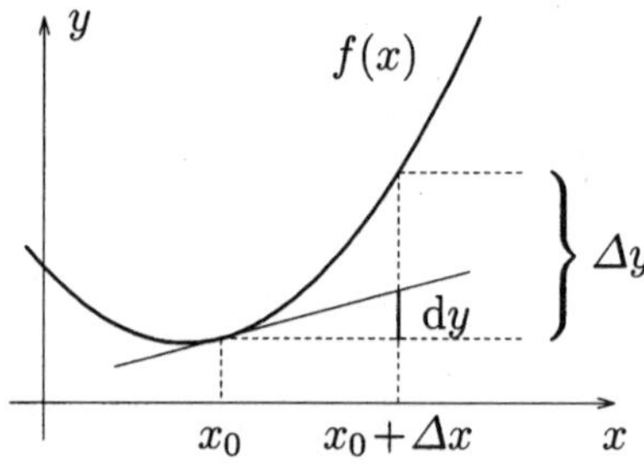

nella relazione è chiamato *differenziale* della funzione f nel punto x_0. Descrive una parte dell'incremento della funzione quando si aggiunge Δx ad x_0:

$$\boxed{\Delta f(x_0) \approx f'(x_0) \cdot \Delta x\,.}$$

Interpretazione economica della derivata prima

• In applicazioni economiche la derivata prima è spesso chiamata *funzione marginale*. Descrive **approssimativamente** la crescita del valore della funzione nell'aumentare la variabile indipendente x di una unità, ovvero $\Delta x = 1$ (▶ differenziale). Il concetto di fondo è la nozione economica di *funzione marginale*, che descrive la crescita della funzione quando si incrementa x di una unità:

$$\boxed{\Delta f(x) = f(x + 1) - f(x)\,.}$$

• L'investigazione di problemi economici per mezzo di funzioni marginali è in genere indicata come *analisi marginale*. Nel fare ciò, le **unità di misura** delle quantità interessate sono estremamente importanti:

$$\boxed{\text{unità di misura di } f' \;=\; \text{unità di misura di } f \;/\; \text{unità di misura di } x}$$

Quali unità di misura hanno le funzioni economiche e le loro funzioni marginali?

u.q. – unità di quantità, u.m. – unità di moneta, u.t. – unità di tempo

funzione $f(x)$	unità di misura di f	x	funzione marginale $f'(x)$	unità di f'
costi	u.m.	u.q.	costi marginali	$\dfrac{\text{u.m.}}{\text{u.q.}}$
costi unitari	$\dfrac{\text{u.m.}}{\text{u.q.}}$	u.q.	costi marginali unitari	$\dfrac{\text{u.m./u.q.}}{\text{u.q.}}$
fatturato (in dipendenza della quantità)	u.m.	u.q.	fatturato marginale	$\dfrac{\text{u.m.}}{\text{u.q.}}$
fatturato (in dipendenza dal prezzo)	u.m.	$\dfrac{\text{u.m.}}{\text{u.q.}}$	fatturato marginale	$\dfrac{\text{u.m.}}{\text{u.m./u.q.}}$
funzione di produzione	u.q.$^{(1)}$	u.q.$^{(2)}$	produttività marginale	$\dfrac{\text{u.q.}^{(1)}}{\text{u.q.}^{(2)}}$
ricavo medio	$\dfrac{\text{u.q.}^{(1)}}{\text{u.q.}^{(2)}}$	u.q.$^{(2)}$	ricavo marginale medio	$\dfrac{\text{u.q.}^{(1)}/\text{u.q.}^{(2)}}{\text{u.q.}^{(2)}}$
profitto	u.m.	u.q.	profitto marginale	u.m./u.q.
profitto unitario	u.m./u.q.	u.q.	profitto marginale unitario	$\dfrac{\text{u.m./u.q.}}{\text{u.q.}}$
propensione al consumo	u.m./u.t.	$\dfrac{\text{u.m.}}{\text{u.t.}}$	propensione marginale al consumo	100%
propensione al risparmio	$\dfrac{\text{u.m.}}{\text{u.t.}}$	$\dfrac{\text{u.m.}}{\text{u.t.}}$	propensione marginale al risparmio	100%

Variazione ed elasticità

Nozioni

$$\frac{\Delta x}{x} \qquad - \text{variazione media relativa di } x \; (x \neq 0)$$

$$\frac{\Delta f(x)}{\Delta x} = \frac{f(x + \Delta x) - f(x)}{\Delta x} \qquad - \text{pendenza media del grafico di } f \text{ (rapporto incrementale)}$$

$$R_f(x) = \frac{\Delta f(x)}{\Delta x} \cdot \frac{1}{f(x)} \qquad - \text{pendenza media di } f \text{ nel punto } x$$

$$E_f(x) = \frac{\Delta f(x)}{\Delta x} \cdot \frac{x}{f(x)} \qquad - \text{elasticità media di } f \text{ nel punto } x$$

$$\varrho_f(x) = \lim_{\Delta x \to 0} R_f(x) = \frac{f'(x)}{f(x)} \qquad - \text{variazione di } f \text{ nel punto } x; \text{ tasso di crescita, incremento}$$

$$\varepsilon_f(x) = \lim_{\Delta x \to 0} E_f(x) = x \cdot \frac{f'(x)}{f(x)} \qquad - \text{elasticità puntuale di } f \text{ nel punto } x$$

- L'elasticità media e l'elasticità sono indipendenti dalle unità di misura scelte per x ed $f(x)$ (numeri puri). L'elasticità descrive approssimativamente la variazione di $f(x)$ in percentuale (mutamento relativo) se x cresce dell'1%.

- Se $y = f(t)$ descrive la variazione di una quantità economica in dipendenza dal tempo t, allora $\varrho_f(t)$ descrive approssimativamente la variazione percentuale di $f(t)$ per unità di tempo al momento t.

- un funzione f è detta (nel punto x)

elastica   se $|\varepsilon_f(x)| > 1$ la variazione relativa di $f(x)$ è maggiore della variazione di x,

anelastica   se $|\varepsilon_f(x)| = 1$ la variazione media relativa di x eàpprossimativamente pari a quella di $f(x)$,

rigida   se $|\varepsilon_f(x)| < 1$ la variazione di $f(x)$ è relativamente minore di quella di x,

completamente rigida   se $\varepsilon_f(x) = 0$ approssimando linearmente $f(x)$ la funzione è costante al variare di x.

Operazioni con l'elasticità e la variazione

operazione	elasticità	variazione
fattore costante	$\varepsilon_{cf}(x) \;=\; \varepsilon_f(x) \quad (c \in \mathbb{R})$	$\varrho_{cf}(x) \;=\; \varrho_f(x) \quad (c \in \mathbb{R})$
somma	$\varepsilon_{f+g}(x) \;=\; \dfrac{f(x)\varepsilon_f(x)+g(x)\varepsilon_g(x)}{f(x)+g(x)}$	$\varrho_{f+g}(x) \;=\; \dfrac{f(x)\varrho_f(x)+g(x)\varrho_g(x)}{f(x)+g(x)}$
prodotto	$\varepsilon_{f\cdot g}(x) \;=\; \varepsilon_f(x) + \varepsilon_g(x)$	$\varrho_{f\cdot g}(x) \;=\; \varrho_f(x) + \varrho_g(x)$
quoziente	$\varepsilon_{\frac{f}{g}}(x) \;=\; \varepsilon_f(x) - \varepsilon_g(x)$	$\varrho_{\frac{f}{g}}(x) \;=\; \varrho_f(x) - \varrho_g(x)$
funzione composta	$\varepsilon_{f\circ g}(x) \;=\; \varepsilon_f(g(x)) \cdot \varepsilon_g(x)$	$\varrho_{f\circ g}(x) \;=\; g(x)\varrho_f(g(x))\varrho_g(x)$
funzione inversa	$\varepsilon_{f^{-1}}(y) \;=\; \dfrac{1}{\varepsilon_f(x)}$	$\varrho_{f^{-1}}(y) \;=\; \dfrac{1}{\varepsilon_f(x) \cdot f(x)}$

Elasticità della funzione media

$$\boxed{\varepsilon_{\bar{f}}(x) = \varepsilon_f(x) - 1}$$
$\bar{f}$ – funzione media $\quad \left(\bar{f}(x) = \dfrac{f(x)}{x},\; x \neq 0\right)$

- Se, in particolare, $U(p) = p \cdot x(p)$ descrive il fatturato e $x(p)$ la domanda, allora visto che $\overline{U}(p) = x(p)$ l'elasticità di prezzo della domanda è sempre minore di uno dell'elasticità di prezzo del profitto.

Equazione di Amoroso-Robinson generale

$$\boxed{f'(x) = \bar{f}(x) \cdot \varepsilon_f(x) = \bar{f}(x) \cdot \big(1 + \varepsilon_{\bar{f}}(x)\big)}$$

Equazione di Amoroso-Robinson particolare

$$\boxed{V'(y) = x \cdot \left(1 + \frac{1}{\varepsilon_N(x)}\right)}$$

x – prezzo,
$y = N(x)$ – domanda,
N^{-1} – funzione inversa di N,
$U(x) = x \cdot N(x) = V(y) = y \cdot N^{-1}(y)$ – profitto,
V' – profitto marginale,
$\varepsilon_N(x)$ – elasticità di prezzo della domanda

Teoremi del valor medio

Teorema del valor medio per il calcolo differenziale

Sia la funzione f continua su $[a, b]$ e differenziabile su (a, b). Allora esiste (almeno) un valore $\xi \in (a, b)$ tale che $\boxed{\dfrac{f(b) - f(a)}{b - a} = f'(\xi)}$.

Teorema del valor medio generalizzato per il calcolo differenziale

Siano le funzioni f e g continue nell'intervallo $[a, b]$ e differenziabili su (a, b). Inoltre, sia $g'(x) \neq 0$ per ogni $x \in (a, b)$. Allora esiste (almeno) un valore $\xi \in (a, b)$ tale che $\boxed{\dfrac{f(b) - f(a)}{g(b) - g(a)} = \dfrac{f'(\xi)}{g'(\xi)}}$.

Derivate di ordine superiore ed espansione di Taylor

Derivate di ordine superiore

La funzione f è detta *differenziabile n volte* se esistono le derivate f', $f'' := (f')'$, $f''' := (f'')'$, $\ldots$, $f^{(n)} := (f^{(n-1)})'$; $f^{(n)}$ è detta *derivata n-ma* o *derivata di ordine n di f* $(n = 1, 2, \ldots)$. In questo contesto si ha $f^{(0)} := f$.

Teorema di Taylor

Sia f differenziabile $n + 1$ volte in un intorno $U_\varepsilon(x_0)$ del punto x_0. Inoltre, sia $x \in U_\varepsilon(x_0)$. Allora esiste ξ ("valor medio") tra x_0 e x tale che

$$
\boxed{\begin{aligned}
f(x) = f(x_0) &+ \frac{f'(x_0)}{1!}(x - x_0) + \frac{f''(x_0)}{2!}(x - x_0)^2 + \ldots \\
&+ \frac{f^{(n)}(x_0)}{n!}(x - x_0)^n + \frac{f^{(n+1)}(\xi)}{(n + 1)!}(x - x_0)^{n+1},
\end{aligned}}
$$

dove l'ultimo termine, detto *resto* in forma di Lagrange, quantifica l'errore fatto se ad $f(x)$ si sostituisce il polinomio di grado n indicato.

- Un'altra notazione (espansione nel punto x invece che x_0, usando il valor medio $x + \zeta h$, $0 < \zeta < 1$) è data dalla formula

$$
\boxed{f(x+h) = f(x) + \frac{f'(x)}{1!}h + \frac{f''(x)}{2!}h^2 + \ldots + \frac{f^{(n)}(x)}{n!}h^n + \frac{f^{(n+1)}(x+\zeta h)}{(n + 1)!}h^{n+1}}
$$

- Forma *di MacLaurin* della formula di Taylor ($x_0 = 0$, valor medio ζx, $0 < \zeta < 1$):

$$f(x) = f(0) + \frac{f'(0)}{1!}x + \frac{f''(0)}{2!}x^2 + \ldots + \frac{f^{(n)}(0)}{n!}x^n + \frac{f^{(n+1)}(\zeta x)}{(n+1)!}x^{n+1}$$

Formule di Taylor di funzioni elementari (espansione nel punto $x_0 = 0$)

funzione	polinomio di Taylor	resto
e^x	$1 + x + \dfrac{x^2}{2!} + \dfrac{x^3}{3!} + \ldots + \dfrac{x^n}{n!}$	$\dfrac{e^{\zeta x}}{(n+1)!}x^{n+1}$
a^x $(a > 0)$	$1 + \dfrac{\ln a}{1!}x + \ldots + \dfrac{\ln^n a}{n!}x^n$	$\dfrac{a^{\zeta x}(\ln a)^{n+1}}{(n+1)!}x^{n+1}$
$\operatorname{sen}x$	$x - \dfrac{x^3}{3!} \pm \ldots + (-1)^{n-1}\dfrac{x^{2n-1}}{(2n-1)!}$	$(-1)^n\dfrac{\cos\zeta x}{(2n+1)!}x^{2n+1}$
$\cos x$	$1 - \dfrac{x^2}{2!} + \dfrac{x^4}{4!} \mp \ldots + (-1)^n\dfrac{x^{2n}}{(2n)!}$	$(-1)^{n+1}\dfrac{\cos\zeta x}{(2n+2)!}x^{2n+2}$
$\ln(1+x)$	$x - \dfrac{x^2}{2} + \dfrac{x^3}{3} \mp \ldots + (-1)^{n-1}\dfrac{x^n}{n}$	$(-1)^n\dfrac{x^{n+1}}{(1+\zeta x)^{n+1}}$
$\dfrac{1}{1+x}$	$1 - x + x^2 - x^3 \pm \ldots + (-1)^n x^n$	$\dfrac{(-1)^{n+1}}{(1+\zeta x)^{n+2}}x^{n+1}$
$(1+x)^\alpha$	$1 + \dbinom{\alpha}{1}x + \ldots + \dbinom{\alpha}{n}x^n$	$\dbinom{\alpha}{n+1}(1+\zeta x)^{\alpha-n-1}x^{n+1}$

Formule di approssimazione

Per x "piccolo", cioè per $|x| \ll 1$, i primi addendi del polinomio di Taylor con $x_0 = 0$ (approssimazione lineare o quadratica, risp.) danno approssimazioni che sono sufficientemente esatte in molte applicazioni. Nella tavola sono indicati i limiti di tolleranza a, per i quali nel caso $|x| \le a$ si commette un errore $\varepsilon < 0,001$ ($\blacktriangleright$ serie di Taylor).

Tavola di approssimazione delle funzioni

funzione e sua approssimazione	limite di tolleranza a
$\dfrac{1}{1+x} \approx 1 - x$	$0,031$
$\dfrac{1}{\sqrt[n]{1+x}} \approx 1 - \dfrac{x}{n}$	$0,036\sqrt{n}\ \ (x > 0)$
$\operatorname{sen} x \approx x$	$0,181$
$\tan x \approx x$	$0,143$
$a^x \approx 1 + x \ln a$	$0,044 \cdot (\ln a)^{-1}$
$\sqrt[n]{1+x} \approx 1 + \dfrac{x}{n}$ $(1+x)^\alpha \approx 1 + \alpha x$	
$\cos x \approx 1 - \dfrac{x^2}{2}$	$0,394$
$e^x \approx 1 + x$	$0,044$
$\ln(1+x) \approx x$	$0,045$

Descrizione delle caratteristiche di una funzione per mezzo delle derivate

Monotonia

Sia f una funzione definita e differenziabile nell'intervallo $[a, b]$. Allora

$f'(x) = 0 \quad \forall x \in [a,b]$	$\Longleftrightarrow$	f è costante in $[a,b]$
$f'(x) \geq 0 \quad \forall x \in [a,b]$	$\Longleftrightarrow$	f è crescente in $[a,b]$
$f'(x) \leq 0 \quad \forall x \in [a,b]$	$\Longleftrightarrow$	f è decrescente in $[a,b]$
$f'(x) > 0 \quad \forall x \in [a,b]$	$\Longrightarrow$	f è strettamente crescente in $[a,b]$
$f'(x) < 0 \quad \forall x \in [a,b]$	$\Longrightarrow$	f è strettamente decrescente in $[a,b]$

• Le proposizioni inverse delle ultime due affermazioni sono vere solo in una forma più debole: se f è strettamente crescente (decrescente) su $[a, b]$, si ha solamente $f'(x) \geq 0$ (risp. $f'(x) \leq 0$).

Condizione necessaria per un punto di estremo

Se la funzione f ha un punto di estremo (locale o globale) nel punto $x_0 \in (a, b)$ e se f è differenziabile in questo punto, allora $\boxed{f'(x_0) = 0.}$ Ogni punto x_0 che soddisfa questa condizione è detto punto *di stazionarietà*, o *stazionario*, di f.

- L'affermazione precedente si applica solo a punti in cui f è differenziabile. Punti sulla frontiera del dominio, e punti in cui f non è differenziabile, possono essere a loro volta punti di estremo.

Condizione sufficiente per un punto di estremo

Se la funzione f è differenziabile n volte in $(a, b) \subset D_f$, allora f ammette punto di estremo $x_0 \in (a, b)$ se sono soddisfatte le seguenti condizioni, dove n è pari: $\boxed{f'(x_0) = f''(x_0) = \ldots = f^{(n-1)}(x_0) = 0, \quad f^{(n)}(x_0) \neq 0.}$

Per $f^{(n)}(x_0) < 0$ il punto x_0 è di massimo, per $f^{(n)}(x_0) > 0$ di minimo.

- In particolare:

$$\boxed{\begin{array}{lcl} f'(x_0) = 0 \;\wedge\; f''(x_0) < 0 & \implies & f \text{ ammette massimo locale in } x_0, \\ f'(x_0) = 0 \;\wedge\; f''(x_0) > 0 & \implies & f \text{ ammette minimo locale in } x_0. \end{array}}$$

- Se f è differenziabile con derivata continua nei punti a e b, si ha

$$\boxed{\begin{array}{lcl} f'(a) < 0 \;(f'(a) > 0) & \implies & f \text{ ammette massimo locale (minimo) in } a, \\ f'(b) > 0 \;(f'(b) < 0) & \implies & f \text{ ammette massimo locale (minimo) in } b. \end{array}}$$

- Se f è differenziabile nell'*intorno* $U_\varepsilon(x_0) = \{x \mid |x - x_0| < \varepsilon\}$, $\varepsilon > 0$, di un punto stazionario x_0 e il segno di f' muta in questo punto, allora x_0 è un punto di estremo, di massimo se $f'(x) > 0$ per $x < x_0$ e $f'(x) < 0$ per $x > x_0$. Se il segno della derivata muta da negativo a positivo, siamo in presenza di un minimo locale.

- Se in $U_\varepsilon(x_0)$ il segno di f' rimane costante, allora la funzione f **non** ammette punti estremo in x_0. In questo caso abbiamo un *punto di flesso*.

Incremento

- Se nell'intervallo $[a, b]$ si rispettano le condizioni $f'(x) > 0$ e $f''(x) \geq 0$, allora la funzione f cresce progressivamente, mentre per $f'(x) > 0$ ed $f''(x) \leq 0$ la funzione cresce degressivamente.

Proprietà della curvatura di una funzione

Sia f differenziabile due volte su (a, b). Allora

$$
\begin{aligned}
f \text{ convessa su } (a, b) \quad &\Longleftrightarrow\ f''(x) \geq 0 \quad \forall x \in (a, b) \\
&\Longleftrightarrow\ f(y) - f(x) \geq (y - x) f'(x) \quad \forall x, y \in (a, b)
\end{aligned}
$$

$$
\begin{aligned}
f \text{ strettamente convessa} \quad &\Longleftarrow\ f''(x) > 0 \quad \forall x \in (a, b) \\
\text{su } (a, b) \quad &\Longleftrightarrow\ f(y) - f(x) > (y - x) f'(x) \quad \forall x, y \in (a, b), \\
& \quad x \neq y
\end{aligned}
$$

$$
\begin{aligned}
f \text{ concava su } (a, b) \quad &\Longleftrightarrow\ f''(x) \leq 0 \quad \forall x \in (a, b) \\
&\Longleftrightarrow\ f(y) - f(x) \leq (y - x) f'(x) \quad \forall x, y \in (a, b)
\end{aligned}
$$

$$
\begin{aligned}
f \text{ strettamente concava} \quad &\Longleftarrow\ f''(x) < 0 \quad \forall x \in (a, b) \\
\text{su } (a, b) \quad &\Longleftrightarrow\ f(y) - f(x) < (y - x) f'(x) \quad \forall x, y \in (a, b), \\
& \quad x \neq y
\end{aligned}
$$

Curvatura

Il limite dell'incremento $\Delta\alpha$ dell'angolo α tra la direzione di una curva e l'asse x, in relazione all'arco Δs (per $\Delta s \to 0$), è la *curvatura*:

$$
C = \lim_{\Delta s \downarrow 0} \frac{\Delta\alpha}{\Delta s} \, .
$$

rappresentazione della curva	curvatura C
forma cartesiana $y = f(x)$	$\dfrac{f''(x)}{\left(1 + (f'(x))^2\right)^{3/2}}$
forma parametrica $x = x(t),\ y = y(t)$	$\dfrac{\dot{x}(t)\ddot{y}(t) - \dot{y}(t)\ddot{y}(t)}{\left(\dot{x}^2(t) + \dot{y}^2(t)\right)^{3/2}}$ con $\dot{x}(t) = \dfrac{\mathrm{d}x}{\mathrm{d}t}, \quad \dot{y}(t) = \dfrac{\mathrm{d}y}{\mathrm{d}t}$

- La curvatura C è pari al reciproco del raggio del cerchio che tocca la curva $y = f(x)$ nel punto $P(x, f(x))$.

• La curvatura C è non negativa se la curva è convessa e non positiva se concava.

Condizione necessaria per un punto di flesso

Se la funzione f è diffenziabile due volte sull'intervallo (a, b) ed ammette un *punto di flesso* in x_w (punto tra gli intervalli di convessità e concavità), allora $\boxed{f''(x_w) = 0.}$

Condizione sufficiente per un punto di flesso

Se f è differenziabile tre volte su (a, b), con derivate continue, e x_w è tale che $f''(x_w)=0$; allora x_w è un punto di flesso se vale la relazione $\boxed{f'''(x_w) \neq 0.}$

Investigazione di funzioni economiche, massimizzazione del profitto

Notazione

$$
\begin{array}{ll}
\bar{f}(x) = \dfrac{f(x)}{x} & -\ \text{funzione media} \\[2ex]
f'(x) & -\ \text{funzione marginale} \\[2ex]
K(x) = K_v(x) + K_f & -\ \text{costi totali} = \text{costi variabili} + \text{costi fissi} \\[2ex]
k(x) = \dfrac{K(x)}{x} & -\ \text{costi totali unitari} \\[2ex]
k_v(x) = \dfrac{K_v(x)}{x} & -\ \text{costi variabili unitari} \\[2ex]
G(x) = U(x) - K(x) & -\ \text{profitto} = \text{fatturato} - \text{costi} \\[2ex]
g(x) = \dfrac{G(x)}{x} & -\ \text{profitto unitario}
\end{array}
$$

• Si ha che $\bar{f}(1) = f(1)$, ovvero una funzione e la corrispondente funzione media assumono lo stesso valore in $x=1$.

Funzione media e funzione marginale

$$\boxed{\bar{f}'(x) = 0 \quad \Longrightarrow \quad f'(x) = \bar{f}(x)}\ \text{(condizione necessaria per l'ottimalità)}$$

• Una funzione media può avere un estremo solo nel punto dove è pari alla sua funzione marginale.

In particolare: $\boxed{K_v'(x_m) = k_v(x_m) = k_{v,\min}}$

- Nel punto x_m di costi variabili medi minimi, i costi marginali e i costi variabili unitari sono uguali (prezzo minimo operazione a breve termine, limite inferiore di prezzo).

$$K'(x_0) = k(x_0) = k_{\min}$$

- Per avere costi totali unitari minimi, i costi marginali e i costi medi devono essere uguali (costi ottimali; prezzo minimo operazione a lungo termine).

Massimizzazione del profitto in caso di libero mercato o di monopolio

Si risolva il problema di valori estremi $G(x) = U(x) - K(x) = p \cdot x - K(x) \to$ min. Sia x^* la sua soluzione.

- In un *libero mercato* (competizione perfetta) il prezzo di mercato p di un bene è una costante dal punto di vista degli offerenti. In un *monopolio (dell'offerta)* si assume esista una funzione (decrescente) $p = p(x)$ come funzione di domanda del mercato.

Libero mercato; massimizzazione del profitto totale

$$K'(x^*) = p, \qquad K''(x^*) > 0 \qquad \text{(condizione sufficiente per il massimo)}$$

- In regime di libero mercato, l'offerente ottiene il massimo profitto con il volume di offerta x^* per il quale i costi marginali sono pari al prezzo di mercato. Un massimo esiste solo nel caso in cui x^* è situato nel dominio convesso della funzione di costo.

Libero mercato; massimizzazione del profitto unitario

$$g'(x_0) = k'(x_0) = 0, \quad g''(x_0) = -k''(x_0) < 0 \qquad \text{(condizione sufficiente per il massimo)}$$

- Il profitto massimale unitario è situato nel punto in cui i costi medi sono minimi (costi ottimali).

Libero mercato; funzione dei costi lineare, limite di capacità x_0

$$x^* = x_0$$

- Il profitto massimale è situato al limite di capacità. È positivo a patto che il punto di *break-even* (vedi p. 68) sia in $(0, x_0)$.

• Il minimo dei costi unitari e il massimo di profitto sono entrambe situati al limite di capacità.

Monopolio; massimizzazione del profitto totale

$$K'(x^*) = U'(x^*), \quad G''(x^*) < 0$$

(condizione sufficiente per il massimo)

• Nel punto di massimo profitto, il fatturato marginale e i costi marginali sono uguali. (*Punto di Cournot*).

Monopolio; massimizzazione del profitto unitario

$$p'(\hat{x}) = k'(\hat{x}), \quad g''(\hat{x}) < 0$$

(condizione sufficiente per il massimo)

• Il profitto massimale unitario si ottiene nel punto $\hat{x}$ dove sono pari le ascisse della funzione domanda e la funzione media di costo.

Dimensione ottimale del lotto (dimensione ottimale dell'ordine)

c_s – costi di produzione (u.m.) per lotto

c_i – costi di inventario (u.m. per u.q. and u.t.)

d – domanda, diminuzione di inventario (u.q./u.t.)

r – tasso di produzione, aggiunta agli stock (u.q./u.t.)

T – durata del periodo (u.t.)

x – dimensione del lotto (incognita) (u.q.)

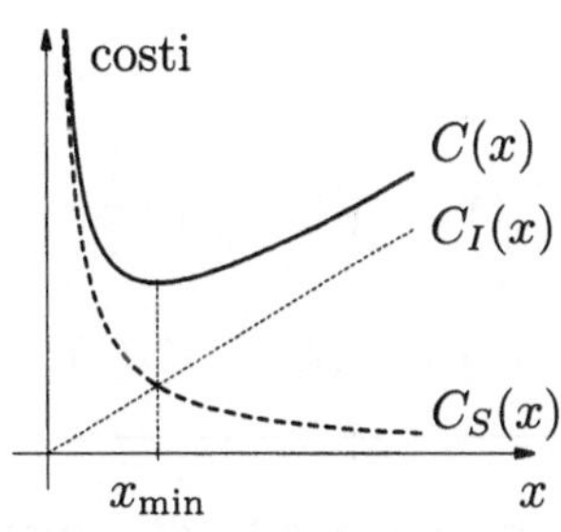

u.m., u.q., u.t. – unità di moneta, quantità e tempo, risp.

• La domanda d, così come il tasso di produzione $r > d$, sono assunti costanti nel tempo. (Per $r = d$, da un "punto di vista teorico", non si ha bisogno di uno stoccaggio.)

• È da determinare la dimensione del lotto x^* per cui i costi totali per periodo, somma di costi di produzione e di inventario, siano minimi. Maggiore la produzione, minimi i costi di produzione relativi; ma maggiori i costi di inventario (in relazione allo stock medio).

• Le quantità rilevanti del modello sottostante si possono trovare nella seguente tabella.

Quantità rilevanti

$$t_0 = \frac{x}{r}$$ – tempo di produzione di un lotto

$$T_0 = \frac{x}{d}$$ – durata di un ciclo di produzione e di magazzino

$$l_{\max} = \left(1 - \frac{d}{r}\right) x$$ – livello massimale di inventario

$$\bar{l} = \left(1 - \frac{d}{r}\right) \cdot \frac{x}{2}$$ – stock medio

$$D = d \cdot T$$ – domanda totale in $[0, T]$

$$n = \frac{D}{x} = \frac{dT}{x}$$ – numero di lotti da produrre in $[0, T]$

$$C_S(x) = \frac{D}{x} \cdot c_s$$ – costi di produzione totali in $[0, T]$

$$C_I(x) = \left(1 - \frac{d}{r}\right) \cdot \frac{x}{2} \cdot c_i \cdot T$$ – costi di inventario totali in $[0, T]$

$$C(x) = C_S(x) + C_I(x)$$ – costi totali nel periodo

Formule per la dimensione ottimale del lotto

$$x^* = \sqrt{\frac{2dc_s}{\left(1 - \frac{d}{r}\right) c_i}}$$

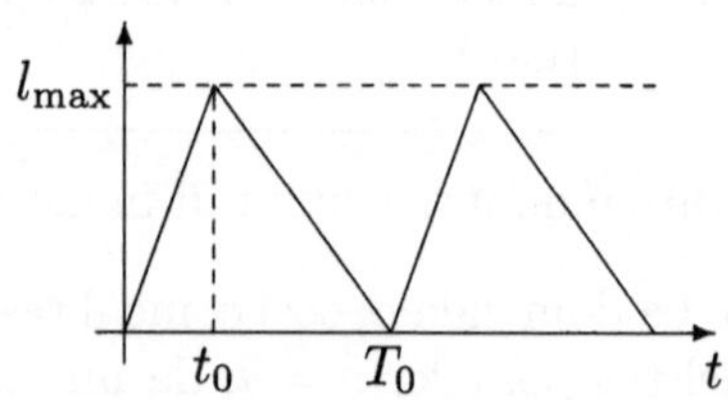

• Se l'aggiunta agli stock avviene immediatamente all'inizio del ciclo di magazzino ($r \to \infty$), allora $l_{\max} = x$ ("curva a dente di sega", ▶ p. 68), dove

$$x^* = \sqrt{\frac{2dc_s}{c_i}}$$

formula per la dimensione del lotto di Harris e Wilson

• Quando si compra e immagazzina un bene usato in un processo di produzione, si ottiene il problema simile della **dimensione ottimale dell'ordine**: costi fissi di ordinazione suggeriscono di fare pochi ordini di grosse dimensioni; mentre costi di inventario suggeriscono di fare un numero maggiore ordini per minori quantità unitarie.

Calcolo integrale per funzioni di una variabile

Ogni funzione $F : (a, b) \to \mathbb{R}$ che soddisfa la relazione $F'(x) = f(x)$ per ogni $x \in (a, b)$ è una *primitiva* della funzione $f : (a, b) \to \mathbb{R}$. L'insieme di tutte le primitive $\{F + C \mid C \in \mathbb{R}\}$ è l'*integrale indefinito* di f su (a, b); C è la costante di integrazione. Notazione: $\displaystyle\int f(x)\,\mathrm{d}x = F(x) + C$.

Regole di integrazione

costante	$\displaystyle\int \lambda f(x)\,\mathrm{d}x = \lambda \int f(x)\,\mathrm{d}x,$	$\lambda \in \mathbb{R}$
somma	$\displaystyle\int [f(x) \pm g(x)]\,\mathrm{d}x = \int f(x)\,\mathrm{d}x \pm \int g(x)\,\mathrm{d}x$	
integrazione per parti	$\displaystyle\int u(x)v'(x)\,\mathrm{d}x = u(x)v(x) - \int u'(x)v(x)\,\mathrm{d}x$	
integrazione per sostituzione	$\displaystyle\int f(g(x)) \cdot g'(x)\,\mathrm{d}x = \int f(z)\,\mathrm{d}z,$ (cambio di variabile)	$z = g(x)$
caso particolare $f = \frac{1}{g}$	$\displaystyle\int \frac{g'(x)}{g(x)}\,\mathrm{d}x = \ln|g(x)| + C,$	$g(x) \neq 0$
sostituzione lineare	$\displaystyle\int f(ax + b)\,\mathrm{d}x = \frac{1}{a}F(ax + b) + C,$ (F è una primitiva di f)	$a, b \in \mathbb{R},$ $a \neq 0$

Integrazione di funzioni razionali fratte

$$\int \frac{a_m x^m + a_{m-1} x^{m-1} + \ldots + a_1 x + a_0}{b_n x^n + b_{n-1} x^{n-1} + \ldots + b_1 x + b_0}\, \mathrm{d}x$$

Divisione polinomiale e decomposizione parziale di frazioni portano a integrali su polinomi e particolari frazioni parziali. Le frazioni parziali possono essere integrate per mezzo delle formule da ▶ tavola degli integrali indefiniti. Le più importanti sono (assunzioni: $x - a \neq 0$, $k > 1$, $p^2 < 4q$):

$$\int \frac{\mathrm{d}x}{x - a} = \ln |x - a| + C$$

$$\int \frac{\mathrm{d}x}{(x - a)^k} = -\frac{1}{(k - 1)(x - a)^{k-1}} + C$$

$$\int \frac{\mathrm{d}x}{x^2 + px + q} = \frac{2}{\sqrt{4q - p^2}} \arctan \frac{2x + p}{\sqrt{4q - p^2}} + C$$

$$\int \frac{Ax + B}{x^2 + px + q}\, \mathrm{d}x = \frac{A}{2} \ln(x^2 + px + q) + \left(B - \frac{1}{2}Ap\right) \int \frac{\mathrm{d}x}{x^2 + px + q}$$

Integrale definito

L'area A tra l'intervallo $[a, b]$ dell'asse x e il grafico della funzione limitata f può approssimativamente essere calcolato da addendi nella forma $\sum_{i=1}^{n} f(\xi_i^{(n)}) \Delta x_i^{(n)}$ con $\Delta x_i^{(n)} = x_i^{(n)} - x_{i-1}^{(n)}$ e $\sum_{i=1}^{n} \Delta x_i^{(n)} = b - a$.

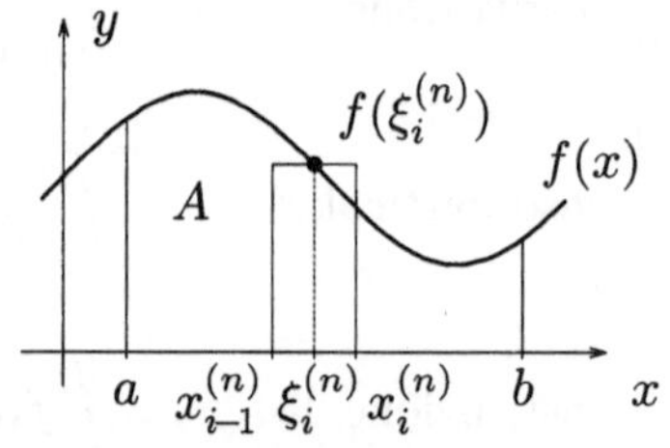

Passando al limite per $n \to \infty$ e $\Delta x_i^{(n)} \to 0$, sotto certe condizioni si ottiene l'*integrale definito (di Riemann)* della funzione f nell'intervallo $[a, b]$, pari all'area A: $\displaystyle\int_a^b f(x)\, \mathrm{d}x = A$.

Proprietà ed operazioni

$$\int_a^a f(x)\,dx = 0$$

$$\int_a^b f(x)\,dx = -\int_b^a f(x)\,dx$$

$$\int_a^b [f(x) \pm g(x)]\,dx = \int_a^b f(x)\,dx \pm \int_a^b g(x)\,dx$$

$$\int_a^b \lambda f(x)\,dx = \lambda \int_a^b f(x)\,dx, \quad \lambda \in \mathbb{R}$$

$$\int_a^b f(x)\,dx = \int_a^c f(x)\,dx + \int_c^b f(x)\,dx$$

$$\left| \int_a^b f(x)\,dx \right| \leq \int_a^b |f(x)|\,dx, \quad a < b$$

Primo teorema del valor medio per il calcolo integrale

Se f è continua su $[a, b]$, allora esiste almeno un $\xi \in [a, b]$ tale che

$$\int_a^b f(x)\,dx = (b - a)f(\xi).$$

Primo teorema del valor medio generalizzato per il calcolo integrale

Se f è continua su $[a, b]$, g è integrabile su $[a, b]$ e per ogni $x \in [a, b]$ $g(x) \geq 0$ o $g(x) \leq 0$, allora esiste almeno un $\xi \in [a, b]$ tale che

$$\int_a^b f(x)g(x)\,dx = f(\xi) \int_a^b g(x)\,dx \ .$$

Se f è continua su $[a, b]$, allora $\displaystyle\int_a^x f(t)\,dt$ è differenziabile per $x \in [a, b]$, dove

$$F(x) = \int_a^x f(t)\,dt \implies F'(x) = f(x).$$

Teorema fondamentale dell'algebra

Se f è continua su $[a, b]$ e F è una primitiva di f su $[a, b]$, allora

$$\int_a^b f(x)\,\mathrm{d}x = F(b) - F(a)\,.$$

Tavole degli integrali indefiniti

Integrali fondamentali (La costante di integrazione viene omessa.)

funzioni potenza

$$\int x^n\,\mathrm{d}x = \frac{x^{n+1}}{n+1} \qquad (n \in \mathbb{Z},\ n \neq -1,\ x \neq 0 \text{ for } n < 0)$$

$$\int x^\alpha\,\mathrm{d}x = \frac{x^{\alpha+1}}{\alpha+1} \qquad (\alpha \in \mathbb{R},\ \alpha \neq -1,\ x > 0)$$

$$\int \frac{1}{x}\,\mathrm{d}x = \ln|x| \qquad (x \neq 0)$$

funzioni esponenziali e logaritmiche

$$\int a^x \, \mathrm{d}x = \frac{a^x}{\ln a} \qquad\qquad (a \in \mathbb{R}, \, a > 0, \, a \neq 1)$$

$$\int \mathrm{e}^x \, \mathrm{d}x = \mathrm{e}^x$$

$$\int \ln x \, \mathrm{d}x = x \ln x - x \qquad\qquad (x > 0)$$

funzioni trigonometriche

$$\int \mathrm{sen} x \, \mathrm{d}x = - \cos x$$

$$\int \cos x \, \mathrm{d}x = \mathrm{sen} x$$

$$\int \tan x \, \mathrm{d}x = - \ln |\cos x| \qquad\qquad \left(x \neq (2k+1)\frac{\pi}{2}\right)$$

$$\int \cot x \, \mathrm{d}x = \ln |\mathrm{sen} x| \qquad\qquad (x \neq k\pi)$$

funzioni trigonometriche inverse

$$\int \mathrm{arcsen} x \, \mathrm{d}x = x \, \mathrm{arcsen} x + \sqrt{1 - x^2} \qquad (|x| \leq 1)$$

$$\int \arccos x \, \mathrm{d}x = x \arccos x - \sqrt{1 - x^2} \qquad (|x| \leq 1)$$

$$\int \arctan x \, \mathrm{d}x = x \arctan x - \frac{1}{2} \ln(1 + x^2)$$

$$\int \mathrm{arccot}\, x \, \mathrm{d}x = x \, \mathrm{arccot}\, x + \frac{1}{2} \ln(1 + x^2)$$

funzioni razionali

$$\int \frac{\mathrm{d}x}{1 + x^2} = \arctan x$$

$$\int \frac{\mathrm{d}x}{1 - x^2} = \ln \sqrt{\frac{1 + x}{1 - x}} \qquad\qquad (|x| < 1)$$

$$\int \frac{\mathrm{d}x}{x^2 - 1} = \ln \sqrt{\frac{x - 1}{x + 1}} \qquad\qquad (|x| > 1)$$

funzioni irrazionali

$$\int \frac{dx}{\sqrt{1-x^2}} = \operatorname{arcsen} x \qquad (|x| < 1)$$

$$\int \frac{dx}{\sqrt{1+x^2}} = \ln(x + \sqrt{x^2+1})$$

$$\int \frac{dx}{\sqrt{x^2-1}} = \ln(x + \sqrt{x^2-1}) \qquad (|x| > 1)$$

funzioni iperboliche

$$\int \operatorname{senh} x \, dx = \cosh x$$

$$\int \cosh x \, dx = \operatorname{senh} x$$

$$\int \tanh x \, dx = \ln \cosh x$$

$$\int \coth x \, dx = \ln |\operatorname{senh} x| \qquad (x \neq 0)$$

funzioni argomento iperbolico

$$\int \operatorname{arsenh} x \, dx = x \operatorname{arsenh} x - \sqrt{1+x^2}$$

$$\int \operatorname{arcosh} x \, dx = x \operatorname{arcosh} x - \sqrt{x^2-1} \qquad (x > 1)$$

$$\int \operatorname{artanh} x \, dx = x \operatorname{artanh} x + \frac{1}{2} \ln(1 - x^2) \qquad (|x| < 1)$$

$$\int \operatorname{arcoth} x \, dx = x \operatorname{arcoth} x + \frac{1}{2} \ln(x^2 - 1) \qquad (|x| > 1)$$

Integrali di funzioni razionali

$$\int (ax+b)^n \, dx = \frac{(ax+b)^{n+1}}{a(n+1)} \qquad (n \neq -1)$$

$$\int \frac{dx}{ax+b} = \frac{1}{a} \ln |ax+b|$$

$$\int \frac{ax+b}{fx+g}\,\mathrm{d}x = \frac{ax}{f} + \frac{bf-ag}{f^2}\ln|fx+g|$$

$$\int \frac{\mathrm{d}x}{(ax+b)(fx+g)} = \frac{1}{ag-bf}\left(\int \frac{a}{ax+b}\,\mathrm{d}x - \int \frac{f}{fx+g}\,\mathrm{d}x\right)$$

$$\int \frac{\mathrm{d}x}{(x+a)(x+b)(x+c)} = \frac{1}{(b-a)(c-a)}\int \frac{\mathrm{d}x}{x+a}$$

$$+\frac{1}{(a-b)(c-b)}\int \frac{\mathrm{d}x}{x+b} + \frac{1}{(a-c)(b-c)}\int \frac{\mathrm{d}x}{x+c}$$

$$\int \frac{\mathrm{d}x}{ax^2+bx+c}$$

$$= \begin{cases} \dfrac{2}{\sqrt{4ac-b^2}}\arctan \dfrac{2ax+b}{4ac-b^2} & \text{per } b^2 < 4ac \\[2ex] \dfrac{1}{\sqrt{b^2-4ac}}\left(\ln(1-\dfrac{2ax+b}{\sqrt{b^2-4ac}}) - \ln(1+\dfrac{2ax+b}{\sqrt{b^2-4ac}})\right) & \text{per } 4ac < b^2 \end{cases}$$

$$\int \frac{\mathrm{d}x}{(ax^2+bx+c)^{n+1}}$$

$$= \frac{2ax+b}{n(4ac-b^2)(ax^2+bx+c)^n} + \frac{(4n-2)a}{n(4ac-b^2)}\int \frac{\mathrm{d}x}{(ax^2+bx+c)^n}$$

$$\int \frac{x\,\mathrm{d}x}{(ax^2+bx+c)^{n+1}}$$

$$= \frac{bx+2c}{n(b^2-4ac)(ax^2+bx+c)^n} + \frac{(2n-1)b}{n(b^2-4ac)}\int \frac{\mathrm{d}x}{(ax^2+bx+c)^n}$$

$$\int \frac{\mathrm{d}x}{a^2 \pm x^2} = \frac{1}{a}S \quad \text{con } S = \begin{cases} \arctan \dfrac{x}{a} & \text{per il segno } + \\[2ex] \dfrac{1}{2}\ln \dfrac{a+x}{a-x} & \text{per il segno } - \text{ e } |x| < |a| \\[2ex] \dfrac{1}{2}\ln \dfrac{x+a}{x-a} & \text{per il segno } - \text{ e } |x| > |a| \end{cases}$$

$$(a \neq 0)$$

$$\int \frac{\mathrm{d}x}{(a^2 \pm x^2)^{n+1}} = \frac{x}{2na^2(a^2 \pm x^2)^n} + \frac{2n-1}{2na^2}\int \frac{\mathrm{d}x}{(a^2 \pm x^2)^n}$$

$$\int \frac{\mathrm{d}x}{a^3 \pm x^3} = \pm\frac{1}{6a^2}\ln \frac{(a \pm x)^2}{a^2 \mp ax + x^2} + \frac{1}{a^2\sqrt{3}}\arctan \frac{2x \mp a}{a\sqrt{3}}$$

Integrali di funzioni irrazionali

$$\int \sqrt{(ax+b)^n}\,\mathrm{d}x = \frac{2}{a(2+n)}\sqrt{(ax+b)^{n+2}} \qquad (n \neq -2)$$

$$\int \frac{\mathrm{d}x}{x\sqrt{ax+b}} = \begin{cases} \dfrac{1}{\sqrt{b}}\ln\left|\dfrac{\sqrt{ax+b}-\sqrt{b}}{\sqrt{ax+b}+\sqrt{b}}\right| & \text{per} \ \ b>0 \\[2em] \dfrac{2}{\sqrt{-b}}\arctan\sqrt{\dfrac{ax+b}{-b}} & \text{per} \ \ b<0 \end{cases}$$

$$\int \frac{\sqrt{ax+b}}{x}\,\mathrm{d}x = 2\sqrt{ax+b} + b\int \frac{\mathrm{d}x}{x\sqrt{ax+b}}$$

$$\int \sqrt{a^2-x^2}\,\mathrm{d}x = \frac{1}{2}\left(x\sqrt{a^2-x^2} + a^2\arcsen\frac{x}{a}\right)$$

$$\int x\sqrt{a^2-x^2}\,\mathrm{d}x = -\frac{1}{3}\sqrt{(a^2-x^2)^3}$$

$$\int \frac{\mathrm{d}x}{\sqrt{a^2-x^2}} = \arcsen\frac{x}{a}$$

$$\int \frac{x\,\mathrm{d}x}{\sqrt{a^2-x^2}} = -\sqrt{a^2-x^2}$$

$$\int \sqrt{x^2+a^2}\,\mathrm{d}x = \frac{1}{2}\left(x\sqrt{x^2+a^2} + a^2\ln\left(x+\sqrt{x^2+a^2}\right)\right)$$

$$\int x\sqrt{x^2+a^2}\,\mathrm{d}x = \frac{1}{3}\sqrt{(x^2+a^2)^3}$$

$$\int \frac{\mathrm{d}x}{\sqrt{x^2+a^2}} = \ln\left(x+\sqrt{x^2+a^2}\right)$$

$$\int \frac{x\,\mathrm{d}x}{\sqrt{x^2+a^2}} = \sqrt{x^2+a^2}$$

$$\int \sqrt{x^2-a^2}\,\mathrm{d}x = \frac{1}{2}\left(x\sqrt{x^2-a^2} - a^2\ln\left(x+\sqrt{x^2-a^2}\right)\right)$$

$$\int x\sqrt{x^2-a^2}\,\mathrm{d}x = \frac{1}{3}\sqrt{(x^2-a^2)^3}$$

$$\int \frac{\mathrm{d}x}{\sqrt{x^2 - a^2}} = \ln\left(x + \sqrt{x^2 - a^2}\right)$$

$$\int \frac{x\,\mathrm{d}x}{\sqrt{x^2 - a^2}} = \sqrt{x^2 - a^2}$$

$$\int \frac{\mathrm{d}x}{\sqrt{ax^2 + bx + c}}$$

$$= \begin{cases} \dfrac{1}{\sqrt{a}} \ln\left|2\sqrt{a}\sqrt{ax^2 + bx + c} + 2ax + b\right| & \text{per } a > 0 \\[3ex] -\dfrac{1}{\sqrt{-a}}\arcsen\dfrac{2ax + b}{\sqrt{b^2 - 4ac}} & \text{per } a < 0,\, 4ac < b^2 \end{cases}$$

$$\int \frac{x\,\mathrm{d}x}{\sqrt{ax^2 + bx + c}} = \frac{1}{a}\sqrt{ax^2 + bx + c} - \frac{b}{2a}\int \frac{\mathrm{d}x}{\sqrt{ax^2 + bx + c}}$$

$$\int \sqrt{ax^2 + bx + c}\,\mathrm{d}x = \frac{2ax + b}{4a}\sqrt{ax^2 + bx + c} + \frac{4ac - b^2}{8a}\int \frac{\mathrm{d}x}{\sqrt{ax^2 + bx + c}}$$

Integrali di funzioni trigonometriche

$$\int \sen ax\,\mathrm{d}x = -\frac{1}{a}\cos ax$$

$$\int \sen^2 ax\,\mathrm{d}x = \frac{1}{2}x - \frac{1}{4a}\sen 2ax$$

$$\int \sen^n ax\,\mathrm{d}x = -\frac{1}{na}\sen^{n-1} ax \cos ax + \frac{n-1}{n}\int \sen^{n-2} ax\,\mathrm{d}x \quad (n \in \mathbb{N})$$

$$\int x^n \sen ax\,\mathrm{d}x = -\frac{1}{a}x^n \cos ax + \frac{n}{a}\int x^{n-1}\cos ax\,\mathrm{d}x \qquad (n \in \mathbb{N})$$

$$\int \frac{\mathrm{d}x}{\sen ax} = \frac{1}{a}\ln\left|\tan\frac{ax}{2}\right|$$

$$\int \frac{\mathrm{d}x}{\sen^n ax} = -\frac{\cos ax}{a(n-1)\sen^{n-1} ax} + \frac{n-2}{n-1}\int \frac{\mathrm{d}x}{\sen^{n-2} ax} \qquad (n > 1)$$

$$\int \cos ax\,\mathrm{d}x = \frac{1}{a}\sen ax$$

$$\int \cos^2 ax\,\mathrm{d}x = \frac{1}{2}x + \frac{1}{4a}\sen 2ax$$

$$\int \cos^n ax \, dx = \frac{1}{na} \operatorname{sen}ax \cos^{n-1} ax + \frac{n-1}{n} \int \cos^{n-2} ax \, dx$$

$$\int x^n \cos ax \, dx = \frac{1}{a} x^n \operatorname{sen}ax - \frac{n}{a} \int x^{n-1} \operatorname{sen}ax \, dx$$

$$\int \frac{dx}{\cos ax} = \frac{1}{a} \ln \left| \tan \left(\frac{ax}{2} + \frac{\pi}{4} \right) \right|$$

$$\int \frac{dx}{\cos^n ax} = \frac{1}{n-1} \left[\frac{\operatorname{sen}ax}{a \cos^{n-1} ax} + (n-2) \int \frac{dx}{\cos^{n-2} ax} \right] \qquad (n > 1)$$

$$\int \operatorname{sen}ax \cos ax \, dx = \frac{1}{2a} \operatorname{sen}^2 ax$$

$$\int \operatorname{sen}ax \cos bx \, dx = -\frac{\cos(a+b)x}{2(a+b)} - \frac{\cos(a-b)x}{2(a-b)} \qquad (|a| \neq |b|)$$

$$\int \tan ax \, dx = -\frac{1}{a} \ln |\cos ax|$$

$$\int \tan^n ax \, dx = \frac{1}{a(n-1)} \tan^{n-1} ax - \int \tan^{n-2} ax \, dx \qquad (n \neq 1)$$

$$\int \cot ax \, dx = \frac{1}{a} \ln |\operatorname{sen}ax|$$

$$\int \cot^n ax \, dx = -\frac{1}{a(n-1)} \cot^{n-1} ax - \int \cot^{n-2} ax \, dx \qquad (n \neq 1)$$

Integrali di funzioni esponenziali e logaritmiche

$$\int e^{ax} \, dx = \frac{1}{a} e^{ax}$$

$$\int x^n e^{ax} \, dx = \frac{1}{a} x^n e^{ax} - \frac{n}{a} \int x^{n-1} e^{ax} \, dx$$

$$\int \ln ax \, dx = x \ln ax - x$$

$$\int \frac{\ln^n x}{x} \, dx = \frac{1}{n+1} \ln^{n+1} x$$

$$\int x^m \ln^n x \, dx = \frac{x^{m+1}(\ln x)^n}{m+1} - \frac{n}{m+1} \int x^m \ln^{n-1} x \, dx \qquad (m \neq -1, \, n \neq -1)$$

Integrali impropri

Si consideri una funzione f provvista di un asintoto verticale nel punto $x = b$, e limitata ed integrabile in ogni intervallo $[a, b - \varepsilon]$ tale che $0 < \varepsilon < b - a$. Se l'integrale di f su $[a, b - \varepsilon]$ ammette limite per $\varepsilon \to 0$, questo limite è detto *integrale improprio* di f su $[a, b]$:

$$\int_a^b f(x)\,\mathrm{d}x = \lim_{\varepsilon \to +0} \int_a^{b-\varepsilon} f(x)\,\mathrm{d}x \qquad \text{(funzione integranda non limitata)}$$

- Se $x = a$ è un asintoto verticale per f, analogamente:

$$\int_a^b f(x)\,\mathrm{d}x = \lim_{\varepsilon \to +0} \int_{a+\varepsilon}^{b} f(x)\,\mathrm{d}x \qquad \text{(funzione integranda non limitata)}$$

- Se $x = c$ è un asintoto verticale nell'interno di $[a, b]$, allora l'integrale improprio di f su $[a, b]$ è la somma degli integrali impropri di f su $[a, c]$ e $[c, b]$.

- Sia f definita per $x \geq a$ e integrabile su ogni intervallo $[a, b]$. Se il limite dell'integrale di f su $[a, b]$ esiste per $b \to \infty$, allora è detto *integrale improprio* di f su $[a, \infty)$ (analogamente per $a \to -\infty$):

$$\int_a^\infty f(x)\,\mathrm{d}x = \lim_{b \to \infty} \int_a^b f(x)\,\mathrm{d}x, \qquad \int_{-\infty}^b f(x)\,\mathrm{d}x = \lim_{a \to -\infty} \int_a^b f(x)\,\mathrm{d}x$$

$$\text{(intervallo non limitato)}$$

Integrali parametrici

Se per $a \leq x \leq b$, $c \leq t \leq d$ la funzione $f(x, t)$ è integrabile rispetto a x su $[a, b]$ per t fissato, allora $F(t) = \int_a^b f(x, t)\,\mathrm{d}x$ è una funzione di t detta *integrale parametrico* (di parametro t).

- Se f è parzialmente differenziabile rispetto a t e la derivata parziale f_t è continua, allora la funzione F è differenziabile (rispetto a t), e vale la seguente relazione:

$$\dot{F}(t) = \frac{\mathrm{d}F(t)}{\mathrm{d}t} = \int_a^b \frac{\partial f(x, t)}{\partial t}\,\mathrm{d}x\,.$$

- Se φ e ψ sono due funzioni differenziabili per $c \leq t \leq d$ e se $f(x, t)$ è parzialmente differenziabile rispetto a t, con derivata parziale continua nel dominio definito da $\varphi(t) < x < \psi(t)$, $c \leq t \leq d$, allora l'integrale parametrico di f, di limiti $\varphi(t)$ e $\psi(t)$, è differenziabile rispetto a t per $c \leq t \leq d$; e si ha:

$$F(t) = \int\limits_{\varphi(t)}^{\psi(t)} f(x,t)\,\mathrm{d}x \qquad \Longrightarrow$$

$$\dot{F}(t) = \int\limits_{\varphi(t)}^{\psi(t)} \frac{\partial f(x,t)}{\partial t}\,\mathrm{d}x + f(\psi(t),t)\dot{\psi}(t) - f(\varphi(t),t)\dot{\varphi}(t)\,.$$

- Caso particolare: $F(x) = \int\limits_0^x f(\xi)\,\mathrm{d}\xi \quad \Longrightarrow \quad F'(x) = f(x)$

Applicazioni economiche del calcolo integrale

Profitto totale

$$\boxed{G(x) = \int_0^x [e(\xi) - k(\xi)]\,\mathrm{d}\xi}$$

$k(x)$ – costi marginali per x unità di quantità;
$e(x)$ – fatturato marginale per x unità di quantità

Plusvalore del consumatore (per il punto di equilibrio (x_0, p_0))

$$\boxed{K_R(x_0) = E^* - E_0 = \int_0^{x_0} p_N(x)\,\mathrm{d}x - x_0 \cdot p_0}$$

$p_N : x \to p(x)$ – funzione di domanda decrescente, $p_0 = p_N(x_0)$,
$E_0 = x_0 \cdot p_0$ – fatturato totale attuale,
$E^* = \int_0^{x_0} p_N(x)\,\mathrm{d}x$ – fatturato totale teoricamente possibile

- Il plusvalore del consumatore è la differenza tra il fatturato teoricamente possibile e il totale attuale. Dal punto di vista del consumatore, è una misura della profittabilità dell'acquisto al punto di equilibrio (ma non in precedenza).

Plusvalore del produttore (per il punto di equilibrio (x_0, p_0))

$$\boxed{P_R(x_0) = E_0 - E^* = x_0 \cdot p_0 - \int_0^{x_0} p_A(x)\,\mathrm{d}x}$$

$p_A : x \to p_A(x)$ – funzione di offerta crescente,
$p_N : x \to p_N(x)$ – funzione di domanda decrescente,
$p_A(x_0) = p_N(x_0) =: p_0$ definisce il punto di equilibrio del mercato;
$E_0,\ E^*$ – fatturato attuale e teoricamente possibile, risp.

- Il plusvalore del produttore è la differenza tra il fatturato attuale e teoricamente possibile. Dal punto di vista del produttore, è una misura della profittabilità della vendita al punto di equilibrio (ma non in precedenza).

Cash flow continuo

$K(t)$ – quantità di pagamento in dipendenza del tempo
$R(t) = K'(t)$ – cash flow in dipendenza del tempo,
α – tasso di interesse nel continuo (intensità)

$$K_{[t_1,t_2]} = \int_{t_1}^{t_2} R(t)\,\mathrm{d}t$$

– volume di pagamento nell'intervallo di tempo $[l_1, t_2]$

$$K_{[t_1,t_2]}(t_0) = \int_{t_1}^{t_2} \mathrm{e}^{-\alpha(t-t_0)} R(t)\,\mathrm{d}t$$

– valore attuale a $t_0 < t_1$

$$K_{[t_1,t_2]}(t_0) = \frac{R}{\alpha}\mathrm{e}^{\alpha t_0} \left(\mathrm{e}^{-\alpha t_1} - \mathrm{e}^{-\alpha t_2}\right)$$

– valore attuale per $R(t) \equiv R = \text{cost}$

$$K_{t_1}(t_0) = \int_{t_1}^{\infty} \mathrm{e}^{-\alpha(t-t_0)} R(t)\,\mathrm{d}t$$

– valore attuale di un cash flow non limitato nel tempo $R(t)$ ("rendita perpetua")

$$K_{t_1}(t_0) = \frac{R}{\alpha}\mathrm{e}^{-\alpha(t_1-t_0)}$$

– valore attuale di un cash flow costante $R(t) \equiv R$, rendita perpetua

Processi di crescita

Sia $y = f(t) > 0$ una caratteristica economica descritta come segue, della quale si conosca il valore iniziale $f(0) = y_0$:

● la crescita assoluta in un intervallo di tempo $[0, t]$ è proporzionale alla lunghezza dell'intervallo e al valore iniziale:

$$\implies \boxed{y = f(t) = \frac{c}{2}t^2 + y_0} \qquad (c - \text{fattore di proporzionalità})$$

● il *tasso di crescita* $\frac{f'(t)}{f(t)}$ è costante, ovvero $\frac{f'(t)}{f(t)} = \gamma$:

$$\implies \boxed{y = f(t) = y_0\mathrm{e}^{\gamma t}} \qquad (\gamma - \text{crescita istantanea})$$

caso particolare: capitalizzazione continua di un capitale

$$\implies \boxed{K_t = K_0\mathrm{e}^{\delta t}} \qquad (K_t = K(t) - \text{capitale al momento } t; \ K_0 - \text{capitale iniziale}; \ \delta - \text{intensità di interesse})$$

● il tasso di crescita è pari a una particolare funzione integrabile $\gamma(t)$, ovvero $\frac{f'(t)}{f(t)} = \gamma(t)$:

$$\implies \boxed{y = f(t) = y_0\mathrm{e}^{\int_0^t \gamma(z)\,\mathrm{d}z} = y_0\mathrm{e}^{\bar{\gamma}t},}$$

dove $\bar{\gamma} = \dfrac{1}{t}\displaystyle\int_0^t \gamma(z)\,\mathrm{d}z$ è la *crescita istantanea media* in $[0, t]$.

Equazioni differenziali

Forma generale di una equazione differenziale ordinaria di ordine n

$$F(x, y, y', \ldots, y^{(n)}) = 0 \qquad - \qquad \text{forma implicita}$$
$$y^{(n)} = f(x, y, y', \ldots, y^{(n-1)}) \qquad - \qquad \text{forma esplicita}$$

- Si indica come *soluzione (particolare)* dell'equazione differenziale nell'intervallo $[a, b]$ ogni funzione $y(x)$ differenziabile n volte, di derivata n-ma continua, che soddisfa l'equazione differenziabile per ogni x, $a \leq x \leq b$. L'insieme di tutte le soluzioni di una equazione differenziale o di un sistema di equazioni differenziali è detta *soluzione generale*.

- Se si hanno condizioni addizionali in $x = a$ sulla soluzione, si ha un problema di valore iniziale. Se si hanno ulteriori condizioni ai punti a e b, si ha un problema di valori alla frontiera.

Equazioni differenziali del primo ordine

$$y' = f(x, y) \quad \text{o} \quad P(x, y) + Q(x, y)y' = 0 \quad \text{o} \quad P(x, y)\, \mathrm{d}x + Q(x, y)\, \mathrm{d}y = 0$$

- Assegnando ad ogni punto x, y sul piano la direzione tangenziale della curva soluzione data da $f(x, y)$ si ottiene il *campo di direzioni*. Le curve del campo di direzioni di pari direzione sono dette *isocline*.

Equazioni differenziali separabili

Se l'equazione differenziale è nella forma

$$y' = r(x)s(y) \quad \text{o} \quad P(x) + Q(y)y' = 0 \quad \text{o} \quad P(x)\, \mathrm{d}x + Q(y)\, \mathrm{d}y = 0,$$

potrà sempre essere riscritta nella forma $\boxed{R(x)\, \mathrm{d}x = S(y)\, \mathrm{d}y}$ per mezzo della *fattorizzazione* delle variabili. Questo implica la sostituzione di y' con $\dfrac{\mathrm{d}y}{\mathrm{d}x}$ e la semplificazione dell'equazione. Dopo "integrazione formale" si ha quindi una soluzione generale:

$$\int R(x)\mathrm{d}x = \int S(y)\mathrm{d}y \qquad \Longrightarrow \qquad \varphi(x) = \psi(y) + C$$

Equazioni differenziali lineari del primo ordine

$$y' + a(x)y = r(x)$$

$r(x) \not\equiv 0$ – equazione differenziale completa;
$r(x) \equiv 0$ – equazione differenziale omogenea

- La soluzione generale è la somma della soluzione generale y_h dell'equazione differenziale omogenea associata e una soluzione particolare y_s dell'equazione differenziale completa:

$$\boxed{y(x) = y_h(x) + y_s(x)}$$

Soluzione generale dell'equazione differenziale omogenea

La soluzione generale $y_h(x)$ di $y' + a(x)y = 0$ si ottiene per fattorizzazione di variabili, dalla quale si ha il risultato

$$\boxed{y_h(x) = Ce^{-\int a(x)\,\mathrm{d}x}, \qquad C = \text{cost}}$$

Soluzione particolare dell'equazione differenziale completa

Una soluzione particolare $y_s(x)$ di $y' + a(x)y = r(x)$ si può ottenere fissando $y_s(x) = C(x)e^{-\int a(x)\,\mathrm{d}x}$ (*variazione delle costanti*). Nel fare ciò, per la funzione $C(x)$ si ottiene

$$\boxed{C(x) = \int r(x)e^{\int a(x)\,\mathrm{d}x}\,\mathrm{d}x}$$

Equazioni differenziali lineari di ordine n-mo

$$\boxed{a_n(x)y^{(n)} + \ldots + a_1(x)y' + a_0(x)y = r(x), \ a_n(x) \neq 0}$$

$r(x) \not\equiv 0$ – equazione differenziale completa,
$r(x) \equiv 0$ – equazione differenziale omogenea

- La soluzione generale dell'equazione differenziale completa è la somma della soluzione generale y_h dell'equazione differenziale omogenea associata e una soluzione particolare y_s dell'equazione differenziale completa associata:

$$\boxed{y(x) = y_h(x) + y_s(x)}$$

Soluzione generale dell'equazione differenziale omogenea

Se tutte le funzioni coefficienti a_k sono continue, allora esistono n funzioni y_k, $k = 1, \ldots, n$ (*sistema fondamentale* di soluzioni) tale che la soluzione generale $y_h(x)$ dell'equazione differenziale omogenea associata assume la seguente forma:

$$\boxed{y_h(x) = C_1 y_1(x) + C_2 y_2(x) + \ldots + C_n y_n(x)}$$

- Le funzioni $y_1, \ldots, y_n$ formano un sistema fondamentale se e solo se ciascuna y_k è soluzione dell'equazione differenziale omogenea e se esiste almeno un punto $x_0 \in \mathbb{R}$ per cui il *wronskiano*

$$W(x) = \begin{vmatrix} y_1(x) & y_2(x) & \cdots & y_n(x) \\ y_1'(x) & y_2'(x) & \cdots & y_n'(x) \\ \vdots & \vdots & \ddots & \vdots \\ y_1^{(n-1)}(x) & y_2^{(n-1)}(x) & \cdots & y_n^{(n-1)}(x) \end{vmatrix}$$

è diverso da zero. Si possono ottenere risolvendo i seguenti n problemi di valore iniziale ($k = 1, \ldots, n$):

$$a_n(x)y_k^{(n)} + \ldots + a_1(x)y_k' + a_0(x)y_k = 0,$$

$$y_k^{(i)}(x_0) = \begin{cases} 0, & i \neq k-1 \\ 1, & i = k-1 \end{cases} \qquad i = 0, 1, \ldots, n-1$$

- (*Diminuzione dell'ordine*). Se è nota una soluzione particolare $\bar{y}$ dell'equazione differenziale omogenea di ordine n-mo, la sostituzione $y(x) = \bar{y}(x) \int z(x)\,dx$ porta dall'equazione lineare (omogenea o non) di ordine n ad una di ordine $(n-1)$-mo.

Soluzione particolare dell'equazione differenziale completa

Se $\{y_1, \ldots, y_n\}$ è un sistema fondamentale, allora con l'approccio:

$$\boxed{y_s(x) = C_1(x)y_1(x) + \ldots + C_n(x)y_n(x)} \qquad \textbf{variazione delle costanti}$$

si trova una soluzione particolare dell'equazione differenziale non omogenea fissando le derivate delle funzioni $C_1, \ldots, C_n$ pari alle soluzioni del sistema di equazioni lineari

$$\begin{aligned}
y_1 C_1' + y_2 C_2' + \ldots + y_n C_n' &= 0 \\
y_1' C_1' + y_2' C_2' + \ldots + y_n' C_n' &= 0 \\
&\vdots \\
y_1^{(n-2)} C_1' + y_2^{(n-2)} C_2' + \ldots + y_n^{(n-2)} C_n' &= 0 \\
y_1^{(n-1)} C_1' + y_2^{(n-1)} C_2' + \ldots + y_n^{(n-1)} C_n' &= \frac{r(x)}{a_n(x)}
\end{aligned}$$

Dopodichè $C_1, \ldots, C_n$ possono essere determinate tramite integrazione.

Equazione differenziale di Eulero

Se nell'equazione differenziale lineare di ordine n i coefficienti sono nella forma $a_k(x) = a_k x^k$, $a_k \in \mathbb{R}$, $k = 0, 1, \ldots, n$, si ottiene:

$$\boxed{a_n x^n y^{(n)} + \ldots + a_1 x y' + a_0 y = r(x)}$$

- La sostituzione $x = e^{\xi}$ (trasformazione inversa $\xi = \ln x$) porta a una equazione differenziale lineare a coefficienti costanti per la funzione $y(\xi)$. La sua *equazione caratteristica* è

$$a_n\lambda(\lambda - 1)\ldots(\lambda - n + 1) + \ldots + a_2\lambda(\lambda - 1) + a_1\lambda + a_0 = 0$$

Equazione differenziale lineare a coefficienti costanti

$$a_n y^{(n)} + \ldots + a_1 y' + a_0 = r(x), \qquad\qquad a_0, \ldots, a_n \in \mathbb{R}$$

- La soluzione generale è la somma della soluzione generale dell'equazione differenziale omogenea associata e una soluzione particolare dell'equazione differenziale completa:

$$y(x) = y_h(x) + y_s(x)$$

Soluzione generale dell'equazione differenziale omogenea

Le n funzioni y_k del sistema fondamentale sono determinate per mezzo della sostituzione $\boxed{y = e^{\lambda x}}$ (*soluzione di prova*). Si fissino gli n λ_k pari agli zeri del polinomio caratteristico, ovvero pari alle soluzioni dell'*equazione caratteristica*

$$a_n\lambda^n + \ldots + a_1\lambda + a_0 = 0$$

Le n funzioni del sistema fondamentale associato, e gli n zeri λ_k dell'equazione caratteristica possono essere determinati come nella tabella:

tipo di zero	ordine di zero	funzioni del sistema fondamentale
λ_k reale	semplice	$e^{\lambda_k x}$
	p dim	$e^{\lambda_k x},\ xe^{\lambda_k x},\ \ldots,\ x^{p-1}e^{\lambda_k x}$
$\lambda_k = a \pm bi$ complesso coniugato	semplice	$e^{ax}\mathrm{sen}\,bx,\ e^{ax}\cos bx$
	p dim	$e^{ax}\mathrm{sen}\,bx,\ xe^{ax}\mathrm{sen}\,bx,\ \ldots,\ x^{p-1}e^{ax}\mathrm{sen}\,bx,$ $e^{ax}\cos bx,\ xe^{ax}\cos bx,\ \ldots,\ x^{p-1}e^{ax}\cos bx$

La soluzione generale y_h dell'equazione differenziale omogenea è quindi:

$$y_h(x) = C_1 y_1(x) + C_2 y_2(x) + \ldots + C_n y_n(x)$$

Soluzione particolare dell'equazione differenziale completa

Se r ha una struttura semplice, y_s può essere determinata per mezzo di un approccio descritto nella seguente tabella:

$r(x)$	soluzione di prova $y_s(x)$	soluzione di prova caso della *risonanza*
$A_m x^m + \ldots + A_1 x + A_0$	$b_m x^m + \ldots + b_1 x + b_0$	Se un addendo della soluzione di prova risolve l'equazione omogenea, la soluzione di prova è moltiplicata per x iterativamente finchè nessun addendo è più soluzione dell'equazione omogenea.
$Ae^{\alpha x}$	$ae^{\alpha x}$	
$A\mathrm{sen}\omega x$ $B\cos\omega x$ $A\mathrm{sen}\omega x + B\cos\omega x$	$a\mathrm{sen}\omega x + b\cos\omega x$	
combinazione di queste funzioni	combinazione di differenti soluzioni di prova	La regola precedente si applica solo nella parte che contiene casi di risonanza.

Sistemi lineari del primo ordine a coefficienti costanti

$$
\begin{aligned}
y'_1 &= a_{11}y_1 + \ldots + a_{1n}y_n + r_1(x) \\
&\cdots\cdots\cdots\cdots\cdots\cdots\cdots\cdots\cdots\cdots\cdots\cdots \qquad a_{ij} \in \mathbb{R} \\
y'_n &= a_{n1}y_1 + \ldots + a_{nn}y_n + r_n(x)
\end{aligned}
$$

Notazione matriciale

$$
y' = Ay + r \qquad \text{con}
$$

$$
y = \begin{pmatrix} y_1 \\ \vdots \\ y_n \end{pmatrix}, \quad
y' = \begin{pmatrix} y'_1 \\ \vdots \\ y'_n \end{pmatrix}, \quad
r = \begin{pmatrix} r_1(x) \\ \vdots \\ r_n(x) \end{pmatrix}, \qquad
A = \begin{pmatrix} a_{11} & \ldots & a_{1n} \\ \vdots & \ddots & \vdots \\ a_{n1} & \ldots & a_{nn} \end{pmatrix}
$$

- La soluzione generale è nella forma $y(x) = y_h(x) + y_s(x)$, dove y_h è la soluzione generale del sistema omogeneo $y' = Ay$ e y_s è soluzione particolare del sistema completo $y' = Ay + r$.

Soluzione generale del sistema omogeneo

$\boxed{\text{Caso 1}}$ A è diagonalizzabile e ammette solo autovalori reali λ_k, $k = 1, \ldots, n$ (autovalori multipli sono contati più volte); siano v_k i corrispondenti autovettori reali. La soluzione generale del sistema omogeneo è:

$$\boxed{\,y_h(x) = C_1 e^{\lambda_1 x} v_1 + \ldots + C_n e^{\lambda_n x} v_n\,}$$

$\boxed{\text{Caso 2}}$ A è diagonalizzabile e ammette autovalori complessi coniugati $\lambda_k = \alpha + \beta i$, $\lambda_{k+1} = \alpha - \beta i$ con autovettori corrispondenti $v_k = a + bi$, $v_{k+1} = a - bi$. Allora nella soluzione generale y_h i termini di indici k, $k+1$ vanno sostituiti come segue:

$$\boxed{\,y_h(x) = \ldots + C_k e^{\alpha x}(a \cos \beta x - b \,\text{sen}\,\beta x) + C_{k+1} e^{\alpha x}(a \,\text{sen}\,\beta x + b \cos \beta x) + \ldots\,}$$

$\boxed{\text{Caso 3}}$ A non è diagonalizzabile; sia V la matrice che descrive la trasformazione dalla matrice A alla forma normale di Jordan. Facendo attenzione alle dimensioni n_k dei blocchi di Jordan $J(\lambda_k, n_k)$, $k = 1, \ldots, s$, la matrice V si può rappresentare con colonne:

$$V = (v_{11}, \ldots, v_{1n_1}, \ldots, v_{k1}, \ldots, v_{kn_k}, \ldots, v_{s1}, \ldots, v_{sn_s}).$$

Allora la soluzione generale del sistema omogeneo è:

$$\boxed{\begin{aligned} y_h(x) = \ &\ldots + C_{k1} e^{\lambda_k x} v_{k1} + C_{k2} e^{\lambda_k x} \left[\frac{x}{1!} v_{k1} + v_{k2} \right] + \ldots \\ &+ C_{kn_k} e^{\lambda_k x} \left[\frac{x^{n_k - 1}}{(n_k - 1)!} v_{k1} + \ldots + \frac{x}{1!} v_{k,n_k-1} + v_{kn_k} \right] + \ldots \end{aligned}}$$

Calcolo degli *autovettori* v_{k1} : $(A - \lambda_k E) v_{k1} = 0$

Calcolo dei *vettori principali* v_{kj} : $(A - \lambda_k E) v_{kj} = v_{k,j-1}$, dove $j = 2, \ldots, n_k$

Se si ottengono autovalori complessi, allora si deve agire come nel caso 2.

Soluzione particolare del sistema completo

Una soluzione particolare si ottiene tramite variazione di costanti o soluzioni di prova ($\blacktriangleright$ tabella p. 109), dove in **tutte** le componenti si devono considerare **tutte** le parti di $r(x)$. In caso di risonanza, alla soluzione vanno sommate le stesse funzioni moltiplicate per x.

Equazioni alle differenze

$$\boxed{\Delta y = a(n)y + b(n)} \qquad\qquad (*)$$

Una funzione $y = f(n)$, $D_f \subset \mathbb{N}_0$, è detta *soluzione* dell'equazione alle differenze $(*)$ se $\Delta f(n) = a(n)f(n) + b(n)$ $\forall n \in D_f$, dove $\Delta y = y(n+1) - y(n) = f(n+1) - f(n)$.

- Se $\{a(n)\}$ e $\{b(n)\}$ sono successioni di numeri reali, allora $(*)$ ammette la soluzione:

$$\boxed{y = f(n) = y_0 \prod_{k=0}^{n-1}[a(k)+1] + \sum_{k=0}^{n-2} b(k) \cdot \prod_{l=k+1}^{n-1}[a(l)+1] + b(n-1)}$$

dove $f(0) = y_0 \in \mathbb{R}$ è arbitrario, mentre

$$\prod_{k=0}^{n-1}[a(k)+1] := \begin{cases} [a(0)+1] \cdot \ldots \cdot [a(n-1)+1] & \text{se } n = 1, 2, \ldots \\ 1 & \text{se } n = 0 \end{cases}$$

$$\prod_{l=k+1}^{n-1}[a(l)+1] := \begin{cases} [a(k+1)+1] \cdot \ldots \cdot [a(n-1)+1] & \text{se } n = k+2, \ldots \\ 1 & \text{se } n = k+1 \end{cases}$$

Nel caso particolare $a(n) \equiv a = \text{cost}$, $b(n) \equiv b = \text{cost}$ la soluzione dell'equazione alle differenze $(*)$ è nella forma

$$y = f(n) = \begin{cases} y_0 \cdot \displaystyle\prod_{k=0}^{n-1}[a(k)+1] & \text{se } b(n) \equiv b = 0 \\[2em] y_0(a+1)^n + \displaystyle\sum_{k=0}^{n-1} b(k)(a+1)^{n-1-k} & \text{se } a(n) \equiv a \\[2em] y_0(a+1)^n & \text{se } a(n) \equiv a,\ b(n) \equiv 0 \\[1.5em] y_0(a+1)^n + b \cdot \dfrac{(a+1)^n - 1}{a} & \text{se } a(n) \equiv a \neq 0,\ b(n) \equiv b \\[1.5em] y_0 + b \cdot n & \text{se } a(n) \equiv 0,\ b(n) \equiv b \end{cases}$$

Modelli economici

$y(n)$ – reddito nazionale, $n = 0, 1, 2, \ldots$

$c(n)$ – consumi, $n = 0, 1, 2, \ldots$

$s(n)$ – somma dei risparmi, $n = 0, 1, 2, \ldots$

$i(n)$ – investimenti, $n = 0, 1, 2, \ldots$

Crescita del reddito nazionale secondo Boulding

Assunzioni:

$$y(n) = c(n) + i(n), \qquad c(n) = \alpha + \beta y(n), \qquad \Delta y(n) = \gamma i(n)$$

α – parte dei consumi indipendenti dal reddito, $\alpha \geq 0$

β – fattore di proporzionalità per i consumi dipendenti dal reddito, $0 < \beta < 1$

γ – fattore di proporzionalità per gli investimenti sulla variazione del reddito nazionale, $\gamma > 0$

$$\Delta y(n) = \gamma(1 - \beta)y(n) - \alpha\gamma, \qquad n = 0, 1, 2, \ldots$$ **Modello di Boulding**

Soluzione:

$$y = f(n) = \frac{\alpha}{1 - \beta} + \left(y_0 - \frac{\alpha}{1 - \beta}\right)(1 + \gamma(1 - \beta))^n$$

• Sotto l'ipotesi $y(0) = y_0 > c(0)$ la funzione $y = f(n)$ è strettamente crescente.

Crescita del reddito nazionale secondo Harrod

Assunzioni:

$$s(n) = \alpha y(n), \qquad i(n) = \beta \Delta y(n), \qquad i(n) = s(n)$$

$\alpha y(n)$ – parte risparmiata del reddito nazionale, $0 < \alpha < 1$

β – fattore di proporzionalità tra investimenti e crescita del reddito nazionale, $\beta > 0$, $\beta \neq \alpha$

Modello di Harrod

$$\Delta y(n) = \frac{\alpha}{\beta}y(n), \; y(0) = y_0, \qquad n = 1, 2, \ldots$$

Questo modello ammette la soluzione:

$$y = f(n) = y_0 \cdot \left(\frac{\alpha}{\beta}\right)^n$$

Modello della ragnatela

Assunzioni:

$$d(n) = \alpha - \beta p(n), \quad d(n) = n \qquad d(n) - \text{domanda},$$
$$q(n+1) = \gamma + \delta p(n) \qquad\qquad p(n) - \text{prezzo}$$
$$\alpha > 0, \ \beta > 0, \ \gamma > 0, \ \delta > 0 \qquad q(n) - \text{offerta}$$

Si assume che domanda ed offerta siano in equilibrio.

$$\Delta p(n) = \frac{\alpha - \gamma}{\beta} - \left(1 + \frac{\delta}{\beta}\right) p(n), \ p(0) = p_0, \qquad n = 1, 2, \ldots$$

modello ragnatela

Soluzione:

$$y = p(n) = \frac{\alpha - \gamma}{\beta + \delta} + \left(p_0 - \frac{\alpha - \gamma}{\beta + \delta}\right)\left(-\frac{\delta}{\beta}\right)^n$$

- La quantità $p(n)$ oscilla attorno alla costante $p^* = \dfrac{\alpha - \gamma}{\beta + \delta}$. Per $\delta \geq \beta$ la soluzione diverge, per $\delta < \beta$ converge al *prezzo di equilibrio* p^*.

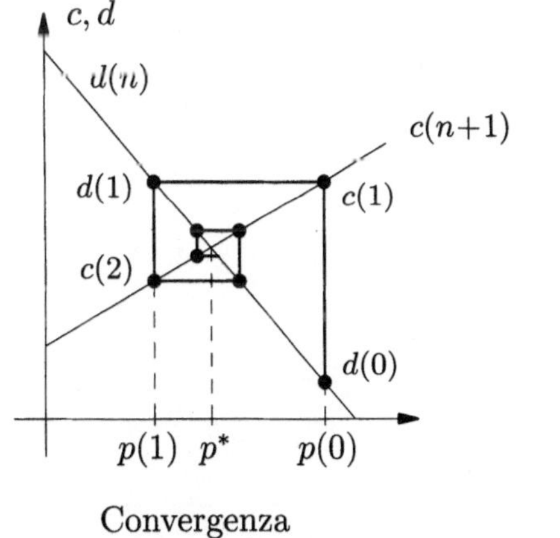

Convergenza

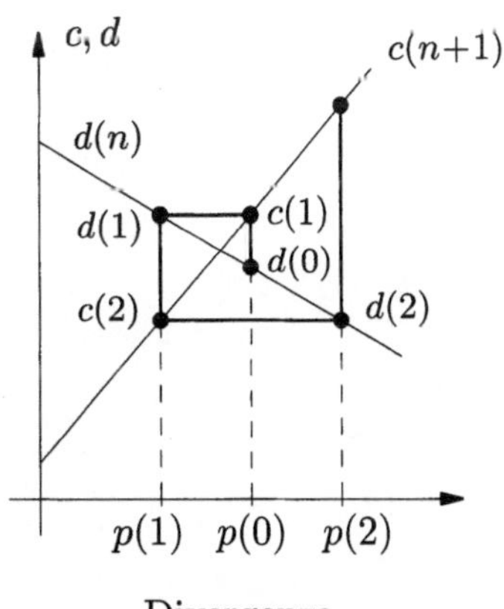

Divergenza

Equazioni alle differenze lineari del secondo ordine

Una equazione nella forma

$$\Delta^2 y + a\Delta y + by = c(n), \qquad a, b, c \in \mathbb{R}$$

$(*)$

è detta *equazione alle differenze lineari del secondo ordine a coefficienti costanti*. Il termine $\Delta^2 f(n) := f(n+2) - 2f(n+1) + f(n)$ è la *differenza del secondo ordine*.

- Se $c(n) = 0 \ \forall n = 0, 1, 2, \ldots$, allora l'equazione è detta *omogenea*, altrimenti è detta *completa*.

- Una funzione f con $D_f \subset \{0, 1, 2, \ldots\}$ è una soluzione dell'equazione $(*)$ se $\Delta^2 f(n) + a\Delta f(n) + bf(n) = c(n) \ \forall n \in D_f$.

- La soluzione generale dell'equazione alle differenze lineari completa $(*)$ è la somma della soluzione generale dell'omogenea associata $\Delta^2 y + a\Delta y + by = 0$ e una soluzione particolare di $(*)$.

Soluzione generale dell'equazione alle differenze omogenea del secondo ordine

Si consideri l'*equazione caratteristica* $\boxed{\lambda^2 + a\lambda + b = 0.}$

la cui soluzione è determinata dalla formula $\lambda_{1,2} = -\dfrac{a}{2} \pm \dfrac{1}{2}\sqrt{a^2 - 4b}$. A seconda del valore del discriminante $D = a^2 - 4b$, può avere due soluzioni reali, una reale doppia o due complesse coniugate. Per rappresentare la soluzione generale dell'equazione alle differenze omogenea associata a $(*)$ si devono distinguere tre casi, dove C_1, C_2 sono costanti arbitrarie reali:

$\boxed{\textbf{Caso 1}}$ $D > 0:$ $\qquad \lambda_1 = \dfrac{1}{2}\left(-a + \sqrt{D}\right), \quad \lambda_2 = \dfrac{1}{2}\left(-a - \sqrt{D}\right)$

Solution: $\qquad \boxed{y = f(n) = C_1(1 + \lambda_1)^n + C_2(1 + \lambda_2)^n}$

$\boxed{\textbf{Caso 2}}$ $D = 0:$ $\qquad \lambda_1 = \lambda_2 =: \lambda = -\dfrac{a}{2}$

Solution: $\qquad \boxed{y = f(n) = C_1(1 + \lambda)^n + C_2 n(1 + \lambda)^n}$

$\boxed{\textbf{Caso 3}}$ $D < 0:$ $\qquad \alpha := -\dfrac{a}{2}, \quad \beta := \dfrac{1}{2}\sqrt{-D}$

Soluzione:

$$\boxed{y = f(n) = C_1\left[(1 + \alpha)^2 + \beta^2\right]^{\frac{n}{2}} \cos\varphi n + C_2\left[(1 + \alpha)^2 + \beta^2\right]^{\frac{n}{2}} \operatorname{sen}\varphi n}$$

dove $\tan\varphi = \dfrac{\beta}{1 + \alpha}$ $\; (\alpha \neq -1) \;$ e $\; \varphi = \dfrac{\pi}{2}$ $\; (\alpha = -1)$.

Soluzione generale dell'equazione alle differenze completa del secondo ordine

La soluzione generale dell'equazione completa è somma della soluzione generale dell'omogenea associata e una soluzione particolare della completa $(*)$. Questa può essere ottenuta con una *soluzione di prova*, dove le funzioni nella soluzione dipendono dalla struttura del termine noto $c(n)$. I coefficienti incogniti sono determinati per mezzo di *confronto dei coefficienti*.

termine noto	soluzione di prova
$c(n) = a_k n^k + \ldots + a_1 n + a_0$	$C(n) = A_k n^k + \ldots + A_1 n + A_0$
$c(n) = a\cos\omega n + b\operatorname{sen}\omega n$ $(\alpha \neq 0 \text{ or } \beta \neq \omega;$ vedi Caso 3 a p. 115$)$	$C(n) = A\cos\omega n + B\operatorname{sen}\omega n$

Modelli economici

$y(n)$ – reddito nazionale	$c(n)$ – consumi
$i(n)$ – investimenti privati	H – spesa pubblica

Assunzioni sui modelli $(n = 0, 1, 2, \ldots)$

$y(n) = c(n) + i(n) + H$	il reddito nazionale si divide in consumi, investimenti privati e spesa pubblica.
$c(n) = \alpha_1 y(n-1)$	$0 < \alpha_1 < 1$; i consumi sono proporzionali (*moltiplicatore* α_1) al reddito nazionale del periodo precedente
$i(n) = \alpha_2[c(n) - c(n-1)]$	$\alpha_2 > 0$; gli investimenti privati sono proporzionali (*acceleratore* α_2) alla crescita dei consumi

Modello moltiplicatore-acceleratore di Samuelson

$$\Delta^2 y + (2 - \alpha_1 - \alpha_1\alpha_2)\Delta y + (1 - \alpha_1)y = H$$

Soluzione per $\alpha_1 \leq \alpha_2 < 1$:

$$y = f(n) = \frac{H}{1 - \alpha_1} + (\alpha_1\alpha_2)^{\frac{n}{2}} (C_1 \cos \varphi n + C_2 \mathrm{sen}\varphi n)$$

• La soluzione f ha oscillazioni di ampiezza decrescente attorno all'asintoto orizzontale $\dfrac{H}{1 - \alpha_1}$.

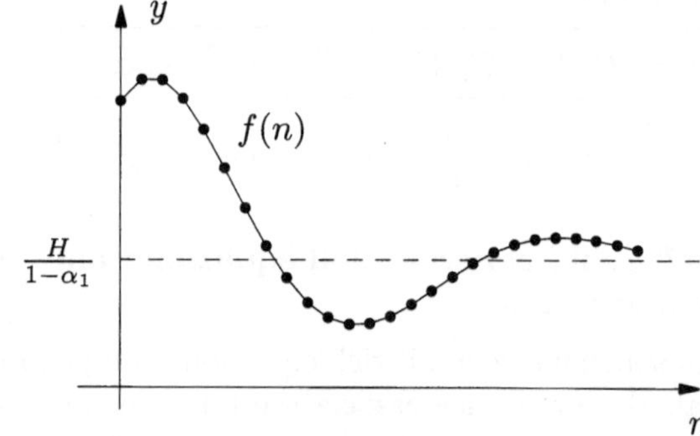

Equazioni alle differenze lineari di ordine n a coefficienti costanti

$$y_{k+n} + a_{n-1}y_{k+n-1} + \ldots + a_1 y_{k+1} + a_0 y_k = c(k) \qquad (k \in \mathbb{N}) \qquad (1)$$

- Un equazione alle differenze lineari nella forma (1), a coefficienti costanti $a_i \in \mathbb{R}$, $i = 0, 1, \ldots, n-1$, è di *ordine n-mo* se $a_0 \neq 0$.

- L'equazione alle differenze di ordine n-mo (1) ammette esattamente una soluzione $y_k = f(k)$ se sono specificati i valori iniziali di n termini successivi.

- Se $f_1(k)$, $f_2(k), \ldots$, $f_n(k)$ sono soluzioni arbitrarie dell'equazione alle differenze lineari omogenea

$$y_{k+n} + a_{n-1}y_{k+n-1} + \ldots + a_1 y_{k+1} + a_0 y_k = 0, \qquad (2)$$

allora la combinazione lineare

$$f(k) = \gamma_1 f_1(k) + \gamma_2 f_2(k) + \ldots + \gamma_n f_n(k) \qquad (3)$$

con costanti (arbitrarie) $\gamma_i \in \mathbb{R}$, $i = 1, \ldots, n$, è una soluzione dell'equazione alle differenze lineari omogenea (2).

- Se le n soluzioni $f_1(k)$, $f_2(k), \ldots$, $f_n(k)$ di (2) formano un *sistema fondamentale*, ovvero
$$\begin{vmatrix} f_1(0) & f_2(0) & \ldots & f_n(0) \\ \ldots\ldots\ldots\ldots\ldots\ldots\ldots\ldots\ldots\ldots\ldots\ldots\ldots\ldots \\ f_1(n-1) & f_2(n-1) & \ldots & f_n(n-1) \end{vmatrix} \neq 0, \text{ allora (3) è}$$
soluzione generale dell'equazione alle differenze omogenea (2).

- Se $y_{k,s}$ è soluzione particolare dell'equazione alle differenze completa (1) e $y_{k,h}$ è soluzione generale dell'equazione alle differenze omogenea associata (2), allora si ha la rappresentazione $\boxed{y_k = y_{k,h} + y_{k,s}}$ per la soluzione generale di (1).

Soluzione generale dell'equazione alle differenze omogenea di ordine n-mo

Si risolva l'*equazione caratteristica* $\boxed{\lambda^n + a_{n-1}\lambda^{n-1} + \ldots + a_1 \lambda + a_0 = 0.}$

Siano $\lambda_1, \ldots, \lambda_n$ le sue soluzioni. Allora il sistema fondamentale consiste di n soluzioni linearmente indipendenti $f_1(k), \ldots, f_n(k)$, la cui struttura dipende dal tipo di soluzioni dell'equazione caratteristica (analogamente a ▶ equazioni alle differenze del secondo ordine, p. 113).

Soluzione particolare dell'equazione alle differenze completa di ordine n-mo

Per trovare una soluzione particolare dell'equazione alle differenze completa (1), il molti casi il metodo della *soluzione di prova* ha successo, dove la soluzione di prova è scelta in modo che corrisponda strutturalmente al termine noto (▶ equazioni alle differenze del secondo ordine, p. 113). I coefficienti incogniti sono determinati sostituendo la soluzione di prova in (1) e attuando un *confronto dei coefficienti*.

Calcolo differenziale per funzioni di più variabili

Funzioni in $\mathbb{R}^n$

Un mappa biettiva che assegna ad ogni vettore $x = (x_1, x_2, \ldots, x_n)^\top \in D_f \subset \mathbb{R}^n$ un numero reale $f(x) = f(x_1, x_2, \ldots, x_n)$ è detta *funzione reale di più variabili (reali)*; notazione: $f : D_f \to \mathbb{R}$, $D_f \subset \mathbb{R}^n$.

$D_f = \{x \in \mathbb{R}^n \mid \exists\, y \in \mathbb{R} : y = f(x)\}$	–	dominio
$W_f = \{y \in \mathbb{R} \mid \exists\, x \in D_f : y = f(x)\}$	–	codominio

Rappresentazione grafica

Funzioni $y = f(x_1, x_2)$ di due variabili indipendenti x_1, x_2 possono essere visualizzate in una rappresentazione tridimensionale tramite un sistema di coordinate (x_1, x_2, y).

L'insieme dei punti (x_1, x_2, y) forma una *superficie* se la funzione f è continua. L'inseme dei punti (x_1, x_2) tale che $f(x_1, x_2) = C = \text{cost}$ è detto *curva di livello* della funzione f ad altezza (livello) C. Queste curve sono situate sul piano x_1, x_2.

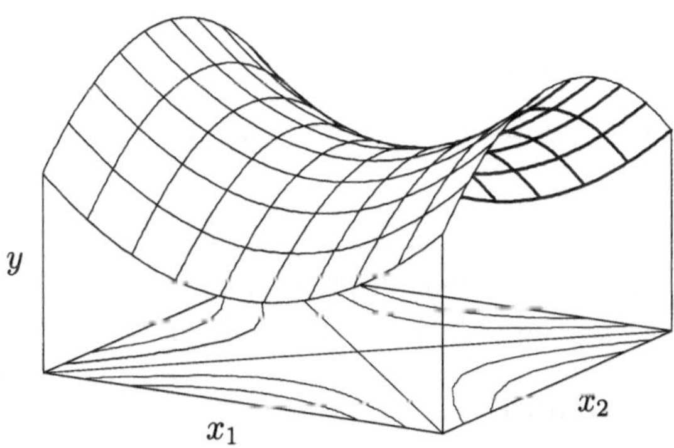

Siano x e y punti nello spazio $\mathbb{R}^n$, di coordinate $(x_1, \ldots, x_n)$ e $(y_1, \ldots, y_n)$, rispettivamente. Questi punti possono essere identificati dai vettori $x = (x_1, \ldots, x_n)^\top$ e $y = (y_1, \ldots, y_n)^\top$ a loro diretti.

$\|x\|_2 = \sqrt{\sum_{i=1}^n x_i^2}$	–	norma euclidea del vettore x, indicata anche con $|x|$ ▶vettori, p. 133
$\|x\|_1 = \sum_{i=1}^n |x_i|$	–	norma unitaria del vettore x
$\|x\|_\infty = \max_{i=1,\ldots,n} |x_i|$	–	norma infinita del vettore x
$\|x - y\|$	–	distanza tra i punti $x, y \in \mathbb{R}^n$
$U_\varepsilon(x) = \{y \in \mathbb{R}^n \mid \|y - x\| < \varepsilon\}$	–	intorno di raggio ε del punto x, $\varepsilon > 0$

- Per le norme introdotte sopra valgono le disuguaglianze $\|x\|_\infty \leq \|x\|_2 \leq \|x\|_1$; $\|x\|$ indica una norma arbitraria, in genere la norma euclidea $\|x\|_2$.

- Un punto x è detto *punto interno* all'insieme $M \subset \mathbb{R}^n$ se esiste un intorno $U_\varepsilon(x)$ tutto contenuto in M. L'insieme di tutti i punti interni di M è detto *parte interna* di M e indicato con int M. Un punto x è un *punto di accumulazione* dell'insieme M se ogni intorno $U_\varepsilon(x)$ contiene punti di M differenti da x.

- Un insieme M è detto *aperto* se int $M = M$, è *chiuso* se contiene tutti i suoi punti di accumulazione.

- Un insieme $M \subset \mathbb{R}^n$ è detto *limitato* se esiste un valore C tale che $\|x\| \leq C$ per ogni $x \in M$.

Limiti e continuità

Successioni di punti

Una *successione di punti* $\{x_k\} \subset \mathbb{R}^n$ è una mappa da $\mathbb{N}$ in $\mathbb{R}^n$. Le componenti degli elementi x_k della successione vengono indicati con $x_i^{(k)}$, $i = 1, \ldots, n$.

$$\boxed{\begin{array}{ll} x = \lim_{k \to \infty} x_k \iff \lim_{k \to \infty} \|x_k - x\| = 0 & - \quad \text{convergenza della successio-} \\ & \text{ne di punti } \{x_k\} \text{ al limite} \\ & x \end{array}}$$

- Una successione di punti $\{x_k\}$ converge al punto limite x se e solo se ogni successione $\{x_i^{(k)}\}$, $i = 1, \ldots, n$, converge all'i-ma componente x_i di x.

Continuità

Un valore $a \in \mathbb{R}$ è detto *limite* di f nel punto x_0 se per ogni successione di punti $\{x_k\}$ convergente a x_0, tale che $x_k \neq x_0$ e $x_k \in D_f$, è vera la relazione $\lim_{k \to \infty} f(x_k) = a$. Notazione: $\lim_{x \to x_0} f(x) = a$.

- Una funzione f è *continua nel punto* $x_0 \in D_f$ se ammette limite in x_0 (ovvero, se per ogni successione di punti convergente ad x_0 la successione dei valori della funzione corrispondenti converge ad uno ed un solo valore e questo valore è pari al valore della funzione in x_0):

$$\boxed{\lim_{x \to x_0} f(x) = f(x_0) \iff \lim_{k \to \infty} f(x_k) = f(x_0) \ \forall \{x_k\} \ \text{con} \ x_k \to x_0}$$

- Formulazione equivalente: f è *continua nel punto* x_0 se, per ogni $\varepsilon > 0$, esiste un $\delta > 0$ tale che $|f(x) - f(x_0)| < \varepsilon$ se $\|x - x_0\| < \delta$.

- Se una funzione f è continua per ogni $x \in D_f$, allora è *continua* su D_f.

• Se le funzioni f e g sono continue nei loro domini D_f e D_g, rispettivamente, allora le funzioni $f \pm g$, $f \cdot g$, e $\dfrac{f}{g}$ sono continue in $D_f \cap D_g$, l'ultima solo nei punti x tali che $g(x) \neq 0$.

Funzioni omogenee

$$f(\lambda x_1, \ldots, \lambda x_n) = \lambda^\alpha \cdot f(x_1, \ldots, x_n) \quad \forall\, \lambda \geq 0$$

$$- f \text{ omogenea di grado } \alpha \geq 0$$

$$f(x_1, \ldots, \lambda x_i, \ldots, x_n) = \lambda^{\alpha_i} f(x_1, \ldots, x_n) \quad \forall\, \lambda \geq 0$$

$$- f \text{ parzialmente omogenea di grado } \alpha_i \geq 0$$

$\alpha = 1$: omogenea di primo grado
$\alpha > 1$: omogenea sublineare
$\alpha < 1$: omogenea superlineare

• Per funzioni omogenee di primo grado un incremento proporzionale delle variabili causa un proporzionale mutamento del valore della funzione. Per questo motivo queste funzioni sono spesso chiamate anche *CES* (constant elasticity of substitution).

Derivazione di funzioni di più variabili

Nozione di differenziabilità

La funzione $f : D_f \to \mathbb{R}$, $D_f \subset \mathbb{R}^n$, è detta *(totalmente) differenziabile* nel punto x_0 se esiste un vettore $g(x_0)$ tale che

$$\lim_{\Delta x \to 0} \frac{f(x_0 + \Delta x) - f(x_0) - g(x_0)^\top \Delta x}{\|\Delta x\|} = 0$$

• Se esiste il vettore $g(x_0)$, allora è chiamato *gradiente* e indicato con $\nabla f(x_0)$ o grad $f(x_0)$. La funzione f è detta *differenziabile* su D_f se è differenziabile su tutti i punti $x \in D_f$.

Derivate parziali

Se per $f : D_f \to \mathbb{R}$, $D_f \subset \mathbb{R}^n$, nel punto $x_0 = (x_1^0, \ldots, x_n^0)^\top$ esiste il limite

$$\lim_{\Delta x_i \to 0} \frac{f(x_1^0, \ldots, x_{i-1}^0, x_i^0 + \Delta x_i, x_{i+1}^0, \ldots, x_n^0) - f(x_1^0, \ldots, x_n^0)}{\Delta x_i},$$

allora questo è chiamato *derivata parziale (prima, o del primo ordine)* della funzione f, rispetto a x_i, nel punto x_0 e indicato con $\dfrac{\partial f}{\partial x_i}\Big|_{x=x_0}$, $\dfrac{\partial y}{\partial x_i}$, $f_{x_i}(x_0)$, o $\partial_{x_i} f$.

• Se la funzione f ammette derivate parziali rispetto a tutte le variabili in tutti i punti $x \in D_f$, allora f è detta *parzialmente differenziabile*. Nel caso in cui tutte le derivate parziali sono funzioni continue, f è detta *parzialmente differenziabile con derivate continue*.

• Quando si calcolano le derivate parziali, tutte le variabili rispetto alle quali non si differenzia sono considerate costanti. Si devono quindi applicare le regole di derivazione per funzioni di una sola variabile (in particolare le regole per la derivazione con addendi costanti e fattori costanti, ▶ p. 74, 75).

Gradiente

Se la funzione $f : D_f \to \mathbb{R}$, $D_f \subset \mathbb{R}^n$, è parzialmente differenziabile, di derivata continua, su D_f, allora è anche totalmente differenziabile, e il gradiente è il vettore colonna formato dalle derivate parziali:

$$\nabla f(x) = \left(\frac{\partial f(x)}{\partial x_1}, \ldots, \frac{\partial f(x)}{\partial x_n} \right)^{\top} \quad - \quad \begin{array}{l} \text{gradiente della funzione } f \text{ nel punto} \\ x \text{ (indicato anche con } \mathrm{grad} f(x)) \end{array}$$

• Se la funzione f è totalmente differenziabile, allora per la *derivata direzionale*

$$f'(x; r) = \lim_{t \downarrow 0} \frac{f(x + tr) - f(x)}{t}$$

(che esiste in questo caso per direzioni arbitrarie $r \in \mathbb{R}^n$), si ha la rappresentazione $f'(x; r) = \nabla f(x)^{\top} r$.

• Il gradiente $\nabla f(x_0)$ è ortogonale alla curva di livello di f ad altezza $f(x_0)$, in modo che (per $n = 2$) la tangente alla curva di livello o (per $n > 2$) l'iperpiano tangente all'insieme $\{x \mid f(x) = f(x_0)\}$ nel punto x_0, ha equazione $\nabla f(x_0)^{\top} (x - x_0) = 0$. Derivate direzionali in direzione tangenziale a una curva di livello (per $n = 2$) hanno valore nullo, e quindi l'approssimazione lineare al valore della funzione è costante in queste direzioni.

Derivazione di funzioni composte

Si abbiano le funzioni $u_k = g_k(x_1, \ldots, x_n)$, $k = 1, \ldots, m$ di n variabili e la funzione f di m variabili; totalmente differenziabili nei punti $\boldsymbol{x} = (x_1, \ldots, x_n)^\top$ e $\boldsymbol{u} = (u_1, \ldots, u_m)^\top$, rispettivamente. La funzione composta $F(x_1, \ldots, x_n) = f(g_1(x_1, \ldots, x_n), \ldots, g_m(x_1, \ldots, x_n))$ è totalmente differenziabile nel punto $\boldsymbol{x}$, dove

$$\nabla F(\boldsymbol{x}) = \boldsymbol{G}'(\boldsymbol{x})^\top \nabla f(\boldsymbol{u}) \quad \Longleftrightarrow$$

$$\begin{pmatrix} F_{x_1}(\boldsymbol{x}) \\ \vdots \\ F_{x_n}(\boldsymbol{x}) \end{pmatrix} = \begin{pmatrix} \partial_{x_1} g_1(\boldsymbol{x}) & \ldots & \partial_{x_1} g_m(\boldsymbol{x}) \\ \ldots\ldots\ldots\ldots\ldots\ldots \\ \partial_{x_n} g_1(\boldsymbol{x}) & \ldots & \partial_{x_n} g_m(\boldsymbol{x}) \end{pmatrix} \begin{pmatrix} f_{u_1}(\boldsymbol{u}) \\ \vdots \\ f_{u_m}(\boldsymbol{u}) \end{pmatrix}$$

$$\frac{\partial F(\boldsymbol{x})}{\partial x_i} = \sum_{k=1}^{m} \frac{\partial f}{\partial u_k}(g(\boldsymbol{x})) \cdot \frac{\partial g_k}{\partial x_i}(\boldsymbol{x}) \quad - \text{ notazione per componenti}$$

Caso particolare $m = n = 2$; funzione $f(u,v)$ con $u = u(x,y)$, $v = v(x,y)$:

$$\frac{\partial f}{\partial x} = \frac{\partial f}{\partial u} \cdot \frac{\partial u}{\partial x} + \frac{\partial f}{\partial v} \cdot \frac{\partial v}{\partial x} \qquad\qquad \frac{\partial f}{\partial y} = \frac{\partial f}{\partial u} \cdot \frac{\partial u}{\partial y} + \frac{\partial f}{\partial v} \cdot \frac{\partial v}{\partial y}$$

- La matrice $\boldsymbol{G}'(\boldsymbol{x})$ è detta *jacobiano* del sistema di funzioni $\{g_1, \ldots, g_m\}$.

Derivate parziali di ordine superiore

Le derivate parziali sono funzioni a loro volta e quindi (sotto certe condizioni) ammettono derivate parziali.

$$\frac{\partial^2 f(\boldsymbol{x})}{\partial x_i \partial x_j} = f_{x_i x_j}(\boldsymbol{x}) = \frac{\partial}{\partial x_j}\left(\frac{\partial f(\boldsymbol{x})}{\partial x_i}\right) \qquad - \quad \text{derivate parziali di secondo ordine}$$

$$\frac{\partial^3 f(\boldsymbol{x})}{\partial x_i \partial x_j \partial x_k} = f_{x_i x_j x_k}(\boldsymbol{x}) = \frac{\partial}{\partial x_k}\left(\frac{\partial^2 f(\boldsymbol{x})}{\partial x_i \partial x_j}\right) \qquad - \quad \text{derivate parziali di terzo ordine}$$

Teorema di Schwarz (sulla proprietà commutativa della differenziazione)
Se le derivate parziali $f_{x_i x_j}$ ed $f_{x_j x_i}$ sono continue in un intorno del punto $\boldsymbol{x}$, vale la seguente relazione: $\boxed{f_{x_i x_j}(\boldsymbol{x}) = f_{x_j x_i}(\boldsymbol{x}).}$

- Generalizzazione: Se esistono continue le derivate parziali di ordine k-mo, allora l'ordine con cui vengono fatte le differenziazioni successive non muta il risultato del calcolo delle derivate parziali.

Matrice hessiana

$$H_f(\boldsymbol{x}) = \begin{pmatrix} f_{x_1 x_1}(\boldsymbol{x}) & f_{x_1 x_2}(\boldsymbol{x}) & \cdots & f_{x_1 x_n}(\boldsymbol{x}) \\ f_{x_2 x_1}(\boldsymbol{x}) & f_{x_2 x_2}(\boldsymbol{x}) & \cdots & f_{x_2 x_n}(\boldsymbol{x}) \\ \cdots\cdots\cdots\cdots\cdots\cdots\cdots\cdots\cdots\cdots\cdots \\ f_{x_n x_1}(\boldsymbol{x}) & f_{x_n x_2}(\boldsymbol{x}) & \cdots & f_{x_n x_n}(\boldsymbol{x}) \end{pmatrix}$$

matrice hessiana della funzione f parzialmente derivabile due volte nel punto $\boldsymbol{x}$

- Sotto le stesse condizioni del teorema di Schwarz, la matrice hessiana è simmetrica.

Differenziale totale

Se la funzione $f : D_f \to \mathbb{R}$, $D_f \subset \mathbb{R}^n$, è totalmente differenziabile nel punto $\boldsymbol{x}_0$ (▶ p. 121), vale la seguente relazione:

$$\Delta f(\boldsymbol{x}_0) = f(\boldsymbol{x}_0 + \Delta \boldsymbol{x}) - f(\boldsymbol{x}_0) = \nabla f(\boldsymbol{x}_0)^\top \Delta \boldsymbol{x} + o(\|\Delta \boldsymbol{x}\|)$$

Dove $o(\cdot)$ è il simbolo di Landau, con la proprietà $\displaystyle \lim_{\Delta \boldsymbol{x} \to \boldsymbol{0}} \frac{o(\|\Delta \boldsymbol{x}\|)}{\|\Delta \boldsymbol{x}\|} = 0$.

Il differenziale totale di f nel punto $\boldsymbol{x}_0$

$$\nabla f(\boldsymbol{x}_0)^\top \Delta \boldsymbol{x} = \frac{\partial f}{\partial x_1}(\boldsymbol{x}_0)\,\mathrm{d}x_1 + \ldots + \frac{\partial f}{\partial x_n}(\boldsymbol{x}_0)\,\mathrm{d}x_n$$

descrive l'incremento del valore della funzione se l'incremento delle n componenti delle variabili indipendenti è $\mathrm{d}x_i$, $i = 1, \ldots, n$ (approssimazione lineare); $\mathrm{d}x_i$ – differenziali, Δx_i – incrementi finiti (piccoli a piacere):

$$\Delta f(\boldsymbol{x}) \approx \sum_{i=1}^{n} \frac{\partial f}{\partial x_i}(\boldsymbol{x}) \cdot \Delta x_i$$

Equazione del piano tangente

Se la funzione $f : D_f \to \mathbb{R}$, $D_f \subset \mathbb{R}^n$, è differenziabile nel punto $\boldsymbol{x}_0$, allora il suo grafico possiede un *(iper)piano tangente* in $(\boldsymbol{x}_0, f(\boldsymbol{x}_0))$ (approssimazione lineare), di equazione

$$\begin{pmatrix} \nabla f(\boldsymbol{x}_0) \\ -1 \end{pmatrix}^\top \begin{pmatrix} \boldsymbol{x} - \boldsymbol{x}_0 \\ y - f(\boldsymbol{x}_0) \end{pmatrix} = 0 \qquad \text{or} \qquad y = f(\boldsymbol{x}_0) + \nabla f(\boldsymbol{x}_0)^\top (\boldsymbol{x} - \boldsymbol{x}_0).$$

Elasticità parziali

Se la funzione $f : D_f \to \mathbb{R}$, $D_f \subset \mathbb{R}^n$, è parzialmente differenziabile, allora il numero puro $\varepsilon_{f,x_i}(x)$ (*elasticità parziale*) descrive approssimativamente l'incremento relativo della funzione in dipendenza dall'incremento relativo dell'i-ma componente x_i:

$$\boxed{\varepsilon_{f,x_i}(x) = f_{x_i}(x)\frac{x_i}{f(x)}}$$

i-ma elasticità parziale della funzione f nel punto x

Relazioni con le elasticità parziali

$$\sum_{i=1}^{n} x_i \cdot \frac{\partial f(x)}{\partial x_i} = \alpha \cdot f(x_1, \dots, x_n)$$

– teorema di Eulero
f omogenea di grado α

$$\varepsilon_{f,x_1}(x) + \dots + \varepsilon_{f,x_n}(x) = \alpha$$

– somma delle elasticità parziali
= grado di omogeneità

$$\varepsilon(x) = \begin{pmatrix} \varepsilon_{f_1,x_1}(x) & \dots & \varepsilon_{f_1,x_n}(x) \\ \varepsilon_{f_2,x_1}(x) & \dots & \varepsilon_{f_2,x_n}(x) \\ \dots\dots\dots\dots\dots\dots \\ \varepsilon_{f_m,x_1}(x) & \dots & \varepsilon_{f_m,x_n}(x) \end{pmatrix}$$

– matrice di elasticità delle funzioni $f_1, \dots, f_m$

- Le quantità $\varepsilon_{f_i,x_j}(x)$ sono dette *elasticità dirette* per $i = j$ ed *elasticità incrociate* per $i \neq j$.

Problemi di massimo e minimo

Data un funzione (parzialmente) differenziabile in un numero sufficiente di punti, $f : D_f \to \mathbb{R}$, $D_f \subset \mathbb{R}^n$, trovare ▶ punti di massimo e minimo locale x_0 di f (p. 56); assumendo che x_0 è un punto interno a D_f.

Condizioni necessarie per i punti di estremo

x_0 punto stazionario $\implies \nabla f(x_0) = 0 \iff f_{x_i}(x_0) = 0,\ i = 1, \dots, n$

x_0 punto di minimo locale $\implies \nabla f(x_0) = 0 \wedge H_f(x_0)$ semidefinita positiva

x_0 punto di massimo locale $\implies \nabla f(x_0) = 0 \wedge H_f(x_0)$ semidefinita negativa

- Punti x_0 tali che $\nabla f(x_0) = 0$ sono detti *stazionari* per la funzione f. Se in ogni intorno del punto stazionario x_0 esistono punto x, y tali che

$f(x) < f(x_0) < f(y)$, allora x_0 è detto *punto di sella* della funzione f. Un punto di sella non è punto di estremo.

- Punti sulla frontiera di D_f e punti in cui f non è differenziabile vanno considerati separatamente (per esempio, analizzando il valore della funzione in opportuni intorni di x_0). Per la nozione di matrice (semi)definita ▶ p. 140.

Condizioni sufficienti per i punti di estremo

$$
\begin{aligned}
\nabla f(\boldsymbol{x}_0) = 0 \ \wedge\ H_f(\boldsymbol{x}_0)\ \text{definita positiva} &\implies \boldsymbol{x}_0\ \text{punto di minimo locale}\\[2mm]
\nabla f(\boldsymbol{x}_0) = 0 \ \wedge\ H_f(\boldsymbol{x}_0)\ \text{definita negativa} &\implies \boldsymbol{x}_0\ \text{punto di massimo locale}\\[2mm]
\nabla f(\boldsymbol{x}_0) = 0 \ \wedge\ H_f(\boldsymbol{x}_0)\ \text{non definita} &\implies \boldsymbol{x}_0\ \text{punto di sella}
\end{aligned}
$$

Caso particolare $n = 2$

$$
f(\boldsymbol{x}) = f(x_1, x_2):
$$

$$
\begin{aligned}
\nabla f(\boldsymbol{x}_0) = 0 \ \wedge\ \mathcal{A} > 0 \ \wedge\ f_{x_1 x_1}(\boldsymbol{x}_0) > 0 &\implies \boldsymbol{x}_0\ \text{punto di minimo locale}\\[2mm]
\nabla f(\boldsymbol{x}_0) = 0 \ \wedge\ \mathcal{A} > 0 \ \wedge\ f_{x_1 x_1}(\boldsymbol{x}_0) < 0 &\implies \boldsymbol{x}_0\ \text{punto di massimo locale}\\[2mm]
\nabla f(\boldsymbol{x}_0) = 0 \ \wedge\ \mathcal{A} < 0 &\implies \boldsymbol{x}_0\ \text{punto di sella}
\end{aligned}
$$

dove $\mathcal{A} = \det H_f(\boldsymbol{x}_0) = f_{x_1 x_1}(\boldsymbol{x}_0) \cdot f_{x_2 x_2}(\boldsymbol{x}_0) - [f_{x_1 x_2}(\boldsymbol{x}_0)]^2$. Per $\mathcal{A} = 0$ non è possibile fare una affermazione generale su $\boldsymbol{x}_0$.

Problemi di massimo e minimo vincolato

Date le funzioni una o due volte (parzialmente) differenziabili, di derivata continua, $f : D \to \mathbb{R}$, $g_i : D \to \mathbb{R}$, $i = 1, \ldots, m < n$, $D \subset \mathbb{R}^n$, e $\boldsymbol{x} = (x_1, \ldots, x_n)^\top$; trovare i punti di massimo e minimo locale vincolati:

$$
\boxed{\begin{aligned}
f(\boldsymbol{x}) &\longrightarrow \quad \max / \min\\
g_1(\boldsymbol{x}) &= 0, \ \ldots, \ g_m(\boldsymbol{x}) = 0
\end{aligned}} \tag{C}
$$

• L'insieme $G = \{\boldsymbol{x} \in D \mid g_1(\boldsymbol{x}) = 0, \ldots, g_m(\boldsymbol{x}) = 0\}$ è la *regione ammissibile* del problema (C).

• Se è soddisfatta la *condizione di regolarità* rango $\boldsymbol{G}' = m$, allora la matrice $m \times n$ $\boldsymbol{G}'$ indica la ▶ matrice funzionale del sistema di funzioni $\{g_1, \ldots, g_m\}$, e le m colonne linearmente indipendenti di $\boldsymbol{G}'$ sono numerate con $i_1, \ldots, i_m$, le restanti con $i_{m+1}, \ldots, i_n$.

Metodo di eliminazione

> 1. Eliminare le variabili x_{i_j}, $j=1,\ldots,m$ dai vincoli $g_i(\boldsymbol{x})=0$, $i=1,\ldots,m$ del problema (C): $x_{i_j} = \tilde{g}_{i_j}(x_{i_{m+1}},\ldots,x_{i_n})$.
>
> 2. Sostituire x_{i_j}, $j=1,\ldots,m$ nella funzione f: $f(\boldsymbol{x})=\tilde{f}(x_{i_{m+1}},\ldots,x_{i_n})$.
>
> 3. Trovare i punti stazionari di $\tilde{f}$ (di $n-m$ componenti) e determinare il tipo di estremo (▶ condizioni a p. 125).
>
> 4. Calcolare le m componenti rimanenti x_{i_j}, $j=1,\ldots,m$, come in 1. per ottenere i punti stazionari di (C).

• Tutte le affermazioni sui tipi di estremi di $\tilde{f}$ rimangono validi nel problema (C).

Metodo dei moltiplicatori di Lagrange

> 1. Assegnare ad ogni vincolo $g_i(\boldsymbol{x}) = 0$ un (incognito) *moltiplicatore di Lagrange* $\lambda_i \in \mathbb{R}$, $i = 1,\ldots,m$.
>
> 2. Scrivere la *funzione di Lagrange* associata a (C), dove $\boldsymbol{\lambda} = (\lambda_1,\ldots,\lambda_m)^\top$:
>
> $$L(\boldsymbol{x},\boldsymbol{\lambda}) = f(\boldsymbol{x}) + \sum_{i=1}^{m} \lambda_i g_i(\boldsymbol{x}).$$
>
> 3. Trovare i punti stazionari $(\boldsymbol{x}_0,\boldsymbol{\lambda}_0)$ della funzione $L(\boldsymbol{x},\boldsymbol{\lambda})$ rispetto alle variabili $\boldsymbol{x}$ e $\boldsymbol{\lambda}$ risolvendo il sistema di equazioni (in generale, non lineare)
>
> $$L_{x_i}(\boldsymbol{x},\boldsymbol{\lambda}) = 0, \quad i=1,\ldots,n; \quad L_{\lambda_i}(\boldsymbol{x},\boldsymbol{\lambda}) = g_i(\boldsymbol{x}) = 0, \quad i=1,\ldots,m$$
>
> I punti $\boldsymbol{x}_0$ sono stazionari per (C).
>
> 4. Se la matrice $n \times n$ $\nabla^2_{\boldsymbol{xx}} L(\boldsymbol{x}_0,\boldsymbol{\lambda}_0)$ (parte x dell'hessiano di L) è definita positiva nell'insieme $T = \{\boldsymbol{z} \in \mathbb{R}^n \mid \nabla g_i(\boldsymbol{x}_0)^\top \boldsymbol{z} = 0, i = 1,\ldots,m\}$, ovvero
>
> $$\boldsymbol{z}^\top \nabla^2_{\boldsymbol{xx}} L(\boldsymbol{x}_0,\boldsymbol{\lambda}_0)\boldsymbol{z} > 0 \quad \forall \, \boldsymbol{z} \in T, \, \boldsymbol{z} \neq \boldsymbol{0},$$
>
> allora $\boldsymbol{x}_0$ è punto di minimo locale per (C). Se $\nabla^2_{\boldsymbol{xx}} L(\boldsymbol{x}_0,\boldsymbol{\lambda}_0)$, è definita negativa, $\boldsymbol{x}_0$ è punto di massimo locale.

Interpretazione economica dei moltiplicatori di Lagrange

Sia x_0 punto di estremo del problema

$$\boxed{\begin{aligned} &f(\boldsymbol{x}) \to \max / \min; \\ &g_i(\boldsymbol{x}) - b_i = 0, \quad i = 1, \ldots, m \end{aligned}} \qquad (\mathrm{C}_b)$$

unico per $\boldsymbol{b} = \boldsymbol{b}_0$, e sia $\boldsymbol{\lambda}_0 = (\lambda_1^0, \ldots, \lambda_m^0)^\top$ il vettore dei moltiplicatori di Lagrange associati a x_0. Si assuma valga la condizione rango $\boldsymbol{G'} = m$ (vedi p. 127). Indichiamo con $f^*(\boldsymbol{b})$ il problema di ottimo (C_b) in dipendenza dal termine noto $\boldsymbol{b} = (b_1, \ldots, b_m)^\top$. Allora

$$\boxed{\frac{\partial f^*}{\partial b_i}(\boldsymbol{b_0}) = -\lambda_i^0,}$$

ovvero, $-\lambda_i^0$ descrive (approssimativamente) l'influenza dell'i-ma componente del termine noto nella soluzione del problema (C_b).

Metodo dei minimi quadrati

Date le coppie (x_i, y_i), $i = 1, \ldots, N$ (x_i – punti di misurazione o momenti, y_i – valori misurati), trovare una funzione *trend* (o *di regressione*) $y = f(x, \boldsymbol{a})$ che approssima i valori misurati nel modo migliore possibile, dove il vettore $\boldsymbol{a} = (a_1, \ldots, a_M)$ contiene gli M parametri della funzione di regressione, da determinare in maniera ottimale.

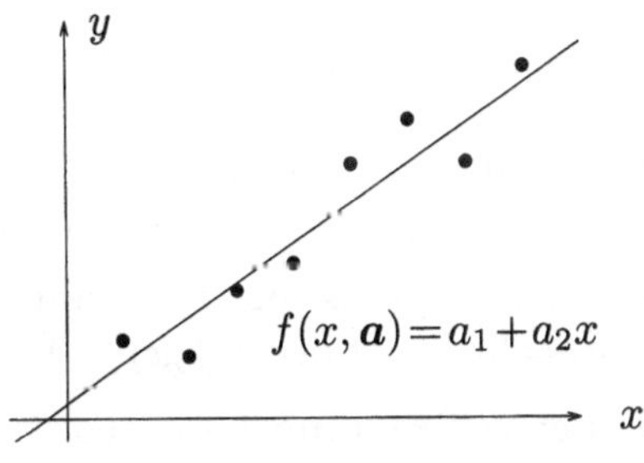

- I simboli $[z_i] = \displaystyle\sum_{i=1}^{N} z_i$ sono detti *parentesi di Gauss*.

$$\boxed{\begin{array}{ll} S = \displaystyle\sum_{i=1}^{N} \left(f(x_i, \boldsymbol{a}) - y_i\right)^2 \longrightarrow \min & \begin{array}{l}\text{somma dei quadrati degli errori} \\ \text{da minimizzare}\end{array} \\[2em] \displaystyle\sum_{i=1}^{N} \left(f(x_i, \boldsymbol{a}) - y_i\right) \cdot \dfrac{\partial f(x_i, \boldsymbol{a})}{\partial a_j} = 0 & \begin{array}{l}\text{condizioni necessarie per il minimo} \\ \text{(equazioni normali)}, \; j = 1, 2, \ldots, M\end{array} \end{array}}$$

- Le condizioni risultano dalle relazioni $\frac{\partial S}{\partial a_j} = 0$ e dipendono dalla forma della funzione f. Funzioni di regressione in forma più generale $f(\boldsymbol{x}, \boldsymbol{a})$, con $\boldsymbol{x} = (x_1, \ldots, x_n)^\top$, portano ad equazioni analoghe.

Alcuni tipi di funzioni di regressione

$$f(x, a_1, a_2) = a_1 + a_2 x \qquad \text{– funzione lineare}$$

$$f(x, a_1, a_2, a_3) = a_1 + a_2 x + a_3 x^2 \qquad \text{– funzione quadratica}$$

$$f(x, \boldsymbol{a}) = \sum_{j=1}^{M} a_j \cdot g_j(x) \qquad \text{– funzione lineare generalizzata}$$

- Nei casi sopra si ottiene un **sistema lineare di equazioni normali**:

funzione lineare

$$a_1 \cdot N \ + a_2 \cdot [x_i] \ = [y_i]$$
$$a_1 \cdot [x_i] + a_2 \cdot [x_i^2] = [x_i y_i]$$

funzione quadratica

$$a_1 \cdot N \ \ + a_2 \cdot [x_i] \ + a_3 \cdot [x_i^2] = [y_i]$$
$$a_1 \cdot [x_i] \ + a_2 \cdot [x_i^2] + a_3 \cdot [x_i^3] = [x_i y_i]$$
$$a_1 \cdot [x_i^2] + a_2 \cdot [x_i^3] + a_3 \cdot [x_i^4] = [x_i^2 y_i]$$

Soluzione esplicita per funzioni di regressione lineari

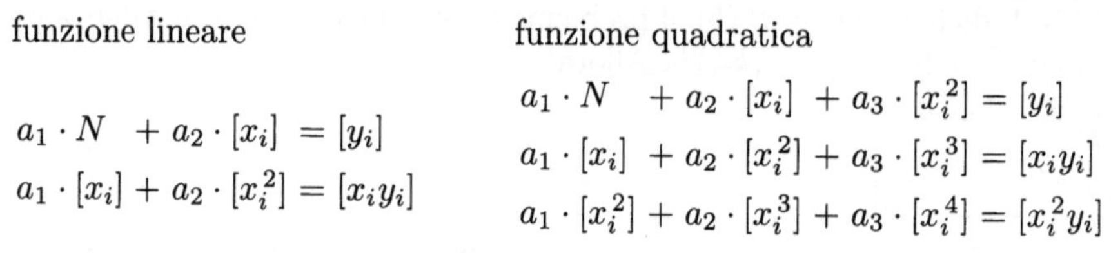

$$a_1 = \frac{[x_i^2] \cdot [y_i] - [x_i y_i] \cdot [x_i]}{N \cdot [x_i^2] - [x_i]^2}, \qquad\qquad a_2 = \frac{N \cdot [x_i y_i] - [x_i] \cdot [y_i]}{N \cdot [x_i^2] - [x_i]^2}$$

Semplificazioni

- Per mezzo della trasformazione $x_i' = x_i - \frac{1}{N}[x_i]$ si può semplificare il sistema di equazioni normali, visto che in questo caso $[x_i'] = 0$.

- Per la **regressione esponenziale** $y = f(x) = a_1 \cdot e^{a_2 x}$ la trasformazione $T(y) = \ln y$ porta (per $f(x) > 0$) ad un sistema di equazioni normali lineare.

- Per la **funzione logistica** $f(x) = a \cdot (1 + be^{-cx})^{-1}$ $(a, b, c > 0)$ con a noto, la trasformazione $\frac{a}{y} = be^{-cx} \implies Y = \ln \frac{a-y}{y} = \ln b - cx$ porta ad un sistema di equazioni normali lineare, fissando $a_1 = \ln b$, $a_2 = -c$.

Propagazione degli errori

La propagazione degli errori investiga l'influenza di errori nelle variabili indipendenti di una funzione sul risultato del calcolo del valore della funzione.

Notazione

valori esatti	$- \; y, x_1, \ldots, x_n \quad \text{con } y = f(\boldsymbol{x}) = f(x_1, \ldots, x_n)$
valori approssimati	$- \; \tilde{y}, \tilde{x}_1, \ldots, \tilde{x}_n, \text{ dove } \tilde{y} = f(\tilde{\boldsymbol{x}}) = f(\tilde{x}_1, \ldots, \tilde{x}_n)$
errori assoluti	$- \; \delta y = \tilde{y} - y, \quad \delta x_i = \tilde{x}_i - x_i, \quad i1, \ldots, n$
limiti dell'errore assoluto Δ	$- \; |\delta y| \leq \Delta y, \quad |\delta x_i| \leq \Delta x_i, \quad i = 1, \ldots, n$
errori relativi	$- \; \dfrac{\delta y}{y}, \; \dfrac{\delta x_i}{x_i}, \quad i = 1, \ldots, n$
limiti dell'errore relativo	$- \; \left|\dfrac{\delta y}{y}\right| \leq \dfrac{\Delta y}{|y|}, \quad \left|\dfrac{\delta x_i}{x_i}\right| \leq \dfrac{\Delta x_i}{|x_i|}, \quad i = 1, \ldots, n$

• Se la funzione f è totalmente differenziabile, allora per quanto riguarda la propagazione di errori δx_i nelle variabili indipendenti, si ha:

$$\Delta y \approx \left|\frac{\partial f(\tilde{\boldsymbol{x}})}{\partial x_1}\right| \Delta x_1 + \ldots + \left|\frac{\partial f(\tilde{\boldsymbol{x}})}{\partial x_n}\right| \Delta x_n$$

$$-\text{limite per l'errore assoluto di } f(\tilde{x})$$

$$\frac{\Delta y}{|y|} \approx \left|\frac{\tilde{x}_1}{\tilde{y}} \cdot \frac{\partial f(\tilde{\boldsymbol{x}})}{\partial x_1}\right| \cdot \frac{\Delta x_1}{|x_1|} + \ldots + \left|\frac{\tilde{x}_n}{\tilde{y}} \cdot \frac{\partial f(\tilde{\boldsymbol{x}})}{\partial x_n}\right| \cdot \frac{\Delta x_n}{|x_n|}$$

$$-\text{limite per l'errore relativo di } f(\tilde{x})$$

Applicazioni economiche

Funzione di produzione di Cobb-Douglas

$y = f(\boldsymbol{x}) = c \cdot x_1^{a_1} \cdot x_2^{a_2} \cdot \ldots \cdot x_n^{a_n}$	x_i – input dell'i-mo fattore
$(c, a_i \geq 0)$	y – output

• La funzione di Cobb-Douglas è ▶ omogenea di grado $r = a_1 + \ldots + a_n$. Per la relazione $f_{x_i}(\boldsymbol{x}) = \frac{a_i}{x_i} f(\boldsymbol{x})$, ovvero $\varepsilon_{f,x_i}(\boldsymbol{x}) = a_i$, le potenze a_i sono note come *elasticità (parziali) di produzione*.

Tasso marginale di sostituzione

Considerando la ▶ curva di livello di una funzione di produzione $y = f(x_1, \ldots, x_n)$ ad altezza y_0 (*isoquanto*), ci si può chiedere di quante unità è necessario mutare x_i (approssimativamente) per sostituire una unità del k-mo input, ottenendo la stessa quantità di output e mantenendo fisse tutte le altre variabili. Sotto certe condizioni si definisce la funzione implicita $x_k = \varphi(x_i)$ ($\blacktriangleright$ funzione implicita), e si indica la sua derivata come *tasso marginale di sostituzione*:

$$\varphi'(x_i) = -\frac{f_{x_i}(\boldsymbol{x})}{f_{x_k}(\boldsymbol{x})}$$

tasso marginale di sostituzione
(al fattore k del fattore i)

Sensibilità del prezzo di una call option

La formula di Black-Scholes

$$P_{\text{call}} = P \cdot \Phi(d_1) - S \cdot e^{-iT} \cdot \Phi(d_2)$$

con $d_1 = \frac{1}{\sigma\sqrt{T}}\left[\ln\frac{P}{S} + T \cdot \left(i + \frac{\sigma^2}{2}\right)\right]$ e $d_2 = d_1 - \sigma\sqrt{T}$ descrive il prezzo P_{call} di una call option sul mercato in dipendenza dagli input P (reale prezzo di mercato), S (prezzo base), i (tasso di interesse senza rischio, capitalizzazione continua), T (tempo rimanente dell'opzione), σ^2 (varianza per periodo del mercato), dove Φ è la distribuzione di una normale standardizzata e φ la sua densità: $\varphi(x) = \frac{1}{\sqrt{2\pi}} \cdot e^{-\frac{x^2}{2}}$.

Il mutamento di prezzo di riscatto alla variazione Δx_i dell' i-mo input (mantenendo fisse le altri variabili) può essere stimato per mezzo del *differenziale parziale* $\dfrac{\partial P_{\text{call}}}{\partial x_i} \cdot \Delta x_i$, dove ad esempio

$$\Delta = \frac{\partial P_{\text{call}}}{\partial P} = \Phi(d_1) > 0$$

– Delta; sensibilità del prezzo di riscatto rispetto al prezzo di mercato P

$$\Lambda = \frac{P_{\text{call}}}{\partial \sigma} = P \cdot \varphi(d_1) \cdot \sqrt{T} > 0$$

– Lambda; sensibilità del prezzo di riscatto rispetto alla volatilità σ

Algebra Lineare

$$
a = \begin{pmatrix} a_1 \\ \vdots \\ a_n \end{pmatrix} \qquad -
$$

vettore di dimensione n di componenti a_i

$$
e_1 = \begin{pmatrix} 1 \\ 0 \\ \vdots \\ 0 \end{pmatrix}, \quad
e_2 = \begin{pmatrix} 0 \\ 1 \\ \vdots \\ 0 \end{pmatrix}, \quad \ldots, \quad
e_n = \begin{pmatrix} 0 \\ \vdots \\ 0 \\ 1 \end{pmatrix} \quad -
$$

base del sistema di coordinate, vettori unitari

• Lo spazio $\mathbb{R}^n$ è l'insieme dei vettori n dimensionali; $\mathbb{R}^1$ – asse numerico, $\mathbb{R}^2$ – piano, $\mathbb{R}^3$ – spazio (tridimensionale).

Operazioni

$$
\lambda a = \lambda \begin{pmatrix} a_1 \\ \vdots \\ a_n \end{pmatrix} = \begin{pmatrix} \lambda a_1 \\ \vdots \\ \lambda a_n \end{pmatrix}
$$

moltiplicazione per un numero reale λ $(\lambda > 1)$

$$
a \pm b = \begin{pmatrix} a_1 \\ \vdots \\ a_n \end{pmatrix} \pm \begin{pmatrix} b_1 \\ \vdots \\ b_n \end{pmatrix} = \begin{pmatrix} a_1 \pm b_1 \\ \vdots \\ a_n \pm b_n \end{pmatrix}
$$

addizione, sottrazione

$$
a \cdot b = \begin{pmatrix} a_1 \\ \vdots \\ a_n \end{pmatrix} \cdot \begin{pmatrix} b_1 \\ \vdots \\ b_n \end{pmatrix} = \sum_{i=1}^{n} a_i b_i
$$

prodotto scalare

$$
a \cdot b = a^\top b \quad \text{con} \quad a^\top = (a_1, \ldots, a_n)
$$

altra notazione per il prodotto scalare; $a^\top$ è il vettore *trasposto* di a

$$
a \times b = (a_2 b_3 - a_3 b_2) e_1 \\
+ (a_3 b_1 - a_1 b_3) e_2 + (a_1 b_2 - a_2 b_1) e_3
$$

prodotto vettoriale, prodotto esterno di $a, b \in \mathbb{R}^3$

$$
|a| = \sqrt{a^\top a} = \sqrt{\sum_{i=1}^{n} a_i^2}
$$

modulo del vettore a

• Per ogni vettore $a = (a_1, \ldots, a_n)^\top \in \mathbb{R}^n$, si ha la relazione $a = a_1 e_1 + \ldots + a_n e_n$.

Proprietà del prodotto scalare e del modulo

$$a^\top b = b^\top a \qquad\qquad a^\top(\lambda b) = \lambda a^\top b, \quad \lambda \in \mathbb{R}$$

$$a^\top(b+c) = a^\top b + a^\top c \qquad |\lambda a| = |\lambda| \cdot |a|$$

$$a^\top b = |a| \cdot |b| \cdot \cos\varphi \quad (a, b \in \mathbb{R}^2, \mathbb{R}^3; \text{ vedi figura})$$

$$|a + b| \le |a| + |b| \qquad\qquad \text{disuguaglianza triangolare}$$

$$|a^\top b| \le |a| \cdot |b| \qquad\qquad \text{disuguaglianza di Cauchy-Schwarz}$$

Combinazione lineare di vettori

Se il vettore b è somma dei vettori $a_1, \ldots, a_m \in \mathbb{R}^n$ moltiplicati per i coefficienti $\lambda_1, \ldots, \lambda_m \in \mathbb{R}$, ovvero

$$b = \lambda_1 a_1 + \ldots + \lambda_m a_m, \tag{*}$$

allora b è una *combinazione lineare* dei vettori $a_1, \ldots, a_m$.

• Se in (*) valgono le relazioni $\lambda_1 + \lambda_2 + \ldots + \lambda_m = 1$ e $\lambda_i \ge 0$, $i = 1, \ldots, m$, allora b è una *combinazione lineare convessa* di $a_1, \ldots, a_m$.

• Se in (*) vale la relazione $\lambda_1 + \lambda_2 + \ldots + \lambda_m = 1$, ma λ_i, $i = 1, \ldots, m$ sono scalari arbitrari , allora b è una *combinazione affine* di $a_1, \ldots, a_m$.

• Se in (*) valgono le relazioni $\lambda_i \ge 0$, $i = 1, \ldots, m$, allora b è una *combinazione lineare conica* di $a_1, \ldots, a_m$.

Dipendenza lineare

m vettori $a_1, \ldots, a_m \in \mathbb{R}^n$ sono *linearmente dipendenti* se esistono scalari $\lambda_1, \ldots, \lambda_m$, non tutti nulli, tali che

$$\lambda_1 a_1 + \ldots + \lambda_m a_m = 0.$$

Altrimenti i vettori $a_1, \ldots, a_m$ sono *linearmente indipendenti*.

• In R^n è possibile individuare insiemi di al più n vettori linearmente indipendenti.

• Se i vettori $a_1, \ldots, a_n \in \mathbb{R}^n$ sono linearmente indipendenti, allora formano una *base* dello spazio $\mathbb{R}^n$, ovvero, ogni vettore $a \in \mathbb{R}^n$ può essere unicamente rappresentato nella forma

$$a = \lambda_1 a_1 + \ldots + \lambda_n a_n.$$

Equazioni di rette e piani

Rette in $\mathbb{R}^2$

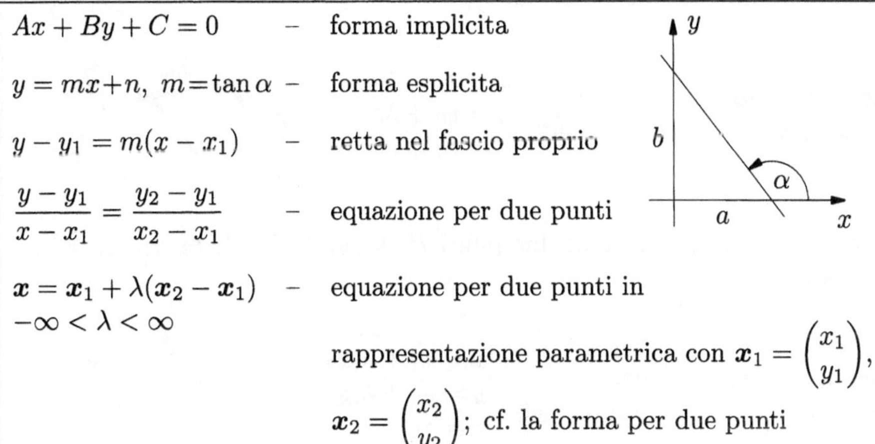

$Ax + By + C = 0$ — forma implicita

$y = mx + n,\ m = \tan\alpha$ — forma esplicita

$y - y_1 = m(x - x_1)$ — retta nel fascio proprio

$\dfrac{y - y_1}{x - x_1} = \dfrac{y_2 - y_1}{x_2 - x_1}$ — equazione per due punti

$\boldsymbol{x} = \boldsymbol{x}_1 + \lambda(\boldsymbol{x}_2 - \boldsymbol{x}_1)$
$-\infty < \lambda < \infty$ — equazione per due punti in

rappresentazione parametrica con $\boldsymbol{x}_1 = \begin{pmatrix} x_1 \\ y_1 \end{pmatrix}$,

$\boldsymbol{x}_2 = \begin{pmatrix} x_2 \\ y_2 \end{pmatrix}$; cf. la forma per due punti

della retta in $\mathbb{R}^3$ a p. 136

$\dfrac{x}{a} + \dfrac{y}{b} = 1$ — equazione dell'intercetta

$\tan\varphi = \dfrac{m_2 - m_1}{1 + m_1 m_2}$ — angolo tra l_1, l_2

$l_1 \parallel l_2 : m_1 = m_2$ — parallelismo

$l_1 \perp l_2 : m_2 = -\dfrac{1}{m_1}$ — ortogonalità

Rette in $\mathbb{R}^3$

retta nel fascio proprio: dato un punto $P_0(x_0, y_0, z_0)$ della retta l e un vettore di direzione $\boldsymbol{a} = (a_x, a_y, a_z)^\top$

$\boldsymbol{x} = \boldsymbol{x}_0 + \lambda \boldsymbol{a}$ per $-\infty < \lambda < \infty$ componenti:
$$
\begin{aligned}
x &= x_0 + \lambda a_x \\
y &= y_0 + \lambda a_y \\
z &= z_0 + \lambda a_z
\end{aligned}
$$

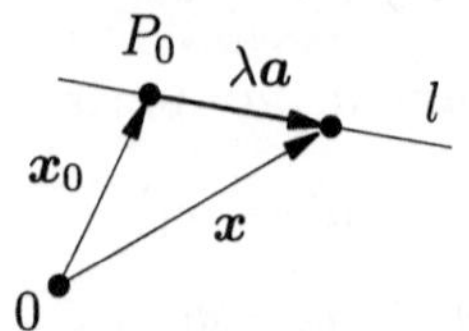

forma per due punti: dati due punti $P_1(x_1, y_1, z_1)$ e $P_2(x_2, y_2, z_2)$ della retta l

$\boldsymbol{x} = \boldsymbol{x}_1 + \lambda(\boldsymbol{x}_2 - \boldsymbol{x}_1)$ per $-\infty < \lambda < \infty$ componenti:
$$
\begin{aligned}
x &= x_1 + \lambda(x_2 - x_1) \\
y &= y_1 + \lambda(y_2 - y_1) \\
z &= z_1 + \lambda(z_2 - z_1)
\end{aligned}
$$

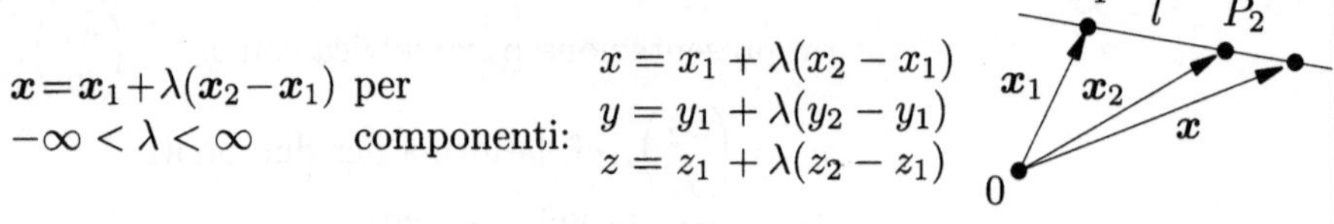

Piani in $\mathbb{R}^3$

forma parametrica: dato un punto $P_0(x_0, y_0, z_0)$ del piano e due vettori di direzione $\boldsymbol{a} = (a_x, a_y, a_z)^\top$, $\boldsymbol{b} = (b_x, b_y, b_z)^\top$

$\boldsymbol{x} = \boldsymbol{x}_0 + \lambda\boldsymbol{a} + \mu\boldsymbol{b}$
$-\infty < \lambda < \infty$
$-\infty < \mu < \infty$

per componenti:
$$x = x_0 + \lambda a_x + \mu b_x$$
$$y = y_0 + \lambda a_y + \mu b_y$$
$$z = z_0 + \lambda a_z + \mu b_z$$

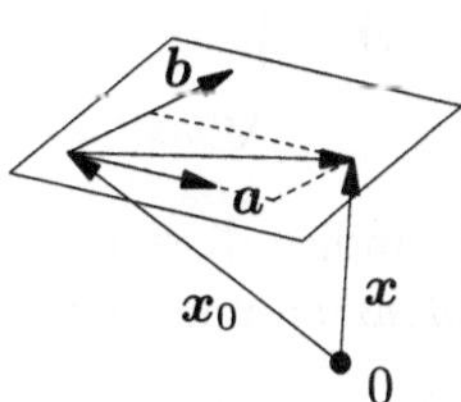

(vettore) normale al piano $\boldsymbol{x} = \boldsymbol{x}_0 + \lambda\boldsymbol{a} + \mu\boldsymbol{b}$:

$$\boldsymbol{n} = \boldsymbol{a} \times \boldsymbol{b}$$

forma normale dell'equazione del piano (contenente il punto P_0)

$$\boldsymbol{n} \cdot \boldsymbol{x} = D \quad \text{con} \quad D = \boldsymbol{n} \cdot \boldsymbol{x}_0, \quad \boldsymbol{n} = (A, B, C)^\top$$

per componenti: $Ax + By + Cz = D$

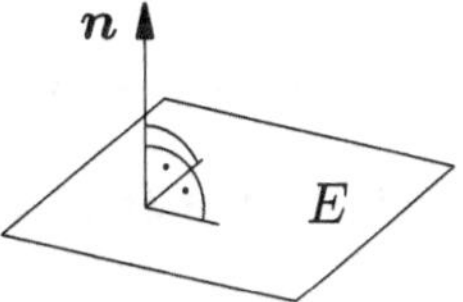

forma normale di Hesse

$$\frac{\boldsymbol{n} \cdot \boldsymbol{x} - D}{|\boldsymbol{n}|} = 0$$

per componenti: $\dfrac{Ax + By + Cz - D}{\sqrt{A^2 + B^2 + C^2}} = 0$

vettore $\boldsymbol{d}$ di distanza tra il piano $\boldsymbol{n} \cdot \boldsymbol{x} = D$ e il punto P con vettore fissato $\boldsymbol{p}$

$$\boldsymbol{d} = \frac{\boldsymbol{n} \cdot \boldsymbol{p} - D}{|\boldsymbol{n}|^2}\,\boldsymbol{n}$$

distanza minima δ tra il piano $\boldsymbol{n} \cdot \boldsymbol{x} = D$ e il punto P con vettore fissato $\boldsymbol{p}$

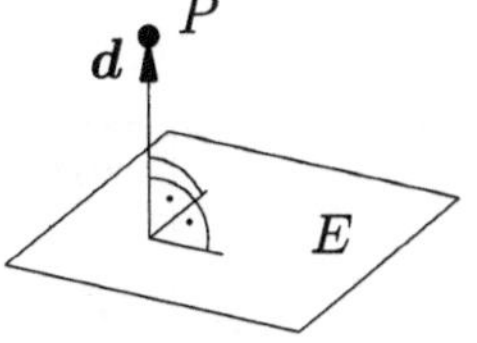

$$\delta = \frac{\boldsymbol{n} \cdot \boldsymbol{p} - D}{|\boldsymbol{n}|}$$

Matrici

Una *matrice* (m, n) $\boldsymbol{A}$ è uno schema rettangolare di $m \cdot n$ numeri reali (*elementi*) a_{ij}, $i = 1, \ldots, m; j = 1, \ldots, n$:

$$\boldsymbol{A} = \begin{pmatrix} a_{11} & \cdots & a_{1n} \\ \vdots & \ddots & \vdots \\ a_{m1} & \cdots & a_{mn} \end{pmatrix} = (a_{ij}) \begin{array}{l} i = 1, \ldots, m \\ j = 1, \ldots, n \end{array}$$

i – indice di riga, j – indice di colonna; una matrice $(m, 1)$ è detta *vettore colonna* e una matrice $(1, n)$ è detta *vettore riga*.

- Il *rango riga* di $\boldsymbol{A}$ è il numero massimo di vettori riga linearmente indipendenti, il *rango colonna* è il numero massimo di vettori colonna linearmente indipendenti.
- Vale la seguente relazione: rango riga = rango colonna, ovvero rango $(\boldsymbol{A})$ = rango riga = rango colonna.

Operazioni

$$\boldsymbol{A} = \boldsymbol{B} \iff a_{ij} = b_{ij} \ \forall i, j \qquad - \quad \text{identità}$$

$$\lambda \boldsymbol{A}: \qquad (\lambda \boldsymbol{A})_{ij} = \lambda a_{ij} \qquad - \quad \text{moltiplicazione per uno scalare}$$

$$\boldsymbol{A} \pm \boldsymbol{B}: \quad (\boldsymbol{A} \pm \boldsymbol{B})_{ij} = a_{ij} \pm b_{ij} \qquad - \quad \text{addizione, sottrazione}$$

$$\boldsymbol{A}^\top: \qquad (\boldsymbol{A}^\top)_{ij} = a_{ji} \qquad - \quad \text{trasposizione}$$

$$\boldsymbol{A} \cdot \boldsymbol{B}: \quad (\boldsymbol{A} \cdot \boldsymbol{B})_{ij} = \sum_{r=1}^{p} a_{ir} b_{rj} \qquad - \quad \text{moltiplicazione}$$

Assunzione: il numero di colonne di $\boldsymbol{A}$ è pari al numero di righe di $\boldsymbol{B}$, ovvero $\boldsymbol{A}$ è una matrice (m, p) e $\boldsymbol{B}$ è una matrice (p, n); la matrice prodotto $\boldsymbol{AB}$ ha dimensioni (m, n).

Schema per la moltiplicazione tra matrici

$$\begin{pmatrix} b_{11} & \cdots & b_{1j} & \cdots & b_{1n} \\ \vdots & & \vdots & & \vdots \\ b_{p1} & \cdots & b_{pj} & \cdots & b_{pn} \end{pmatrix} \quad \boldsymbol{B}$$

$$\boldsymbol{A} \begin{pmatrix} a_{11} & \cdots & a_{1p} \\ \vdots & & \vdots \\ a_{i1} & \cdots & a_{ip} \\ \vdots & & \vdots \\ a_{m1} & \cdots & a_{mp} \end{pmatrix} \qquad c_{ij} = \sum_{r=1}^{p} a_{ir} b_{rj} \quad \boldsymbol{C} = \boldsymbol{A} \cdot \boldsymbol{B}$$

Operazioni $(\lambda, \mu \in \mathbb{R}; \ O = (a_{ij})$ con $a_{ij} = 0 \ \forall i, j$ – matrice nulla)

$$A + B = B + A \qquad\qquad (A + B) + C = A + (B + C)$$

$$(A + B)C = AC + BC \qquad\qquad A(B + C) = AB + AC$$

$$(A^\top)^\top = A \qquad\qquad (A + B)^\top = A^\top + B^\top$$

$$(\lambda + \mu)A = \lambda A + \mu A \qquad\qquad (\lambda A)B = \lambda(AB) = A(\lambda B)$$

$$(AB)C = A(BC) \qquad\qquad AO = O$$

$$(AB)^\top = B^\top A^\top \qquad\qquad (\lambda A)^\top = \lambda A^\top$$

Matrici particolari

matrice quadrata	– stesso numero di righe e colonne
matrice identità I	– matrice quadrata con $a_{ii} = 1$, $a_{ij} = 0$ per $i \neq j$
matrice diagonale D	– matrice quadrata con $d_{ij} = 0$ per $i \neq j$, notazione: $D = \mathrm{diag}\,(d_i)$ con $d_i = d_{ii}$
matrice simmetrica	– matrice quadrata con $A^\top = A$
matrice non singolare	– matrice quadrata con $\det A \neq 0$
matrice singolare	– matrice quadrata con $\det A = 0$
(matrice) inversa di A	– matrice A^{-1} con $AA^{-1} = I$
matrice ortogonale	– matrice non singolare con $AA^\top = I$
matrice definita positiva	– matrice simmetrica con $x^\top Ax > 0$ $\forall x \neq 0, x \in \mathbb{R}^n$
m. semidefinita positiva	– matrice simmetrica con $x^\top Ax \geq 0$ $\forall x \in \mathbb{R}^n$
matrice definita negativa	– matrice simmetrica con $x^\top Ax < 0$ $\forall x \neq 0, x \in \mathbb{R}^n$
m. semidefinita negativa	– matrice simmetrica con $x^\top Ax \leq 0$ $\forall x \in \mathbb{R}^n$

Proprietà di matrici non singolari particolari

$I^\top = I$	$\det I = 1$	$I^{-1} = I$
$AI = IA = A$	$A^{-1}A = I$	$(A^{-1})^{-1} = A$
$(A^{-1})^\top = (A^\top)^{-1}$	$(AB)^{-1} = B^{-1}A^{-1}$	$\det(A^{-1}) = \dfrac{1}{\det A}$

Matrice inversa

$$A^{-1} = \frac{1}{\det A} \begin{pmatrix} (-1)^{1+1} \det A_{11} \ldots (-1)^{1+n} \det A_{n1} \\ \cdots\cdots\cdots\cdots\cdots\cdots\cdots\cdots\cdots\cdots \\ (-1)^{n+1} \det A_{1n} \ldots (-1)^{n+n} \det A_{nn} \end{pmatrix}$$

A_{ik} è la sottomatrice di A ottenuta rimuovendo l'i-ma riga e la k-ma colonna (▶algoritmi a p. 146)

Criteri di definitezza

• La matrice (n,n), reale e simmetrica, $A = (a_{ij})$ è definita positiva se e solo se ognuna delle sue n minori principali è positiva:

$$\begin{vmatrix} a_{11} & \ldots & a_{1k} \\ \cdots & \cdots & \cdots \\ a_{k1} & \ldots & a_{kk} \end{vmatrix} > 0 \qquad \text{per} \quad k = 1, \ldots, n.$$

• La matrice (n,n), reale e simmetrica, $A = (a_{ij})$ è definita negativa se e solo se la sequenza delle sue n minori in principali ha segni alterni partendo dal negativo (o se $-A$ è definita positiva):

$$(-1)^k \begin{vmatrix} a_{11} & \ldots & a_{1k} \\ \cdots & \cdots & \cdots \\ a_{k1} & \ldots & a_{kk} \end{vmatrix} > 0 \qquad \text{per} \quad k = 1, \ldots, n.$$

• Una matrice reale simmetrica è definita positiva (semidefinita positiva, definita negativa, semidefinita negativa) se e solo se tutti i suoi autovalori (▶ autovalori, p. 146) sono positivi (non negativi, negativi, non positivi).

Determinanti

Il *determinante* D di una matrice quadrata (n,n) A è il numero definito ricorsivamente

$$D = \det A = \begin{vmatrix} a_{11} & \ldots & a_{1n} \\ \vdots & \ddots & \vdots \\ a_{n1} & \ldots & a_{nn} \end{vmatrix} = a_{i1}(-1)^{i+1} \det A_{i1} + \ldots + a_{in}(-1)^{i+n} \det A_{in},$$

dove A_{ik} è la sottomatrice di A ottenuta rimuovendo l'i-ma riga e la k-ma colonna. Il determinante di una matrice $(1,1)$ è definito come il valore del suo unico elemento. Il calcolo del determinante tramite la definizione fornita è detto *espansione di Laplace* rispetto all'i-ma riga.

• Lo stesso valore D si ottiene tramite espansione rispetto a una riga o colonna arbitraria, in particolare alla k-ma colonna:

$$D = \det \boldsymbol{A} = \begin{vmatrix} a_{11} & \cdots & a_{1n} \\ \vdots & \ddots & \vdots \\ a_{n1} & \cdots & a_{nn} \end{vmatrix} = a_{1j}(-1)^{1+j} \det \boldsymbol{A}_{1j} + \ldots + a_{nj}(-1)^{n+j} \det \boldsymbol{A}_{nj} .$$

Casi particolari (regola di Sarrus)

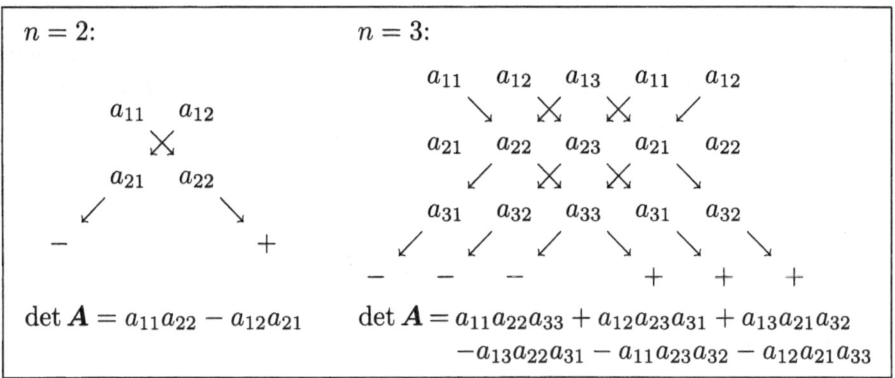

$$n = 2: \qquad \det \boldsymbol{A} = a_{11}a_{22} - a_{12}a_{21}$$

$$n = 3: \qquad \det \boldsymbol{A} = a_{11}a_{22}a_{33} + a_{12}a_{23}a_{31} + a_{13}a_{21}a_{32}$$
$$-a_{13}a_{22}a_{31} - a_{11}a_{23}a_{32} - a_{12}a_{21}a_{33}$$

Proprietà dei determinanti di ordine n-mo

• Un determinante cambia di segno se si scambiano due righe o due colonne della matrice.

• Se due righe (colonne) della matrice sono identiche, allora il determinante è nullo.

• Il valore del determinante non cambia se si aggiunge il multiplo di una riga (colonna) della matrice ad un'altra riga (colonna).

• Se si moltiplica una riga (colonna) di una matrice per un numero, allora il valore del suo determinante è moltiplicato per lo stesso numero.

• Valgono le seguenti relazioni:

$$\det \boldsymbol{A} = \det \boldsymbol{A}^\top, \qquad \det(\boldsymbol{A} \cdot \boldsymbol{B}) = \det \boldsymbol{A} \cdot \det \boldsymbol{B},$$
$$\det(\lambda \boldsymbol{A}) = \lambda^n \det \boldsymbol{A} \qquad (\lambda - \text{reale}).$$

Sistemi di equazioni lineari

Il sistema di equazioni lineari

$$\boldsymbol{Ax = b} \qquad \text{per componenti:} \qquad \begin{array}{l} a_{11}x_1 + \ldots + a_{1n}x_n = b_1 \\ \ldots\ldots\ldots\ldots\ldots\ldots\ldots\ldots \\ a_{m1}x_1 + \ldots + a_{mn}x_m = b_m \end{array} \qquad (*)$$

è detto *omogeneo* se $\boldsymbol{b} = \boldsymbol{0}$ (per componenti: $b_i = 0 \ \ \forall \ i = 1, \ldots, m$) e *completo* se $\boldsymbol{b} \neq \boldsymbol{0}$ (per componenti: $b_i \neq 0$ per almeno un $i \in \{1, \ldots, m\}$).

Se $(*)$ è ammissibile (ovvero, ammette soluzione), allora l'insieme di tutte le soluzioni è detto *soluzione generale*.

- Il sistema $(*)$ è ammissibile se e solo se rango $(\boldsymbol{A}) = $ rango $(\boldsymbol{A}, \boldsymbol{b})$.

- Nel caso $m = n$ il sistema $(*)$ ammette una unica soluzione se e solo se $\det \boldsymbol{A} \neq 0$.

- Il sistema omogeneo $\boldsymbol{A}\boldsymbol{x} = \boldsymbol{0}$ ammette sempre la soluzione banale $\boldsymbol{x} = \boldsymbol{0}$.

- Per $m = n$ il sistema omogeneo $\boldsymbol{A}\boldsymbol{x} = \boldsymbol{0}$ ammette soluzioni non banali se e solo se $\det \boldsymbol{A} = 0$.

- Se $\boldsymbol{x}_h$ è la soluzione generale del sistema omogeneo $\boldsymbol{A}\boldsymbol{x} = \boldsymbol{0}$ e $\boldsymbol{x}_s$ è soluzione particolare del sistema completo $(*)$, allora per la soluzione generale $\boldsymbol{x}$ del sistema completo $(*)$ si ha la seguente rappresentazione:

$$\boxed{\boldsymbol{x} = \boldsymbol{x}_h + \boldsymbol{x}_s}$$

Eliminazione gaussiana

Eliminazione

In questa fase, ad ogni passo si eliminano successivamente una variabile (opportuna) così come una (opportuna) equazione dal sistema $\boldsymbol{A}\boldsymbol{x} = \boldsymbol{b}$, con $\boldsymbol{A}$ matrice (m, n); fino all'eliminazione di tutte le equazioni e variabili opportune. Per calcolare in seguito i valori delle variabili escluse, si "marca" l'equazione eliminata.

Algoritmo (descritto per il primo passo di eliminazione)

1. Scegliere un elemento $a_{pq} \neq 0$. della matrice Se $a_{ij} = 0$ per tutti gli elementi della matrice, terminare l'eliminazione. Si eliminano la variabile x_q e la riga p, a_{pq} è detto *elemento pivot*.

2. Generazione di zeri nella colonna q:

Sottrarre la riga p moltiplicata per $\dfrac{a_{iq}}{a_{pq}}$ (*moltiplicatore*) da tutte le righe i, $i \neq p$:

$$\tilde{a}_{ij} := a_{ij} - \frac{a_{iq}}{a_{pq}} a_{pj}, \quad j = 1, \ldots, n; \quad i = 1, \ldots, p-1, p+1, \ldots, m$$

$$\tilde{b}_i := b_i - \frac{a_{iq}}{a_{pq}} b_p, \qquad i = 1, \ldots, p-1, p+1, \ldots, m$$

3. Rimuovere la p-ma equazione dal sistema e marcarla.

4. Se il sistema di equazioni rimanente contiene solo una riga, allora il processo di eliminazione termina.

Controllo della ammissibilità

Considerare il sistema rimanente $\tilde{A}x = \tilde{b}$.

$\boxed{\text{Caso 1}}$ $\tilde{A} = 0$, $\tilde{b} \neq 0 \implies$ Il sistema di equazioni $(*)$ non è ammissibile.

$\boxed{\text{Caso 2}}$ $\tilde{A} = 0$, $\tilde{b} = 0 \implies$ Il sistema di equazioni $(*)$ è ammissibile. Cancellare il sistema rimanente.

$\boxed{\text{Caso 3}}$ $\tilde{A} \neq 0 \qquad \implies$ Il sistema di equazioni $(*)$ è ammissibile. Il sistema rimanente contiene una sola riga. Aggiungere questa riga alle righe marcate durante il processo di eliminazione.

Metodo di sostituzione all'indietro

Le equazioni marcate formano un sistema con matrice triangolare (in ogni equazione mancano le variabili eliminate nei passi precedenti).

$\boxed{\text{Caso 1}}$ $n - 1$ eliminazioni; allora $(*)$ ammette una soluzione unica, le cui componenti si calcolano risolvendo le equazioni dall'ultima alla prima, sostituendo via via le variabili note e quindi risolvendo l'equazione rispetto all'unica incognita contenuta.

$\boxed{\text{Caso 2}}$ $k < n - 1$ eliminazioni; allora $(*)$ ammette infinite soluzioni. Una rappresentazione di tutte le soluzioni si ottiene risolvendo l'ultima equazione rispetto ad una variabile e considerando le restanti $n - k$ variabili come parametri. Poi si ottiene la rappresentazione delle k variabili eliminate in dipendenza da questi parametri, con procedimento analogo al Caso 1.

Modifiche all'eliminazione Gaussiana

• Se il sistema di equazioni considerato è ammissibile, allora rinumerando le righe e le colonne si può ottenere che vengano scelti come elementi pivot prima a_{11} e, dopo k passi, $\tilde{a}_{1,k+1}$ (ovvero, gli elementi diagonali) In questo caso, dopo il processo di eliminazione gaussiana il sistema è nella forma

$$\boxed{Rx_B + Sx_N = c,}$$

dove R è una matrice triangolare superiore (x_B – variabili base, x_N – variabili fuori base). Se il termine Sx_N non è presente, si ha una soluzione unica. Generando zeri addizionali sopra la diagonale si può ottenere che $R = D$ (matrice diagonale) o $R = I$. In questo caso, non è necessario applicare il metodo di sostituzione all'indietro.

• Il ▶ metodo di sostituzione (p. 145) è un'altra variante dell'eliminazione gaussiana.

Regola di Cramer

Se A è una matrice non singolare, allora la soluzione $x = (x_1, \ldots, x_n)^\top$ di $Ax = b$ è:

$$x_k = \frac{\det A_k}{\det A} \quad \text{con } A_k = \begin{pmatrix} a_{11} & \ldots & a_{1,k-1} & b_1 & a_{1,k+1} & \ldots & a_{1n} \\ \hdotsfor{7} \\ a_{n1} & \ldots & a_{n,k-1} & b_n & a_{n,k+1} & \ldots & a_{nn} \end{pmatrix}, \quad k = 1, \ldots, n.$$

Metodo di sostituzione

sistema di funzioni lineari affini	forma vettoriale
$\begin{aligned} y_1 &= a_{11}x_1 + \ldots + a_{1n}x_n + a_1 \\ &\cdots \\ y_m &= a_{m1}x_1 + \ldots + a_{mn}x_n + a_m \end{aligned}$	$y = Ax + a$

$$
\begin{array}{lll}
y_i & - & \text{variabile dipendente, variabile di base } (i = 1, \ldots, m) \\
x_k & - & \text{variabile indipendente, variabile fuori base } (k = 1, \ldots, n) \\
a_i = 0 & - & \text{la funzione } y_i \text{ è lineare} \\
a = 0 & - & \text{il sistema di funzioni è omogeneo}
\end{array}
$$

Sostituzione di una variabile dipendente con una variabile indipendente

si sostituisce la variabile dipendente y_p con la variabile indipendente x_q.

Assunzione: $a_{pq} \neq 0$. L'elemento a_{pq} è detto *pivot*.

vecchio schema

$$\boldsymbol{x}_B = \boldsymbol{A}\boldsymbol{x}_N + \boldsymbol{a} \ \text{ con}$$
$$\boldsymbol{x}_B = (y_1, \ldots, y_m)^\top$$
$$\boldsymbol{x}_N = (x_1, \ldots, x_n)^\top$$

nuovo schema

$$\boldsymbol{x}_B = \boldsymbol{B}\boldsymbol{x}_N + \boldsymbol{b} \ \text{ con}$$
$$\boldsymbol{x}_B = (y_1, \ldots, y_{p-1}, x_q, y_{p+1}, \ldots, y_m)^\top$$
$$\boldsymbol{x}_N = (x_1, \ldots, x_{q-1}, y_p, x_{q+1}, \ldots, x_n)^\top$$

	$\ldots$ x_k $\ldots$ x_q $\ldots$	1
$\vdots$	$\vdots \quad \vdots$	$\vdots$
$y_i =$	$\ldots$ a_{ik} $\ldots$ a_{iq} $\ldots$	a_i
$\vdots$	$\vdots \quad \vdots$	$\vdots$
$\rightarrow y_p =$	$\ldots$ a_{pk} $\ldots$ a_{pq} $\ldots$	a_p
$\vdots$	$\vdots \quad \vdots$	$\vdots$
riga ausil.	$\ldots$ b_{pk} $\ldots$ $*$ $\ldots$	b_p

	$\ldots$ x_k $\ldots$ y_p $\ldots$	1
$\vdots$	$\vdots \quad \vdots$	$\vdots$
$y_i =$	$\ldots$ b_{ik} $\ldots$ b_{iq} $\ldots$	b_i
$\vdots$	$\vdots \quad \vdots$	$\vdots$
$\rightarrow x_q =$	$\ldots$ b_{pk} $\ldots$ b_{pq} $\ldots$	b_p
$\vdots$	$\vdots \quad \vdots$	$\vdots$

Regole di sostituzione

(A1) $b_{pq} := \dfrac{1}{a_{pq}}$

(A2) $b_{pk} := -\dfrac{a_{pk}}{a_{pq}}$ per $k = 1, \ldots, q-1, q+1, \ldots, n$ $b_p := -\dfrac{a_p}{a_{pq}}$

(A3) $b_{iq} := \dfrac{a_{iq}}{a_{pq}}$ per $i = 1, \ldots, p-1, p+1, \ldots, m$

(A4) $b_{ik} := a_{ik} + b_{pk} \cdot a_{iq}$ per $i = 1, \ldots, p-1, p+1, \ldots, m$;
                             $k = 1, \ldots, q-1, q+1, \ldots, n$

       $b_i := a_i + b_p \cdot a_{iq}$ per $i = 1, \ldots, p-1, p+1, \ldots, m$

- La riga ausiliaria serve come semplificazione quando si usa la regola (A4).

Matrice inversa

Se A è una matrice non singolare, allora la sostituzione completa $y \leftrightarrow x$ nel sistema di equazioni omogeneo $y = Ax$ è sempre possibile. Il risultato è $x = By$ con $B = A^{-1}$:

$$\begin{array}{c|c} & x \\ \hline y = & A \end{array} \qquad \Longrightarrow \qquad \begin{array}{c|c} & y \\ \hline x = & A^{-1} \end{array}$$

Con l'aiuto dell'eliminazione gaussiana è possibile calcolare la matrice A^{-1}, seguendo questo schema:

$$(A \,|\, I) \qquad \Longrightarrow \qquad (I \,|\, A^{-1})$$

- Ovvero: scrivere la matrice originale A e la matrice identità I. Applicare l'eliminazione gaussiana in modo che A sia trasformata in I. Il termine destro rimanente sarà la matrice inversa A^{-1}.

Problemi agli autovalori per le matrici

Un numero $\lambda \in \mathbb{C}$ è detto *autovalore* della matrice quadrata (n, n) A se esiste un vettore $r \neq 0$ tale che:

$$Ar = \lambda r \qquad \text{per componenti:} \qquad \begin{array}{c} a_{11}r_1 + \ldots + a_{1n}r_n = \lambda r_1 \\ \ldots\ldots\ldots\ldots\ldots\ldots\ldots\ldots\ldots\ldots \\ a_{n1}r_1 + \ldots + a_{nn}r_n = \lambda r_n \end{array}$$

Un vettore r corrispondente all'autovalore λ che soddisfa l'equazione proposta è detto *autovettore* di A. È soluzione del sistema omogeneo di equazioni lineari $(A - \lambda I)x = 0$.

Proprietà degli autovalori

- Se $r_1, \ldots, r_k$ sono autovettori corrispondenti all'autovalore λ, allora

$$r = \alpha_1 r_1 + \ldots + \alpha_k r_k$$

è un autovalore corrispondente a λ a patto che non tutti gli α_i siano nulli.

- Un numero λ è autovalore della matrice A se e solo se

$$p_n(\lambda) := \det(A - \lambda I) = 0\,.$$

Il polinomio $p_n(\lambda)$ di ordine n è detto *polinomio caratteristico* della matrice A. La molteplicità dello zero λ del polinomio caratteristico è la *molteplicità algebrica* dell'autovalore λ.

• Il numero di autovettori linearmente indipendenti corrispondenti all'autovalore λ è

$$n - \text{rango}\,(\boldsymbol{A} - \lambda \boldsymbol{I})$$

ed è chiamato *molteplicità geometrica* dell'autovalore λ. È minore o uguale alla molteplicità algebrica dell'autovalore stesso.

• Se λ_j, $j = 1,\dots,k$, sono autovalori a due a due differenti e $\boldsymbol{r}_j$, $j = 1,\dots,k$ sono i loro corrispondenti autovettori, allora questi sono linearmente indipendenti.

• Una matrice diagonale (n,n) $\boldsymbol{D} = \text{diag}\,(d_j)$ ha autovalori $\lambda_j = d_j$, $j = 1,\dots,n$.

• Gli autovalori di una matrice reale simmetrica sono sempre reali. Ciascuno dei suoi autovettori può essere rappresentato in forma reale. Gli autovettori corrispondenti ad autovalori differenti sono ortogonali tra loro.

Modelli matriciali

Analisi input-output

$\boldsymbol{r} = (r_i)$	r_i	– costo totale materia prima i
$\boldsymbol{e} = (e_k)$	e_k	– quantità prodotta di prodotto k
$\boldsymbol{A} = (a_{ik})$	a_{ik}	– costo della materia prima i per una unità di prodotto k
$\boldsymbol{r} = \boldsymbol{A} \cdot \boldsymbol{e}$		*analisi input-output diretta*
$\boldsymbol{e} = \boldsymbol{A}^{-1} \cdot \boldsymbol{r}$		*analisi input-output inversa* (assunzione: $\boldsymbol{A}$ non singolare)

Analisi input-output composta

$\boldsymbol{r} = (r_i)$	r_i	– costo totale materia prima i
$\boldsymbol{e} = (e_k)$	e_k	– quantità prodotta del prodotto finale k
$\boldsymbol{Z} = (z_{jk})$	z_{jk}	– costo del prodotto intermedio j per una unità di prodotto finale k
$\boldsymbol{A} = (a_{ij})$	a_{ij}	– costo della materia prima i per una unità di prodotto intermedio j
$\boldsymbol{r} = \boldsymbol{A} \cdot \boldsymbol{Z} \cdot \boldsymbol{e}$		

Modello di Leontief

$$x = (x_i) \qquad\qquad x_i \ - \ \text{output lordo di prodotto } i$$

$$y = (y_i) \qquad\qquad y_i \ - \ \text{output netto di prodotto } i$$

$$A = (a_{ij}) \qquad\qquad a_{ij} \ - \ \text{consumo di prodotto } i \text{ per la produzione}$$
$$\text{di una unità di prodotto } j$$

$$y = x - Ax$$

$$x = (I - A)^{-1}y \qquad\qquad \text{Assunzione: } I - A \text{ matrice non singolare}$$

Modello di transizione per la ricerca di mercato

$m = (m_i)$ m_i – quota parte del mercato del prodotto i al momento T,
$$0 \le m_i \le 1, \ m_1 + \ldots + m_n = 1$$

$z = (z_i)$ z_i – quota parte del mercato del prodotto i al momento $T + k \cdot \Delta T$,
$$k = 1, 2, \ldots, \ \ 0 \le z_i \le 1, \ \ z_1 + \ldots + z_n = 1$$

$s = (s_i)$ s_i – quota parte del mercato del prodotto i nella distribuzione stazionaria (invariante rispetto al tempo) del mercato; $\ 0 \le s_i \le 1, \ s_1 + \ldots + s_n = 1$

$A = (a_{ij})$ a_{ij} – parte di acquirenti del prodotto i al momento T che compreranno il prodotto j al momento $T + \Delta T$
$$0 \le a_{ij} \le 1, \ \ i,j = 1, \ldots, n, \ \ \sum_{j=1}^{n} a_{ij} = 1 \ \ \text{per}$$
$$i = 1, \ldots, n$$

$$z = (A^k)^\top m$$

A è la matrice delle fluttuazioni dei consumatori ed s un soluzione non banale del sistema lineare omogeneo $(A^\top - I)s = 0$ con $s_1 + \ldots + s_n = 1$.

Programmazione Lineare e Problema di Trasporto

Il problema di trovare un vettore $\boldsymbol{x}^* = (x_1^*, x_2^*, \ldots, x_n^*)^\top$ le cui componenti soddisfino le condizioni

$$\alpha_{11}x_1 + \alpha_{12}x_2 + \ldots + \alpha_{1n}x_n \leq \alpha_1$$
$$\cdots\cdots\cdots\cdots\cdots\cdots\cdots\cdots\cdots\cdots\cdots\cdots\cdots$$
$$\alpha_{r1}x_1 + \alpha_{r2}x_2 + \ldots + \alpha_{rn}x_n \leq \alpha_r$$
$$\beta_{11}x_1 + \beta_{12}x_2 + \ldots + \beta_{1n}x_n \geq \beta_1$$
$$\cdots\cdots\cdots\cdots\cdots\cdots\cdots\cdots\cdots\cdots\cdots\cdots\cdots$$
$$\beta_{s1}x_1 + \beta_{s2}x_2 + \ldots + \beta_{sn}x_n \geq \beta_s$$
$$\gamma_{11}x_1 + \gamma_{12}x_2 + \ldots + \gamma_{1n}x_n = \gamma_1$$
$$\cdots\cdots\cdots\cdots\cdots\cdots\cdots\cdots\cdots\cdots\cdots\cdots\cdots$$
$$\gamma_{t1}x_1 + \gamma_{t2}x_2 + \ldots + \gamma_{tn}x_n = \gamma_t$$

e contemporaneamente una data funzione obiettivo $z(\boldsymbol{x}) = \boldsymbol{c}^\top \boldsymbol{x} + c_0 = c_1x_1 + c_2x_2 + \ldots + c_nx_n + c_0$ raggiunga il suo valore minimo (*problema di minimo*) o il suo valore massimo (*problema di massimo*) per tutti i vettori $\boldsymbol{x} = (x_1, x_2, \ldots, x_n)^\top$ che rispondano alle condizioni è un *problema di programmazione lineare* (o *di ottimizzazione*). Le condizioni vengono chiamate *vincoli* o *restrizioni* del problema. Un vettore $\boldsymbol{x} = (x_1, \ldots, x_n)^\top$ che soddisfa tutti i vincoli è detto *ammissibile*. Una variabile x_i per la quale non si richieda $x_i \geq 0$ (*non negatività*) tra i vincoli è detta *libera*.

• Un problema di programmazione lineare è in *forma standard* se è un problema di massimo o di minimo e non vi sono vincoli ulteriori alle non negatività $x_i \geq 0$, $i = 1, \ldots, n$:

$$\boxed{z = \boldsymbol{c}^\top \boldsymbol{x} + c_0 \longrightarrow \min / \max; \qquad \boldsymbol{A}\boldsymbol{x} = \boldsymbol{a}, \quad \boldsymbol{x} \geq 0}$$ **forma standard**

Trasformazione in forma standard

Trasformare disuguaglianze in uguaglianze
per mezzo di *variabili di Slack (scarto)* s_i:

$$\alpha_{i1}x_1 + \alpha_{i2}x_2 + \ldots + \alpha_{in}x_n \leq \alpha_i \qquad \Longrightarrow$$
$$\alpha_{i1}x_1 + \ldots + \alpha_{in}x_n + s_i = \alpha_i, \qquad s_i \geq 0$$

$$\beta_{i1}x_1 + \beta_{i2}x_2 + \ldots + \beta_{in}x_n \geq \beta_i \qquad \Longrightarrow$$
$$\beta_{i1}x_1 + \ldots + \beta_{in}x_n - s_i = \beta_i, \qquad s_i \geq 0$$

Rimuovere le variabili libere per sostituzione:

$$x_i \quad \text{libera} \quad \Longrightarrow \quad x_i := u_i - v_i, \quad u_i \geq 0, \quad v_i \geq 0$$

Trasformare un problema di massimo in un problema di minimo o
un problema di minimo in un problema di massimo:

$$z = c^\top x + c_0 \longrightarrow \max \qquad \Longrightarrow \qquad \overline{z} := -z = (-c)^\top x - c_0 \longrightarrow \min$$
$$z = c^\top x + c_0 \longrightarrow \min \qquad \Longrightarrow \qquad \overline{z} := -z = (-c)^\top x - c_0 \longrightarrow \max$$

Metodo del simplesso

Per effettuare le trasformazioni necessarie sul sistema di equazioni è possibile
utilizzare ▶ eliminazione gaussiana (p. 142 o ▶ metodo di sostituzione (p.
145).

Forma standard

Nel sistema di equazioni $Ax = a$, $z - c^\top x = c_0$ (dove A è una matrice
(m, n), $x, c \in \mathbb{R}^n$, $a \in \mathbb{R}^m$, $c_0 \in \mathbb{R}$) si elimina una variabile x_i da ciascuna
riga. Dalla forma standard si ottengono le seguenti relazioni, nel combinare le
variabili eliminate (*variabili fuori base*) al vettore x_B e le rimanenti (*variabili
di base*) al vettore x_N:

<table>
<tr><td align="center">Eliminazione gaussiana</td><td align="center">Metodo di sostituzione</td></tr>
<tr><td align="center">

$z \to \max$

$$I x_B + B x_N = b$$
$$z + d^\top x_N = d_0$$
$$x_B \geq 0, \ x_N \geq 0$$

</td><td align="center">

$z \to \min$

$$x_B = \tilde{B} x_N + \tilde{b}$$
$$z = \tilde{d}^\top x_N + \tilde{d}_0$$
$$x_B \geq 0, \ x_N \geq 0$$

</td></tr>
</table>

tabella: tabella:

x_{B_1} $\cdots$ x_{B_m}	z	x_{N_1} $\cdots$ $x_{N_{n-m}}$	$=$
1	0	b_{11} $\cdots$ $b_{1,n-m}$	b_1
$\ddots$	$\vdots$	$\vdots$ $\qquad$ $\vdots$	$\vdots$
1	0	b_{m1} $\cdots$ $b_{m,n-m}$	b_m
0 $\cdots$ 0	1	d_1 $\cdots$ d_{n-m}	d_0

	x_{N_1} $\cdots$ $x_{N_{n-m}}$	1
$x_{B_1} =$	$\tilde{b}_{11}$ $\cdots$ $\tilde{b}_{1,n-m}$	$\tilde{b}_1$
$\vdots$	$\vdots$ $\qquad$ $\vdots$	$\vdots$
$x_{B_m} =$	$\tilde{b}_{m1}$ $\cdots$ $\tilde{b}_{m,n-m}$	$\tilde{b}_m$
$z =$	$\tilde{d}_1$ $\cdots$ $\tilde{d}_{n-m}$	$\tilde{d}_0$

La colonna di z è in genere omessa.

- Se $Ax = a$ è già nella forma $I x_B + B x_N = a$, valgono le seguenti relazioni: $b = \tilde{b} = a$, $d_0 = \tilde{d}_0 = c_B^\top a + c_0$, $\tilde{B} = -B$, $d^\top = -\tilde{d}^\top = c_B^\top B - c_N^\top$, dove $c^\top = (c_B^\top, c_N^\top)$.

- Una rappresentazione di base con $b_i \geq 0$ e $\tilde{b}_i \geq 0$, $i = 1, \ldots, m$, rispettivamente, è detta *forma standard* o *tabella del simplesso*.

Criterio di ottimalità (criterio del simplesso)

Da una tabella del simplesso che soddisfa le condizioni $d_i \geq 0$ e $\tilde{d}_i \geq 0$, $i = 1, \ldots, n - m$, risp. (ovvero una *tabella del simplesso ottima*), si può leggere la soluzione ottima del problema di programmazione lineare:

$$x_B^* = b, \ \ x_N^* = 0, \ \ z^* = d_0 \qquad \text{risp.} \qquad x_B^* = \tilde{b}, \ \ x_N^* = 0, \ \ z^* = \tilde{d}_0.$$

Metodo del simplesso

Partendo da una tabella del simplesso, per mezzo del seguente algoritmo si ottiene una tabella del simplesso ottima o si conclude che il problema di programmazione lineare non ammette soluzione ottima.

<table>
<tr><th>Eliminazione gaussiana</th><th>Metodo di sostituzione</th></tr>
<tr><td>

1. Scegliere un elemento d_q, $q = 1, \ldots, n-m$, tale che $d_q < 0$. La colonna q-ma è la *colonna pivot*. La variabile x_{N_q} sarà la nuova variabile fuori base *(variabile uscente)*. Se non esiste un elemento con queste caratteristiche ▶ criterio di ottimalità.

2. Considerare tutti gli elementi positivi della colonna pivot $b_{iq} > 0$. Scegliere tra questi un elemento b_{pq} che soddisfi

$$\frac{b_p}{b_{pq}} = \min_{b_{iq}>0} \frac{b_i}{b_{iq}}.$$

La p-ma riga è la *riga pivot*. La variabile x_{B_p} è messa fuori base, l'elemento b_{pq} è il *pivot*. Se non esiste un elemento positivo b_{iq}, allora il problema non ammette soluzione perchè $z \to \infty$.

3. Dividere la riga p-ma per b_{pq} e inserire zeri nella colonna x_{N_q} (tranne alla posizione p) come nel caso di ▶ eliminazione gaussiana. Questo porta a una nuova tabella del simplesso. La variabile x_{N_q} è la *variabile entrante*. Andare al passo 1.

</td><td>

1. Scegliere un elemento $\tilde{d}_q$, $q = 1, \ldots, n-m$, tale che $\tilde{d}_q < 0$. La colonna q-ma è la *colonna pivot*. Se non esiste un elemento con queste caratteristiche ▶ criterio di ottimalità.

2. Considerare tutti gli elementi negativi $\tilde{b}_{iq} < 0$ della colonna pivot. Scegliere tra questi un elemento $\tilde{b}_{pq}$ che soddisfi

$$\frac{\tilde{b}_p}{-\tilde{b}_{pq}} = \min_{\tilde{b}_{iq}<0} \frac{\tilde{b}_i}{-\tilde{b}_{iq}}.$$

La p-ma riga è la *riga pivot*, l'elemento $\tilde{b}_{pq}$ è il *pivot*. Se non esiste un elemento negativo $\tilde{b}_{iq}$, allora il problema non ammette soluzione perchè $z \to -\infty$.

3. Scambiare le variabili $x_{B_p} \iff x_{N_q}$ per mezzo del ▶ metodo di sostituzione. Questo porta a una nuova tabella del simplesso. Andare al passo 1.

</td></tr>
</table>

• Se ad ogni iterazione $b_p > 0$ (risp. $\tilde{b}_p > 0$), allora il metodo del simplesso è finito.

• Se in una tabella del simplesso ottimale esiste un elemento d_q con $d_q = 0$ (risp. $\tilde{d}_q$ con $\tilde{d}_q = 0$), allora eseguendo i passi 2 e 3 dell'algoritmo, si ottiene una ulteriore tavola del simplesso ottimale. La soluzione ottimale corrispondente non necessariamente coincide con la precedente.

• Se i vettori $\boldsymbol{x}^{(1)}, \ldots, \boldsymbol{x}^{(k)}$ sono soluzioni ottimali, la *combinazione lineare convessa* $\boldsymbol{x}^* = \lambda_1 \boldsymbol{x}^{(1)} + \ldots + \lambda_k \boldsymbol{x}^{(k)}$ con $\sum_{i=1}^{k} \lambda_i = 1$ e $\lambda_i \geq 0$, $i = 1, \ldots, k$, è una ulteriore soluzione ottimale.

Metodo del simplesso duale

Tabella del simplesso duale

Una rappresentazione di base con $d_j \geq 0$ risp. $\tilde{d}_j \geq 0$, $j=1,\ldots,n-m$, è detta *tabella del simplesso duale.*

• Partendo da una tabella del simplesso duale, per mezzo del seguente algoritmo si ottiene una tabella del simplesso ottima o si riconosce che il problema di programmazione lineare non ammette soluzioni ottime.

Eliminazione gaussiana	**Metodo di sostituzione**
1. Trovare un elemento b_p, $p = 1,\ldots,m$, tale che $b_p < 0$. La p-ma riga è la *riga pivot.* La variabile x_{B_p} è messa fuori base. Se non esiste un elemento con queste caratteristiche ▶ criterio di ottimalità.	**1.** Trovare un elemento $\tilde{b}_p$, $p = 1,\ldots,m$, tale che $\tilde{b}_p < 0$. La p-ma riga è la *riga pivot.* Se non esiste un elemento con queste caratteristiche ▶ criterio di ottimalità.
2. Scegliere tra tutti gli elementi negativi $b_{pj} < 0$ un elemento b_{pq} con $$\frac{d_q}{-b_{pq}} = \min_{b_{pj}<0} \frac{d_j}{-b_{pj}}.$$ La variabile x_{N_q} è la variabile entrante, l'elemento b_{pq} il *pivot.* Se nella p-ma riga non esiste un elemento negativo b_{pj}, allora il problema non ammette soluzione ottima perchè non esistono soluzioni ammissibili.	**2.** Scegliere tra tutti gli elementi positivi $\tilde{b}_{pj} > 0$ della riga pivot un elemento $\tilde{b}_{pq}$ con $$\frac{\tilde{d}_q}{\tilde{b}_{pq}} = \min_{\tilde{b}_{pj}>0} \frac{\tilde{d}_j}{\tilde{b}_{pj}}.$$ La q-ma colonna è la *colonna pivot,* l'elemento $\tilde{b}_{pq}$ il *pivot.* Se non esiste un elemento positivo $\tilde{b}_{pj}$, allora il problema non ammette soluzione ottima perchè non esistono soluzioni ammissibili.
3. Ottenere una nuova tabella del simplesso dividendo gli elementi della riga p per b_{pq} e inserendo zeri nella colonna della variabile x_{N_q} (eccetto nella posizione p-ma) come nel caso di ▶ eliminazione gaussiana. Andare al passo 1.	**3.** Ottenere una nuova tabella del simplesso scambiando le variabili $x_{B_p} \iff x_{N_q}$ per mezzo del ▶ metodo di sostituzione. Andare al passo 1.

Generazione di una tabella del simplesso iniziale

Partendo dalla ▶ forma standard del problema di programmazione lineare, con proprietà $a \geq 0$; il seguente algoritmo porta a una tabella del simplesso o mostra che il problema non ammette soluzione ottima. Se necessario, è possibile assicurare la condizione $a \geq 0$ moltiplicando le righe opportune del sistema $Ax = a$ per -1.

Eliminazione gaussiana	**Metodo di sostituzione**
1. Aggiungere una *variabile artificiale* y_i alla parte sinistra in tutte le equazioni alla posizione i. Nel fare ciò, si ottiene il seguente sistema:	**1.** Riscrivere i vincoli nella forma $0 = -Ax + a$ e sostituire gli zeri con *variabili artificiali* y_i. Si ottiene

Eliminazione gaussiana:

$$Iy + Ax = a, \quad \text{dove} \quad y = (y_i)$$

2. Completare la tabella con la funzione obiettivo $z - c^{\mathsf{T}}x = c_0$ e la *funzione ausiliaria* $h = \sum_{i=1}^{m}(-y_i)$:

$$h + \sum_{k=1}^{n} \delta_k x_k = \delta_0 \quad \text{con}$$

$$\delta_k = \sum_{i=1}^{m}(-a_{ik}), \quad \delta_0 = \sum_{i=1}^{m}(-a_i)$$

La tabella ottenuta

y	z	h	x	$=$
I	0	0	A	a
0^{T}	1	0	$-c_1 \ldots -c_n$	c_0
0^{T}	0	1	$\delta_1 \ldots \delta_n$	δ_0

è la tabella del simplesso del *problema ausiliario*

$$h = \sum_{i=1}^{m}(-y_i) \to \max$$

$$y + Ax = a, \quad x \geq 0, \quad y \geq 0.$$

Metodo di sostituzione:

$$y = -Ax + a, \quad \text{dove} \quad y = (y_i)$$

2. Completare la tabella con la funzione obiettivo $z = c^{\mathsf{T}}x + c_0$ e la *funzione ausiliaria* $\tilde{h} = \sum_{i=1}^{m} y_i$:

$$\tilde{h} = \sum_{k=1}^{n} \tilde{\delta}_k x_k = \tilde{\delta}_0 \quad \text{con}$$

$$\tilde{\delta}_k = \sum_{i=1}^{m}(-a_{ik}), \quad \tilde{\delta}_0 = \sum_{i=1}^{m} a_i$$

La tabella ottenuta

	x	1
$y =$	$-A$	a
$z =$	c^{T}	c_0
$\tilde{h} =$	$\tilde{\delta}_1 \ldots \tilde{\delta}_n$	$\tilde{\delta}_0$

è la tabella del simplesso del *problema ausiliario*

$$\tilde{h} = \sum_{i=1}^{m} y_i \to \min$$

$$y = -Ax + a, \quad x \geq 0, \quad y \geq 0.$$

Eliminazione gaussiana	**Metodo di sostituzione**
3. Risolvere il problema ausiliario col metodo del simplesso. La tabella ottima del problema ausiliario è nella forma	**3.** Risolvere il problema ausiliario col metodo del simplesso. La tabella ottima del problema ausiliario è nella forma

x_B	y_B	z	h	x_N	y_N	$=$
1						
$\ddots$						
1						
	1					
	$\ddots$					
	1					
		1				
			1			h_0

Le colonne di z e di h vengono in genere omesse

	x_N	y_N	1
$x_B=$			
$y_B=$			
$z=$			
$\tilde{h}=$			$\tilde{h}_0$

Caso 1   Nel caso $h_0 < 0$ risp. $\tilde{h}_0 > 0$ il problema originale non ammette soluzione in quanto non esistono vettori ammissibili.

Caso 2   Se $h_0 = 0$ e $\tilde{h}_0 = 0$, rispettivamente, e se nessuna variabile artificiale è una variabile di base, allora dopo aver eliminato le colonne y_N e la funzione obiettivo ausiliaria, si ottiene una tabella del simplesso del problema originale.

Caso 3   Se $h_0 = 0$ e $\tilde{h}_0 = 0$, rispettivamente, ma ci sono variabili artificiali nella base, è necessario operare una opportuna sostituzione $y_B \iff x_N$. Se, nel fare ciò, si ottiene una tabella nella quale non si può continuare la sostituzione, allora si devono rimuovere le righe di y_B e le colonne di y_N; oltre alla funzione obiettivo ausiliaria. Quindi, si ottiene una tabella del simplesso del problema originale.

- Osservazione sul passo 1: Nelle righe i con $a_i \geq 0$ nelle quali è già presente una variabile di base x_k, non è opportuno introdurre variabili di base. In questo caso le quantità δ_k e $\tilde{\delta}_k$, risp., vanno sostituite con $\sum(-a_{ik})$, δ_0 va sostituito con $\sum(-a_i)$ e $\tilde{\delta}_0$ con $\sum a_i$, risp. (si sommano solamente le righe i nelle quali si hanno variabili artificiali).

- Osservazione sul passo 3: Le colonne di y_N possono essere rimosse immediatamente.

- La combinazione di *Fase 1* (generazione di una tabella del simplesso) e *Fase 2* (metodo del simplesso) è usualmente detta *metodo a due fasi*.

Dualità

Forma base del problema di programmazione lineare

$$\begin{array}{c} z(x) = c^\top x \to \max \\ Ax \le a \\ x \ge 0 \end{array} \qquad \Longleftrightarrow \qquad \begin{array}{c} w(u) = a^\top u \to \min \\ A^\top u \ge c \\ u \ge 0 \end{array}$$

Forma generalizzata del problema di programmazione lineare

$$\begin{array}{c} z(x,y) = c^\top x + d^\top y \to \max \\ Ax + By \le a \\ Cx + Dy = b \\ x \ge 0,\ y \text{ frei} \end{array} \qquad \Longleftrightarrow \qquad \begin{array}{c} w(u,v) = a^\top u + b^\top v \to \min \\ A^\top u + C^\top v \ge c \\ B^\top u + D^\top v = d \\ u \ge 0,\ v \text{ frei} \end{array}$$

problema primale   problema duale

Proprietà

- Il duale del problema duale è il problema primale.

- *Teorema di dualità debole.* Se i vettori x o $(x,y)^\top$, sono ammissibili per il primale, risp. u o $(u,v)^\top$ ammissibili per il duale; allora $z(x) \le w(u)$ e $z(x,y) \le w(u,v)$, rispettivamente.

- *Teorema di dualità forte.* Se i vettori x^* o $(x^*,y^*)^\top$ sono ammissibili per il primale, risp. u^* o $(u^*,v^*)^\top$ ammissibili per il duale, e se $z(x^*) = w(u^*)$ risp. $z(x^*,y^*) = w(u^*,v^*)$; allora x^* risp. $(x^*,y^*)^\top$ è una soluzione ottimale del problema primale e u^* risp. $(u^*,v^*)^\top$ del problema duale.

- Un soluzione ammissibile del primale x^* o $(x^*,y^*)^\top$ è una soluzione ottimale del problema primale se e solo se esiste una soluzione ammissibile per il duale u^* o $(u^*,v^*)^\top$ tale che $z(x^*) = w(u^*)$ o $z(x^*,y^*) = w(u^*,v^*)$.

- Se sia il problema primale che il duale ammettono soluzioni ammissibili, allora entrambe i problemi ammettono soluzioni ottime, e $z^* = w^*$.

- Se il problema primale (duale) ammette soluzioni ammissibili e se il duale (primale) non ammette soluzioni ammissibili, allora il primale (duale) non ammette soluzione ottima perchè $z \to +\infty$ ($w \to -\infty$).

- *Teorema di complementarietà* (per la forma base). Una soluzione ammissibile x^* è una soluzione ottima del problema primale se e solo se esiste una soluzione ammissibile del duale u^* tale che tutte le componenti dei vettori x^*, $Ax^* - a$, u^* e $A^\top u^* - c$ soddisfano le seguenti relazioni (*condizioni di complementarietà*) :

$$x_i^* = 0 \quad \text{se} \quad (A^\top u^* - c)_i > 0 \qquad (Ax^* - a)_i = 0 \quad \text{se} \quad u_i^* > 0$$
$$u_i^* = 0 \quad \text{se} \quad (Ax^* - a)_i > 0 \qquad (A^\top u^* - c)_i = 0 \quad \text{se} \quad x_i^* > 0$$

Prezzi ombra

Se il problema primale (in forma base) rappresenta un modello di pianificazione della produzione con vettore profitto c e vettore risorse a, e se $u^* = (u_1^*, \ldots, u_m^*)^\top$ è la soluzione ottima del problema duale, allora sotto certe condizioni vale la seguente affermazione: un incremento della risorsa a_i di una unità implica la crescita del profitto massimale di u_i unità (*prezzi ombra*).

Problema di trasporto

Spiegazione del problema

Si devono rifornire n consumatori B_j con domanda $b_j \geq 0$, $j = 1, \ldots, n$ da m magazzini A_i con stock $a_i \geq 0$, $i = 1, \ldots, m$. Si devono minimizzare i prezzi di trasporto totali, sapendo che i prezzi di trasporto da ciascun magazzino verso ciascun consumatore sono proporzionali alle quantità spedite con coefficienti c_{ij}.

Modello matematico (problema di trasporto)

$$z = \sum_{i=1}^{m} \sum_{j=1}^{n} c_{ij} x_{ij} \to \min;$$
$$\text{con vincoli} \quad \sum_{j=1}^{n} x_{ij} = a_i, \quad i = 1, \ldots, m$$
$$\sum_{i=1}^{m} x_{ij} = b_j, \quad j = 1, \ldots, n$$
$$x_{ij} \geq 0 \quad \forall\, i, j$$

- La matrice (m, n) $X = (x_{ij})$ con le quantità del bene da trasportare da ciascuna A_i a ciascuna B_j è una *soluzione ammissibile (tabella delle allocazioni)* se soddisfa i vincoli.

- Il problema di trasporto ammette soluzione se e solo se

$$\sum_{i=1}^{m} a_i = \sum_{j=1}^{n} b_j \qquad\qquad \textbf{problema bilanciato}$$

- Un insieme ordinato $\{(i_k, j_k)\}_{k=1}^{2l}$ di doppi indici è detto *ciclo* se

$$i_{k+1} = i_k \quad \text{per} \quad k = 1, 3, \ldots, 2l - 1,$$
$$j_{k+1} = j_k \quad \text{per} \quad k = 2, 4, \ldots, 2l - 2, \qquad j_{2l} = j_1$$

- Se, aggiungendo ulteriori doppi indici, l'insieme di indici $J_+(X) = \{(i,j) \mid x_{ij} > 0\}$ può essere esteso a un insieme $J_S(X)$ non contenente un ciclo e consistente di esattamente $m+n-1$ elementi, allora la soluzione ammissibile X è detta *soluzione di base*.

Algoritmo del trasporto

Punto di partenza: soluzione di base X

1. Trovare valori $u_i, i = 1, \ldots, m$, e $v_j, j = 1, \ldots, n$, tali che $u_i + v_j = c_{ij}$ $\forall (i,j) \in J_S(X)$. Se $w_{ij} := c_{ij} - u_i - v_j \geq 0$ per $i = 1, \ldots, m$ e $j = 1, \ldots, n$, allora X è ottimale.

2. Scegliere (p, q) con $w_{pq} < 0$ e trovare, partendo da $(i_1, j_1) := (p, q)$, un ciclo Z nell'insieme $J_S(X) \cup \{(p, q)\}$.

3. Determinare una nuova soluzione X fissando $x_{ij} := x_{ij} + (-1)^{k+1} x_{rs}$ per $(i, j) \in Z$, dove $x_{rs} := \min\{x_{i_k j_k} \mid (i_k, j_k) \in Z, k = 2, 4, \ldots, 2l\}$. La nuova soluzione X è una soluzione di base associata all'insieme di doppi indici $J_S(X) := J_S(X) \cup \{(p, q)\} \setminus \{(r, s)\}$. Andare al passo 1.

Rappresentazione in tabella dell'algoritmo di trasporto

Le iterazioni dell'algoritmo di trasporto possono essere rappresentate nella seguente forma tabellare, mettendo in tabella solamente le variabili $x_{ij} \in X$ con $(i, j) \in J_S(X)$ e solo le w_{ij} con $(i, j) \notin J_S(X)$. Le variabili rimanente, $x_{ij}, (i, j) \notin J_S(X)$, e $w_{ij}, (i, j) \in J_S(X)$, non si inseriscono nella tabella e si fissano automaticamente a zero. Il ciclo, nell'esempio considerato, è indicato dal rettangolo.

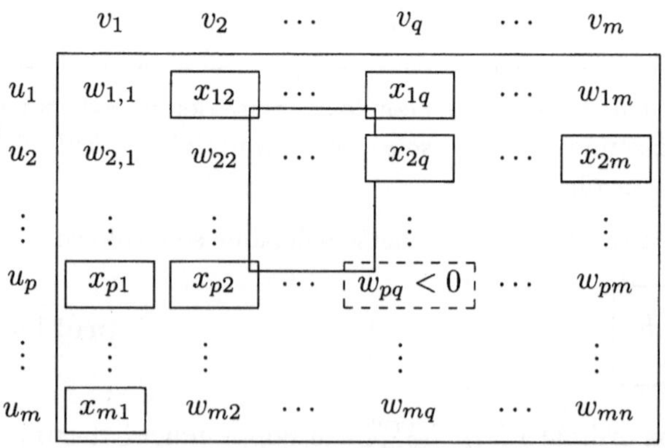

Un ciclo con quattro elementi

I valori di u_i, v_j, w_{ij} possono essere calcolati partendo da $u_1 = 0$ e procedendo seguendo i rettangoli (cf. la tabella):
$v_2 = c_{12}$ (visto che $w_{12} = 0$), $v_q = c_{1q}$ (visto che $w_{1q} = 0$), $u_2 = c_{2q} - v_q$ (visto che $w_{2q} = 0$), $v_m = c_{2m} - u_2$ (visto che $w_{2m} = 0$), $u_p = \ldots$, $v_1 = \ldots$, $u_m = \ldots$ ecc.

Si supponga che nella tabella a p. 159 $w_{pq} < 0$ e $x_{p2} \le x_{1q}$ (così che in questo esempio $x_{rs} = x_{p2}$). Allora la tabella successiva si calcola come segue:

	$\bar{v}_1$	$\bar{v}_2$	$\cdots$	$\bar{v}_q$	$\cdots$	$\bar{v}_m$
$\bar{u}_1$	$\bar{w}_{1,1}$	$\boxed{\bar{x}_{12}}$	$\cdots$	$\boxed{\bar{x}_{1q}}$	$\cdots$	$\bar{w}_{1m}$
$\bar{u}_2$	$\bar{w}_{2,1}$	$\bar{w}_{22}$	$\cdots$	$\boxed{x_{2q}}$	$\cdots$	$\boxed{x_{2m}}$
$\vdots$	$\vdots$	$\vdots$		$\vdots$		$\vdots$
$\bar{u}_p$	$\boxed{x_{p1}}$	$\bar{w}_{p2}$	$\cdots$	$\boxed{\bar{x}_{pq}}$	$\cdots$	$\bar{w}_{pm}$
$\vdots$	$\vdots$	$\vdots$		$\vdots$		$\vdots$
$\bar{u}_m$	$\boxed{x_{m1}}$	$\bar{w}_{m2}$	$\cdots$	$\bar{w}_{mq}$	$\cdots$	$\bar{w}_{mn}$

I valori sono $\bar{x}_{p2} = 0$, $\bar{x}_{pq} - x_{p2}$, $\bar{x}_{12} = x_{12} + x_{p2}$, $\bar{x}_{1q} = x_{1q} - x_{p2}$.

Le quantità $u_i, v_j, \bar{w}_{ij}$ possono essere calcolate come sopra, partendo da $\bar{u}_1 = 0$.

Regole per trovare una soluzione di base ammissibile

Metodo dell'angolo di Nord-Ovest

Assegnare all'angolo di nord-ovest la quantità maggiore possibile di bene. Rimuovere il magazzino vuoto o il consumatore saturato e ripetere l'operazione. Nell'ultimo passo, rimuovere consumatore **e** magazzino.

Regola dei minimi costi

Assegnare la quantità maggiore possibile di bene al tragitto più economico (di minimo coefficiente c_{ij}). Rimuovere il magazzino vuoto o il consumatore saturato e ripetere l'operazione. Nell'ultimo passo, rimuovere consumatore **e** magazzino.

Regola di Vogel

Per ogni riga e colonna, trovare la differenza tra i coefficienti c_{ij} minimo e massimo. Nella riga o colonna determinata dalla maggiore di queste differenze, assegnare la quantità maggiore possibile di bene al tragitto più economico. Rimuovere il magazzino vuoto o il consumatore saturato e ripetere l'operazione. Nell'ultimo passo, rimuovere consumatore **e** magazzino.

Statistica Descrittiva

Nozioni di base

Alla base di una analisi statistica è l'insieme (*popolazione*) di soggetti (*unità statistiche*), per i quali si osservano uno (caso univariato) o molti (caso multivariato) *caratteri*. I possibili risultati dell'osservazione di un carattere sono detti *modalità*.

Un carattere è detto *discreto* se ha un numero finito o una infinità numerabile di modalità. È detto *continuo* se le modalità possono essere un qualunque valore in un intervallo.

Le modalità $x_1, \ldots, x_n$ realmente osservate sono dette *osservazioni (campionarie)*, e $(x_1, \ldots, x_n)$ è un *campione di dimensione n*. Quando si ordinano i valori osservati, si ottiene il *campione ordinato* $x_{(1)} \le x_{(2)} \le \ldots \le x_{(n)}$, dove $x_{\min} = x_{(1)}$, $x_{\max} = x_{(n)}$.

Analisi statistica univariata

Carattere discreto

Dati: k modalità $a_1, \ldots, a_k$ tali che $a_1 < \ldots < a_k$ e un campione $(x_1, \ldots, x_n)$ di dimensione n

$H_n(a_j)$	– frequenza assoluta di a_j; numero di osservazioni con modalità a_j, $j = 1, \ldots, k$
$h_n(a_j) = \frac{1}{n} H_n(a_j)$	– frequenza relativa di a_j; $\quad 0 \le h_n(a_j) \le 1,\ j = 1, \ldots, k,\ \sum_{j=1}^{k} h_n(a_j) = 1$
$\sum_{i=1}^{j} H_n(a_i)$	– frequenza cumulata assoluta di a_j; $j = 1, \ldots, k$
$\sum_{i=1}^{j} h_n(a_i)$	– frequenza cumulata (relativa) di a_j, $j = 1, \ldots, k$
$F_n(x) = \sum_{j : a_j \le x} h_n(a_j)$	– distribuzione empirica $\quad (-\infty < x < \infty)$

Carattere continuo

Dati: un campione $(x_1, \ldots, x_n)$ di dimensione n e un raggruppamento in classi
$K_j = [x_{j,l}; x_{j,u}), \; j = 1, \ldots, m$

$x_{j,l}$	– limite inferiore della j-ma classe
$x_{j,u}$	– limite superiore della j-ma classe
$u_j = \frac{1}{2}(x_{j,l} + x_{j,u})$	– valore centrale della j-ma classe
H_j	– frequenza assoluta della j-ma classe; numero di osservazioni con valori nella classe K_j
$h_j = \frac{1}{n} H_j$	– frequenza relativa della j-ma classe
$F_n(x) = \sum\limits_{j : x_{j,u} \leq x} h_j$	– distribuzione empirica $(-\infty < x < \infty)$

Parametri statistici

Valori medi

$\overline{x}_n = \frac{1}{n} \sum\limits_{i=1}^{n} x_i$	– media aritmetica per dati non in classi
$\overline{x}_{(n)} = \frac{1}{n} \sum\limits_{j=1}^{m} u_j H_j$	– media aritmetica per dati in classi
$\tilde{x}_{(n)} = \begin{cases} x_{\left(\frac{n+1}{2}\right)} & n \text{ dispari} \\ \frac{1}{2}[x_{\left(\frac{n}{2}\right)} + x_{\left(\frac{n}{2}+1\right)}] & n \text{ pari} \end{cases}$	– mediana campionaria
$\dot{x} = \sqrt[n]{x_1 \cdot x_2 \cdot \ldots \cdot x_n} \; (x_j > 0)$	– media geometrica

Misure di variabilità

$$R = x_{\max} - x_{\min} \qquad \text{– campo di variazione, range}$$

$$s^2 = \frac{1}{n-1} \sum_{i=1}^{n} (x_i - \overline{x}_n)^2 \qquad \text{– varianza campionaria per dati non in classi}$$

$$s^2 = \frac{1}{n-1} \sum_{j=1}^{m} (u_j - \overline{x}_{(n)})^2 H_j \qquad \text{– varianza campionaria per dati in classi}$$

$$s = \sqrt{s^2} \qquad \text{– deviazione standard campionaria}$$

$$s_*^2 = s^2 - \frac{b^2}{12} \qquad \text{– correzione di Sheppard (per classi di lunghezza costante } b\text{)}$$

$$\nu = \frac{s}{\overline{x}_n} \qquad \text{– coefficiente di variazione } (\overline{x}_n \neq 0)$$

$$\tilde{d} = \frac{1}{n} \sum_{i=1}^{n} |x_i - \tilde{x}_{(n)}| \qquad \text{– scarto medio assoluto dalla mediana } \tilde{x}_{(n)}$$

$$\overline{d} = \frac{1}{n} \sum_{i=1}^{n} |x_i - \overline{x}_n| \qquad \text{– scarto medio assoluto (dalla media) } \overline{x}_n$$

Quantili

$$\tilde{x}_q = \begin{cases} \frac{1}{2}[x_{(nq)} + x_{(nq+1)}] & nq \in \mathbb{N} \\ x_{(\lfloor nq \rfloor + 1)} & \text{altrimenti} \end{cases} \qquad \text{– quantile } q\text{-mo} \;\; (0 < q < 1)$$

In particolare:

$$\tilde{x}_{0.5} = \tilde{x}_{(n)}; \qquad \tilde{x}_{0.25} \; - \; \text{primo quartile}; \qquad \tilde{x}_{0.75} \; - \; \text{terzo quartile}$$

Asimmetria

$$g_1 = \frac{\frac{1}{n} \sum_{i=1}^{n} (x_i - \overline{x}_n)^3}{\sqrt{\left(\frac{1}{n} \sum_{i=1}^{n} (x_i - \overline{x}_n)^2 \right)^3}} \qquad\qquad g_1 = \frac{\frac{1}{n} \sum_{j=1}^{m} (u_j - \overline{x}_{(n)})^3 H_j}{\sqrt{\left(\frac{1}{n} \sum_{j=1}^{m} (u_j - \overline{x}_{(n)})^2 H_j \right)^3}}$$

$$\text{(dati non in classi)} \qquad\qquad\qquad\qquad \text{(dati in classi)}$$

Curtosi

$$g_2 = \frac{\frac{1}{n}\sum_{i=1}^{n}(x_i - \overline{x}_n)^4}{\left(\frac{1}{n}\sum_{i=1}^{n}(x_i - \overline{x}_n)^2\right)^2} - 3 \qquad\qquad g_2 = \frac{\frac{1}{n}\sum_{j=1}^{m}(u_j - \overline{x}_{(n)})^4 H_j}{\left(\frac{1}{n}\sum_{j=1}^{m}(u_j - \overline{x}_{(n)})^2 H_j\right)^2} - 3$$

(dati non in classi)   (dati in classi)

Momenti di ordine r-mo (per dati non in classi)

$$\hat{m}_r = \frac{1}{n}\sum_{i=1}^{n} x_i^r \qquad\qquad - \quad \text{momento campionario}$$

$$\hat{\mu}_r = \frac{1}{n}\sum_{i=1}^{n}(x_i - \overline{x}_n)^r \qquad\qquad - \quad \text{momento centrale campionario}$$

- In particolare, si ha $\hat{m}_1 = \overline{x}_n$, $\hat{\mu}_2 = \dfrac{n-1}{n}\, s^2$.

Analisi statistica bivariata

Siano dati: un campione $(x_1, y_1), \ldots, (x_n, y_n)$ rispetto a due caratteri x e y

Valori campionari

$$\overline{x}_n = \frac{1}{n}\sum_{i=1}^{n} x_i \qquad - \qquad \text{media del carattere } x$$

$$\overline{y}_n = \frac{1}{n}\sum_{i=1}^{n} y_i \qquad - \qquad \text{media del carattere } y$$

Misure campionarie di variabilità

$$s_x^2 = \frac{1}{n-1} \sum_{i=1}^{n} (x_i - \overline{x}_n)^2 = \frac{1}{n-1} \left(\sum_{i=1}^{n} x_i^2 - n\overline{x}_n^2 \right)$$

– varianza campionaria del carattere x

$$s_y^2 = \frac{1}{n-1} \sum_{i=1}^{n} (y_i - \overline{y}_n)^2 = \frac{1}{n-1} \left(\sum_{i=1}^{n} y_i^2 - n\overline{y}_n^2 \right)$$

– varianza campionaria del carattere y

$$s_{xy} = \frac{1}{n-1} \sum_{i=1}^{n} (x_i - \overline{x}_n)(y_i - \overline{y}_n)$$

– covarianza campionaria

$$= \frac{1}{n-1} \left(\sum_{i=1}^{n} x_i y_i - n\overline{x}_n \overline{y}_n \right)$$

$$r_{xy} = \frac{s_{xy}}{\sqrt{s_x^2 \cdot s_y^2}} \quad (-1 \le r_{xy} \le 1)$$

– coefficiente di correlazione

$$B_{xy} = r_{xy}^2$$

– coefficiente di determinazione

Regressione lineare semplice

I coefficienti $\hat{a}$ e $\hat{b}$ sono detti *coefficienti di regressione (lineare) campionari* se è soddisfatta la condizione $\sum_{i=1}^{n} [y_i - (\hat{a} + \hat{b}x_i)]^2 = \min_{a,b} \sum_{i=1}^{n} [y_i - (a + bx_i)]^2$

$$y = \hat{a} + \hat{b}x$$

–   retta campionaria di regressione (lineare) semplice

$$\hat{a} = \overline{y}_n - \hat{b}\overline{x}_n, \qquad \hat{b} = \frac{s_{xy}}{s_x^2} = r_{xy} \sqrt{\frac{s_y^2}{s_x^2}}$$

$$\hat{s}^2 = \frac{1}{n-2} \sum_{i=1}^{n} \left[y_i - (\hat{a} + \hat{b}x_i) \right]^2 = \frac{n-1}{n-2} \cdot s_y^2 \left(1 - r_{xy}^2 \right)$$

–   varianza residua campionaria

Regressione con termine quadratico

I coefficienti $\hat{a}$, $\hat{b}$ e $\hat{c}$ sono detti *coefficienti campionari di regressione (quadratica)* se soddisfano la condizione $\sum_{i=1}^{n}(y_i - (\hat{a} + \hat{b}x_i + \hat{c}x_i^2))^2 = \min_{a,b,c}\sum_{i=1}^{n}(y_i - (a + bx_i + cx_i^2))^2$ Sono soluzione del seguente sistema di equazioni:

$$\hat{a}\cdot n + \hat{b}\sum_{i=1}^{n}x_i + \hat{c}\sum_{i=1}^{n}x_i^2 = \sum_{i=1}^{n}y_i$$

$$\hat{a}\sum_{i=1}^{n}x_i + \hat{b}\sum_{i=1}^{n}x_i^2 + \hat{c}\sum_{i=1}^{n}x_i^3 = \sum_{i=1}^{n}x_iy_i$$

$$\hat{a}\sum_{i=1}^{n}x_i^2 + \hat{b}\sum_{i=1}^{n}x_i^3 + \hat{c}\sum_{i=1}^{n}x_i^4 = \sum_{i=1}^{n}x_i^2y_i$$

$$y = \hat{a} + \hat{b}x + \hat{c}x^2 \qquad \text{– funzione di regressione campionaria (quadratica)}$$

$$\hat{s}^2 = \frac{1}{n-3}\sum_{i=1}^{n}\left[y_i - (\hat{a} + \hat{b}x_i + \hat{c}x_i^2)\right]^2 \text{– varianza residua campionaria}$$

Regressione esponenziale

I coefficienti $\hat{a}$ e $\hat{b}$ che soddisfano le condizioni $\sum_{i=1}^{n}(\ln y_i - (\ln\hat{a} + \hat{b}x_i))^2 = \min_{a,b}\sum_{i=1}^{n}(\ln y_i - (\ln a + bx_i))^2$ sono detti *coefficienti campionari di regressione (esponenziale)* (dove si assume che $y_i > 0$, $i = 1,\ldots,n$).

$$y = \hat{a}e^{\hat{b}x} \qquad - \qquad \textit{funzione di regressione (esponenziale)}$$

$$\hat{a} = e^{\frac{1}{n}\sum_{i=1}^{n}\ln y_i - \hat{b}\overline{x}_n}, \qquad \hat{b} = \frac{\sum_{i=1}^{n}(x_i - \overline{x}_n)(\ln y_i - \frac{1}{n}\sum_{i=1}^{n}\ln y_i)}{\sum_{i=1}^{n}(x_i - \overline{x}_n)^2}$$

Numeri indici

Sia dato un cesto di beni W consistente di n beni. Sia p_i il prezzo del bene i e q_i il suo ammontare, $i = 1, \ldots, n$.

Notazioni

$$W_i = p_i \cdot q_i \qquad - \quad \text{valore del bene } i$$

$$\sum_{i=1}^{n} W_i = \sum_{i=1}^{n} p_i q_i \quad - \quad \text{valore totale del cesto di beni } W$$

$p_{i\tau}, p_{it}$ — prezzo del bene i nel periodo base e nel periodo considerato, risp. (= prezzo base e attuale, risp.)

$q_{i\tau}$ bzw. q_{it} — ammontare di bene i nel periodo base e considerato, risp. (= quantità base ed attuale, risp.)

Indici

$$m_i^W = \frac{W_{it}}{W_{i\tau}} = \frac{p_{it} \cdot q_{it}}{p_{i\tau} \cdot q_{i\tau}} \quad - \quad \text{misura (dinamica) del valore del bene } i$$

$$I_{\tau,t}^W = \frac{\sum\limits_{i=1}^{n} W_{it}}{\sum\limits_{i=1}^{n} W_{i\tau}} = \frac{\sum\limits_{i=1}^{n} p_{it} q_{it}}{\sum\limits_{i=1}^{n} p_{i\tau} q_{i\tau}}$$

— indice del valore del cesto W; indice dei prezzi (punto di vista dell'offerta) o indice di spesa (punto di vista della domanda)

$$I_{\tau,t}^{\mathrm{Paa},p} = \frac{\sum\limits_{i=1}^{n} p_{it} q_{it}}{\sum\limits_{i=1}^{n} p_{i\tau} q_{it}} \quad - \quad \text{indice dei prezzi di Paasche}$$

$$I_{\tau,t}^{\mathrm{Paa},q} = \frac{\sum\limits_{i=1}^{n} p_{it} q_{it}}{\sum\limits_{i=1}^{n} p_{it} q_{i\tau}} \quad - \quad \text{indice di quantità di Paasche}$$

$$I_{\tau,t}^{\mathrm{Las},p} = \frac{\sum\limits_{i=1}^{n} p_{it} q_{i\tau}}{\sum\limits_{i=1}^{n} p_{i\tau} q_{i\tau}} \quad - \quad \text{indice dei prezzi di Laspeyres}$$

$$I_{\tau,t}^{\mathrm{Las},q} = \frac{\sum\limits_{i=1}^{n} p_{i\tau} q_{it}}{\sum\limits_{i=1}^{n} p_{i\tau} q_{i\tau}} \quad - \quad \text{indice di quantità di Laspeyres}$$

• Gli indici di Paasche descrivono il mutamento medio relativo della componente (prezzo o quantità) per mezzo dei pesi (quantità o prezzi) del periodo considerato.

• Gli indici di Laspeyres descrivono il mutamento medio relativo della componente (prezzo o quantità) per mezzo dei pesi (quantità o prezzi) del periodo base.

Indici di Drobisch

I beni in un cesto sono detti *commensurabili* rispetto alle quantità se hanno le stesse unità di misura. Per questi beni si definiscono i seguenti indici:

$$
I_{\tau,t}^{\mathrm{Dro},p} = \frac{\sum_{i=1}^{n} p_{it} \cdot q_{it}}{\sum_{i=1}^{n} q_{it}} \bigg/ \frac{\sum_{i=1}^{n} p_{i\tau} \cdot q_{i\tau}}{\sum_{i=1}^{n} q_{i\tau}} = \frac{\bar{p}_t}{\bar{p}_\tau}
$$

indice dei prezzi di Drobisch $(\bar{p}_\tau > 0)$; descrive il mutamento di prezzi medi

$$
I_{\tau,t}^{\mathrm{Dro},\mathrm{str},\tau} = \frac{\sum_{i=1}^{n} p_{i\tau} \cdot q_{it}}{\sum_{i=1}^{n} q_{it}} \bigg/ \frac{\sum_{i=1}^{n} p_{i\tau} \cdot q_{i\tau}}{\sum_{i=1}^{n} q_{i\tau}}
$$

– indice strutturale di Drobisch, relativo ai prezzi base

$$
I_{\tau,t}^{\mathrm{Dro},\mathrm{str},t} = \frac{\sum_{i=1}^{n} p_{it} \cdot q_{it}}{\sum_{i=1}^{n} q_{it}} \bigg/ \frac{\sum_{i=1}^{n} p_{it} \cdot q_{i\tau}}{\sum_{i=1}^{n} q_{i\tau}}
$$

– indice strutturale di Drobisch, relativo ai prezzi attuali

• Gli indici strutturali di Drobisch sono parametri statistici formati da prezzi medi fittizi e nominali.

Analisi di flusso

Una massa statistica considerata nel periodo (t_A, t_E) è detta *popolazione nel periodo* (stock). È detta *chiusa* se la popolazione prima di t_A e dopo t_E è pari a zero, *aperta* altrimenti. Una flusso che si ha solo in certi momenti è una massa in accesso o in sostituzione.

Notazione

B_j	–	stock (in u.q.) al momento t_j, $\ t_A \leq t_j \leq t_E$
B_A o B_E	–	stock iniziale e finale ai momenti t_A e t_E, risp.
Z_i	–	massa in accesso (in unità) nell'intervallo $(t_{i-1}, t_i]$
A_i	–	massa in sostituzione (in unità) nell'intervallo $(t_{i-1}, t_i]$

Stoccaggio

$$B_j = B_A + Z_{(j)} - A_{(j)} \quad - \quad \text{stoccaggio al momento } t_j \text{ con:}$$

$$Z_{(j)} = \sum_{i=1}^{j} Z_i \quad - \quad \text{somma delle masse in accesso}$$

$$A_{(j)} = \sum_{i=1}^{j} A_i \quad - \quad \text{somma delle masse in sostituzione}$$

Stock medi

$$\overline{Z} = \frac{1}{m} \sum_{i=1}^{m} Z_i \qquad - \quad \text{tasso medio di accesso (rispetto a } m \text{ intervalli di tempo)}$$

$$\overline{A} = \frac{1}{m} \sum_{i=1}^{m} A_i \qquad - \quad \text{tasso medio di sostituzione (rispetto a } m \text{ intervalli di tempo)}$$

$$\overline{B} = \frac{1}{t_m - t_0} \sum_{j=1}^{m} B_{j-1}(t_j - t_{j-1}) \quad - \quad \text{stock medio in } m \text{ intervalli di tempo (se è possibile misurare lo stock in tutti i momenti di variazione)}$$

$$\overline{B} = \frac{1}{t_m - t_0} \left(\frac{B_0(t_1 - t_0)}{2} + \sum_{j=1}^{m-1} \frac{B_j \cdot (t_{j+1} - t_{j-1})}{2} + \frac{B_m(t_m - t_{m-1})}{2} \right)$$

stock medio in m intervalli di tempo
- (se è possibile misurare B_j in **tutti** i momenti t_j)

Nel caso $t_j - t_{j-1} = \text{cost} \ \forall j$ si ha:

$$\overline{B} = \frac{1}{m} \sum_{j=0}^{m-1} B_j \qquad \text{or} \qquad \overline{B} = \frac{1}{m} \left(\frac{B_0}{2} + \sum_{j=1}^{m-1} B_j + \frac{B_m}{2} \right)$$

Stazionamento medio

$$\overline{v} = \frac{\overline{B}(t_m - t_0)}{A_{(m)}} = \frac{\overline{B}(t_m - t_0)}{Z_{(m)}} \qquad - \quad \text{stock chiuso}$$

$$\overline{v} = \frac{2\overline{B}(t_m - t_0)}{A_{(m)} + Z_{(m)}} \quad \text{o} \quad \overline{v} = \frac{2\overline{B}(t_m - t_0)}{A_{(m-1)} + Z_{(m-1)}} \quad - \quad \text{stock aperto}$$

la seconda formula è valida quando la sostituzione avviene al momento t_m

Analisi delle serie storiche

La serie storica $y_t = y(t)$, $t = t_1, t_2, \ldots$, è un modello per studiare l'andamento di una sequenza di valori ordinata nel tempo di un carattere quantitativo.

Modello additivo e modello moltiplicativo

$$y(t) = T(t) + Z(t) + S(t) + R(t) \quad \text{resp.} \quad y(t) = T(t) \cdot Z(t) \cdot S(t) \cdot R(t)$$

$T(t)$ – trend $\qquad\qquad\qquad$ $Z(t)$ – componente ciclica

$S(t)$ – componente stagionale $\qquad$ $R(t)$ – componente stocastica

Andamenti del trend

$$T(t) = a + bt \qquad - \qquad \text{trend lineare}$$
$$T(t) = a + bt + ct^2 \qquad - \qquad \text{trend quadratico}$$
$$T(t) = a \cdot b^t \qquad - \qquad \text{trend esponenziale}$$

• Il trend esponenziale $T(t) = a \cdot b^t$ può essere ricondotto al caso lineare $T^*(t) = a^* + b^* t$ dalle trasformazioni:

$$T^*(t) = \ln T(t),$$
$$a^* = \ln a,$$
$$b^* = \ln b$$

Metodo dei minimi quadrati

Questo metodo è utilizzato per la stima del trend lineare $T(t) = a + bt$ e quadratico $T(t) = a + bt + ct^2$, rispettivamente (vedere p. 129).

Utilizzo di medie mobili

Questi metodi sono utilizzati per la stima del trend per mezzo di n osservazioni $y_1, \ldots, y_n$.

---

m dispari

$$\hat{T}_{\frac{m+1}{2}} = \tfrac{1}{m}(y_1 + y_2 + \ldots + y_m)$$

$$\hat{T}_{\frac{m+3}{2}} = \tfrac{1}{m}(y_2 + y_3 + \ldots + y_{m+1})$$

$$\vdots$$

$$\hat{T}_{n-\frac{m-1}{2}} = \tfrac{1}{m}(y_{n-m+1} + \ldots + y_n)$$

---

m pari

$$\hat{T}_{\frac{m}{2}+1} = \tfrac{1}{m}(\tfrac{1}{2}y_1 + y_2 + \ldots + y_m + \tfrac{1}{2}y_{m+1})$$

$$\hat{T}_{\frac{m}{2}+2} = \tfrac{1}{m}(\tfrac{1}{2}y_2 + y_3 + \ldots + y_{m+1} + \tfrac{1}{2}y_{m+2})$$

$$\vdots$$

$$\hat{T}_{n-\frac{m}{2}} = \tfrac{1}{m}(\tfrac{1}{2}y_{n-m} + \ldots + y_{n-1} + \tfrac{1}{2}y_n)$$

Stagionalità

Per serie storiche detrendizzate (e senza componenti cicliche) con periodo p e k osservazioni per periodo, le equazioni

$$y_{ij}^* = s_j + r_{ij} \qquad (i = 1, \ldots, k; \ j = 1, \ldots, p)$$

forniscono un modello di serie storiche additivo con componenti stagionali s_j; le cui stime sono indicate con $\hat{s}_j$.

$$\overline{y}_{\cdot j}^* = \frac{1}{k} \sum_{i=1}^{k} y_{ij}^*, \ j = 1, \ldots, p \qquad \text{– media del periodo}$$

$$\overline{\overline{y}}^* = \frac{1}{p} \sum_{j=1}^{p} \overline{y}_{\cdot j}^* \qquad \text{– media totale}$$

$$\hat{s}_j = \overline{y}_{\cdot j}^* - \overline{\overline{y}}^* \qquad \text{– indici stagionali}$$

$$y_{11}^* - \hat{s}_1, \ y_{12}^* - \hat{s}_2, \ \ldots, \ y_{1p}^* - \hat{s}_p$$
$$\cdots\cdots\cdots\cdots\cdots\cdots\cdots\cdots\cdots \qquad \text{– serie storica destagionalizzata}$$
$$y_{k1}^* - \hat{s}_1, \ y_{k2}^* - \hat{s}_2, \ \ldots, \ y_{kp}^* - \hat{s}_p$$

Smoothing esponenziale

Per una serie storica $y_1, \ldots, y_t$ (in generale, senza trend) si ottiene la previsione $\hat{y}_{t+1} = \alpha y_t + \alpha(1-\alpha)y_{t-1} + \alpha(1-\alpha)^2 y_{t-2} + \ldots$ al tempo $t+1$ in maniera ricorsiva utilizzando $\hat{y}_{t+1} = \alpha y_t + (1-\alpha)\hat{y}_t$ con $\hat{y}_1 = y_1$ e un *fattore di smoothing* α $(0 < \alpha < 1)$.

fattore di smoothing α	α grande	α piccolo
peso dei valori "più vecchi"	poco	molto
peso dei valori "più giovani"	molto	poco
smoothing della serie storica	poco	molto

Calcolo delle Probabilità

Eventi aleatori e loro probabilità

Un *evento* è il risultato di una prova (osservazione, esperimento). Il risultato della prova è incerto e appartiene a un insieme di possibili risultati. Almeno idealmente, la prova deve poter essere ripetuta un numero arbitrario di volte, a parità di condizioni esterne.

L'insieme Ω dei possibili risultati ω di un prova è detto *spazio degli eventi* (spazio dei campioni). Un *evento aleatorio* A è un sottoinsieme di Ω ("si verifica A" $\Longleftrightarrow$ $\omega \in A$ è risultato della prova).

Nozioni di base

$$
\begin{array}{ll}
\{\omega\}, \ \omega \in \Omega & - \quad \text{evento semplice} \\
\Omega & - \quad \text{evento certo} = \text{evento che si verifica sempre} \\
\emptyset & - \quad \text{evento impossibile} = \text{evento che non si verifica mai} \\
A \subseteq B & - \quad \text{l'evento } A \text{ implica l'evento } B \\
A = B \Longleftrightarrow A \subseteq B \wedge B \subseteq A & - \quad \text{identità di due eventi} \\
A \cup B & - \quad \text{evento che si verifica se } A \text{ o } B \text{ (o entrambe) accadono (unione)} \\
A \cap B & - \quad \text{evento che si verifica se } A \text{ e } B \text{ accadono simultaneamente (intersezione)} \\
A \setminus B & - \quad \text{evento che si verifica se } A \text{ accade ma } B \text{ no (differenza)} \\
\overline{A} := \Omega \setminus A & - \quad \text{evento complementare ad } A \\
A \cap B = \emptyset & - \quad A \text{ e } B \text{ sono disgiunti (non-intersecanti, incompatibili)}
\end{array}
$$

Proprietà degli eventi

$$
\begin{array}{ll}
A \cup \Omega = \Omega & A \cap \Omega = A \\
A \cup \emptyset = A & A \cap \emptyset = \emptyset \\
A \cup (B \cup C) = (A \cup B) \cup C & A \cap (B \cap C) = (A \cap B) \cap C \\
A \cup B = B \cup A & A \cap B = B \cap A \\
\overline{A \cup B} = \overline{A} \cap \overline{B} & \overline{A \cap B} = \overline{A} \cup \overline{B} \\
A \cup \overline{A} = \Omega & A \cap \overline{A} = \emptyset \\
A \subseteq A \cup B & A \cap B \subseteq A \\
A \cap (B \cup C) = (A \cap B) \cup (A \cap C) & A \cup (B \cap C) = (A \cup B) \cap (A \cup C)
\end{array}
$$

σ-algebra di eventi

$$\bigcup_{n=1}^{\infty} A_n \ - \ \text{l'evento che almeno uno degli eventi } A_n \text{ si verifica}$$

$$\bigcap_{n=1}^{\infty} A_n \ - \ \text{l'evento che tutti gli eventi } A_n \text{ si verificano (simultaneamente)}$$

$$\overline{\bigcap_{n=1}^{\infty} A_n} = \bigcup_{n=1}^{\infty} \overline{A}_n, \qquad \overline{\bigcup_{n=1}^{\infty} A_n} = \bigcap_{n=1}^{\infty} \overline{A}_n \qquad - \qquad \text{leggi di De Morgan}$$

- Una *σ-algebra di eventi* è un insieme $\mathfrak{E}$ di eventi che soddisfano le seguenti condizioni:

(1) $\Omega \in \mathfrak{E}, \ \ \emptyset \in \mathfrak{E}$

(2) $A \in \mathfrak{E} \implies \overline{A} \in \mathfrak{E}$

(3) $A_1, A_2, \dots \in \mathfrak{E} \implies \bigcup_{n=1}^{\infty} A_n \in \mathfrak{E}.$

- Un sottoinsieme $\{A_1, A_2, \dots, A_n\}$ di una σ-algebra di eventi è detto *gruppo completo* di eventi se $\bigcup_{i=1}^{n} A_i = \Omega$ e $A_i \cap A_j = \emptyset$ $(i \neq j)$ (ovvero, il risultato della prova sarà sempre esattamente uno degli eventi A_i).

Frequenza relativa

Se un evento $A \in \mathfrak{E}$ si verifica m volte in n ripetizioni indipendenti di una prova, allora $h_n(A) = \dfrac{m}{n}$ è la *frequenza relativa* di A.

Proprietà della frequenza relativa

$$0 \leq h_n(A) \leq 1, \qquad h_n(\Omega) = 1, \qquad h_n(\emptyset) = 0, \qquad h_n(\overline{A}) = 1 - h_n(A)$$

$$h_n(A \cup B) = h_n(A) + h_n(B) - h_n(A \cap B)$$

$$h_n(A \cup B) = h_n(A) + h_n(B) \ \ \text{if } A \cap B = \emptyset$$

$$A \subseteq B \implies h_n(A) \leq h_n(B)$$

Definizione classica di probabilità

Se lo spazio $\Omega = \{\omega_1, \omega_2, \dots, \omega_k\}$ è finito, allora per un evento A la quantità

$$P(A) = \frac{\text{numero di } \omega_i \text{ con } \omega_i \in A}{k} = \frac{\text{numero di casi favorevoli ad } A}{\text{numero di tutti i casi possibili}}$$

è la *probabilità (frequentista)* di A.

Gli eventi semplici $\{\omega_i\}$ sono equiprobabili (ugualmente possibili), ovvero $P(\{\omega_i\}) = \dfrac{1}{k}, \ i = 1, \dots, k$

Proprietà della probabilità in senso classico

$$0 \leq P(A) \leq 1, \qquad P(\Omega) = 1, \qquad P(\emptyset) = 0, \qquad P(\overline{A}) = 1 - P(A)$$

$$P(A \cup B) = P(A) + P(B) - P(A \cap B), \qquad A \subseteq B \implies P(A) \leq P(B)$$

$$P(A \cup B) = P(A) + P(B) \quad \text{if} \quad A \cap B = \emptyset$$

Definizione assiomatica di probabilità

Assioma 1: Un evento aleatorio $A \in \mathfrak{E}$ ha probabilità $P(A)$ che soddisfa la relazione $0 \leq P(A) \leq 1$.

Assioma 2: La probabilità dell'evento certo è pari a uno: $P(\Omega) = 1$.

Assioma 3: La probabilità che accada esattamente uno di due eventi mutualmente disgiunti $A \in \mathfrak{E}$ e $B \in \mathfrak{E}$ è pari alla somma delle probabilità di A e B, ovvero $P(A \cup B) = P(A) + P(B)$ se $A \cap B = \emptyset$.

Assioma 3': La probabilità che accada esattamente uno degli eventi disgiunti a due a due $A_1, A_2, \ldots$ è pari alla somma delle probabilità di A_i, $i = 1, 2, \ldots$, ovvero $P(\bigcup_{i=1}^{\infty} A_i) = \sum_{i=1}^{\infty} P(A_i)$ se $A_i \cap A_j = \emptyset$, $i \neq j$ (σ-*additività*).

Operazioni con le probabilità

$$P(\emptyset) = 0, \qquad\qquad P(A \cup B) = P(A) + P(B) - P(A \cap B)$$

$$P(\overline{A}) = 1 - P(A), \qquad P(A \setminus B) = P(A) - P(A \cap B)$$

$$A \subseteq B \implies P(A) \leq P(B)$$

$$P(A_1 \cup A_2 \cup \ldots \cup A_n) = \sum_{i=1}^{n} P(A_i) - \sum_{1 \leq i_1 < i_2 \leq n} P(A_{i_1} \cap A_{i_2})$$

$$+ \sum_{1 \leq i_1 < i_2 < i_3 \leq n} P(A_{i_1} \cap A_{i_2} \cap A_{i_3}) - \ldots + (-1)^{n+1} P(A_1 \cap A_2 \cap \ldots \cap A_n)$$

Probabilità condizionate

Per due eventi A e B con $P(B) \neq 0$, l'espressione $P(A \mid B) = \dfrac{P(A \cap B)}{P(B)}$ denota la *probabilità condizionata* a B di A.

Proprietà

$$P(A\,|\,B) = 1 \ \text{ se } \ B \subset A \qquad\qquad P(A\,|\,B) = 0 \ \text{ se } \ A \cap B = \emptyset$$

$$P(A\,|\,B) = \frac{P(A)}{P(B)} \ \text{ se } \ A \subset B \qquad\qquad P(\overline{A}\,|\,B) = 1 - P(A\,|\,B)$$

$$P(A_1 \cup A_2\,|\,B) = P(A_1\,|\,B) + P(A_2\,|\,B) \ \text{ if } \ A_1 \cap A_2 = \emptyset$$

Teorema delle probabilità composte:

$$P(A \cap B) = P(B) \cdot P(A\,|\,B) = P(A) \cdot P(B\,|\,A)$$

In generale:

$$P(A_1 \cap \ldots \cap A_n)$$
$$= P(A_1) \cdot P(A_2\,|\,A_1) \cdot P(A_3\,|\,A_1 \cap A_2) \cdot \ldots \cdot P(A_n\,|\,A_1 \cap \ldots \cap A_{n-1})$$

- Se $\{A_1, \ldots, A_n\}$ è un gruppo completo di eventi, allora valgono le due formule seguenti:

Legge delle probabilità totali

$$P(B) = \sum_{i=1}^{n} P(A_i)P(B\,|\,A_i)$$

Formula di Bayes

$$P(A_j\,|\,B) = \frac{P(A_j)P(B\,|\,A_j)}{\displaystyle\sum_{i=1}^{n} P(A_i)P(B\,|\,A_i)}, \qquad j = 1, \ldots, n$$

$P(A_1), \ldots, P(A_n)$ sono chiamate *probabilità a priori*, mentre le quantità $P(A_1\,|\,B), \ldots, P(A_n\,|\,B)$ sono le *probabilità a posteriori*.

Indipendenza

Due eventi A, B sono *indipendenti* se $P(A \cap B) = P(A) \cdot P(B)$ (teorema delle probabilità composte per eventi indipendenti). Come corollario si vede che:

$$P(A \cap B) = P(A) \cdot P(B) \quad \Longleftrightarrow \quad P(A\,|\,B) = P(A) \ \text{ per } \ P(B) > 0$$

Gli n eventi $A_1, \ldots, A_n$ sono *a due a due indipendenti* se ogni coppia di questi eventi è indipendente, ovvero $P(A_i \cap A_j) = P(A_i) \cdot P(A_j)$ per $i \neq j$, e *completamente indipendenti* se per ogni $k \in \{2, \ldots, n\}$ e una selezione arbitraria di k eventi $A_{i_1}, \ldots, A_{i_k}$, $1 \leq i_1 < i_2 < \ldots < i_k \leq n$, si ha:
$$P(A_{i_1} \cap \ldots \cap A_{i_k}) = P(A_{i_1}) \cdot \ldots \cdot P(A_{i_k}).$$

Variabili aleatorie e loro distribuzioni

Una *variabile aleatoria* è una funzione reale $X : \Omega \to \mathbb{R}$ definita sullo spazio degli eventi Ω tale che per ogni $x \in \mathbb{R}$ si ha $\{\omega \in \Omega : X(\omega) \le x\} \in \mathfrak{E}$, ovvero, $\{X \le x\}$ è un evento. La funzione $F_X : x \to F_X(x) \in [0,1]$ definita come $F_X(x) := P(X \le x)$, $-\infty < x < \infty$, è detta *distribuzione (o funzione di ripartizione)* di X.

Proprietà della funzione di distribuzione

$$\lim_{x \to -\infty} F_X(x) = 0 \qquad\qquad \lim_{x \to \infty} F_X(x) = 1$$

$$F_X(x_0) \le F_X(x_1) \text{ if } x_0 < x_1 \qquad (F_X \text{ è monotona non decrescente})$$

$$\lim_{h \downarrow 0} F_X(x + h) = F_X(x) \qquad (F_X \text{ è continua a destra})$$

$$P(X = x_0) = F_X(x_0) - \lim_{h \uparrow 0} F_X(x_0 + h)$$

$$P(x_0 < X \le x_1) = F_X(x_1) - F_X(x_0)$$

$$P(x_0 \le X < x_1) = \lim_{h \uparrow 0} F_X(x_1 + h) - \lim_{h \uparrow 0} F_X(x_0 + h)$$

$$P(x_0 \le X \le x_1) = F_X(x_1) - \lim_{h \uparrow 0} F_X(x_0 + h)$$

$$P(X > x_0) = 1 - F_X(x_0)$$

Una variabile aleatoria X è detta *discreta* (vedi sotto) se la sua funzione di ripartizione F_X è una funzione costante a tratti; è detta invece *continua* se F_X è differenziabile (ovvero esiste $\dfrac{\mathrm{d}F_X(x)}{\mathrm{d}x}$) ▶ p. 179.

Distribuzioni discrete

Se una variabile aleatoria discreta X assume i valori $x_1, x_2, \ldots, x_n$ ($x_1 < \ldots < x_n$), $x_1, x_2, \ldots$ ($x_1 < x_2 < \ldots$) risp. , ovvero se $\lim_{h \uparrow 0} F_X(x_k + h) \ne F_X(x_k)$ per $k = 1, 2, \ldots$, allora

x_k	x_1 x_2 $\ldots$
$P(X = x_k)$	p_1 p_2 $\ldots$

$$\text{con} \qquad \sum_k p_k = 1$$

è la tabella delle probabilità $p_k = P(X = x_k)$; dove $x_1, x_2, \ldots$ sono i punti di salto di F_X.

Notazioni

$EX = \sum_k x_k p_k$	– valore atteso (assunzione: $\sum_k \lvert x_k \rvert p_k < \infty$)
$\operatorname{Var}(X) = \sum_k (x_k - EX)^2 p_k$ $= \sum_k x_k^2 p_k - (EX)^2$	– varianza (dispersione) (assunzione: $\sum_k x_k^2 p_k < \infty$)
$\sigma_X = \sqrt{\operatorname{Var}(X)}$	– deviazione standard
$\dfrac{\sigma_X}{EX}$ $\quad (EX \neq 0)$	– coefficiente di variazione
$\mu_r = E(X - EX)^r = \sum_k (x_k - EX)^r p_k$	– momento r-mo $(r = 2, 3, \dots)$
$\gamma_1 = \dfrac{\mu_3}{(\mu_2)^{3/2}}$	– asimmetria
$\gamma_2 = \dfrac{\mu_4}{(\mu_2)^2} - 3$	– curtosi

Distribuzioni discrete particolari

	probabilità p_k	EX	$\operatorname{Var}(X)$
distribuzione uniforme discreta	$p_k = P(X = x_k) = \frac{1}{n}$ $(k = 1, \dots, n)$	$\frac{1}{n} \sum_{k=1}^{n} x_k$	$\frac{1}{n} \sum_{k=1}^{n} x_k^2 - (EX)^2$
distribuzione * binomiale $(0 \le p \le 1,$ $n \in \mathbb{N})$	$p_k = \binom{n}{k} p^k (1-p)^{n-k}$ $(k = 0, \dots, n)$	np	$np(1-p)$
distribuzione * ipergeometrica $(M \le N,\, n \le N)$	$p_k = \dfrac{\binom{M}{k}\binom{N-M}{n-k}}{\binom{N}{n}}$ **	$n \cdot \dfrac{M}{N}$	$n\frac{M}{N}\left(1 - \frac{M}{N}\right) \times$ $\times \left(1 - \frac{n-1}{N-1}\right)$
distribuzione * geometrica $(0 < p < 1)$	$p_k = (1-p)^{k-1} p$ $(k = 1, 2, \dots)$	$\dfrac{1}{p}$	$\dfrac{1-p}{p^2}$
distribuzione di * Poisson $(\lambda > 0)$	$p_k = \dfrac{\lambda^k}{k!} e^{-\lambda}$ $(k = 0, 1, 2, \dots)$	λ	λ

* $P(X = k) = p_k$;   ** $\max\{0, n - (N - M)\} \le k \le \min\{M, n\}$.

Formule ricorsive $(p_{k+1} = f(p_k))$

$$
\begin{array}{ll}
\text{binomiale:} & \dfrac{n-k}{k+1} \cdot \dfrac{p}{1-p} \cdot p_k \\[3ex]
\text{geometrica:} & (1-p) \cdot p_k \\[3ex]
\text{ipergeometrica:} & \dfrac{n-k}{k+1} \cdot \dfrac{M-k}{N-M-n+k+1} \cdot p_k \\[3ex]
\text{Poisson:} & \dfrac{\lambda}{k+1} \cdot p_k
\end{array}
$$

Approssimazione binomiale (alla distribuzione ipergeometrica)

$$
\lim_{N\to\infty} \frac{\binom{M}{k}\binom{N-M}{n-k}}{\binom{N}{n}} = \binom{n}{k} p^k (1-p)^{n-k} \quad \text{con}
$$

$$
M = M(N), \qquad \lim_{N\to\infty} \frac{M(N)}{N} = p
$$

- Di conseguenza, per N "grande" si ha $\dfrac{\binom{M}{k}\binom{N-M}{n-k}}{\binom{N}{n}} \approx \binom{n}{k} p^k (1-p)^{n-k}$,

dove $p - \dfrac{M}{N}$.

Approssimazione di Poisson (alla binomiale)

$$
\lim_{n\to\infty} \binom{n}{k} p^k (1-p)^{n-k} = \frac{\lambda^k}{k!} e^{-\lambda}, \quad k = 0, 1, \ldots, \quad \text{con}
$$

$$
p = p(n), \quad \lim_{n\to\infty} n \cdot p(n) = \lambda = \text{cost}
$$

- Per n "grande" si ha quindi $\binom{n}{k} p^k (1-p)^{n-k} \approx \dfrac{\lambda^k}{k!} e^{-\lambda}$,   dove $\lambda = n \cdot p$.

Distribuzioni continue

La derivata prima $f_X(x) = \dfrac{\mathrm{d}F_X(x)}{\mathrm{d}x} = F_X'(x)$ della funzione di ripartizione F_X, di una variabile aleatoria continua X, è la *densità* di X; ovvero

$$
F_X(x) = \int_{-\infty}^{x} f_X(t)\, \mathrm{d}t .
$$

Notazione

$$EX = \int\limits_{-\infty}^{\infty} x f_X(x)\,\mathrm{d}x \quad - \quad \text{valore atteso di } X \quad (\text{ass.: } \int\limits_{-\infty}^{\infty} |x| f_X(x)\,\mathrm{d}x < \infty)$$

$$\mathrm{Var}\,(X) = \int\limits_{-\infty}^{\infty} (x - EX)^2 f_X(x)\,\mathrm{d}x = \int\limits_{-\infty}^{\infty} x^2 f_X(x)\,\mathrm{d}x - (EX)^2$$

$$- \quad \text{varianza (dispersione; ass.: } \int\limits_{-\infty}^{\infty} x^2 f_X(x)\,\mathrm{d}x < \infty)$$

$$\sigma_X = \sqrt{\mathrm{Var}\,(X)} \quad\quad - \quad \text{deviazione standard}$$

$$\frac{\sigma_X}{EX} \quad (EX \neq 0) \quad\quad - \quad \text{coefficiente di variazione}$$

$$\mu_r = E(X - EX)^r = \int\limits_{-\infty}^{\infty} (x - EX)^r f_X(x)\,\mathrm{d}x$$

$$- \quad \text{momento } r\text{-mo} \quad (r = 2, 3, \dots)$$

$$\gamma_1 = \frac{\mu_3}{(\mu_2)^{3/2}} \quad - \quad \text{asimmetria} \quad\quad \gamma_2 = \frac{\mu_4}{(\mu_2)^2} - 3 \quad - \quad \text{curtosi}$$

Distribuzioni continue particolari

Distribuzione Uniforme

$$f(x) = \begin{cases} \dfrac{1}{b-a} & \text{se } a < x < b \\ 0 & \text{altrimenti} \end{cases}$$

$$EX = \frac{a+b}{2}$$

$$\mathrm{Var}\,(X) = \frac{(b-a)^2}{12}$$

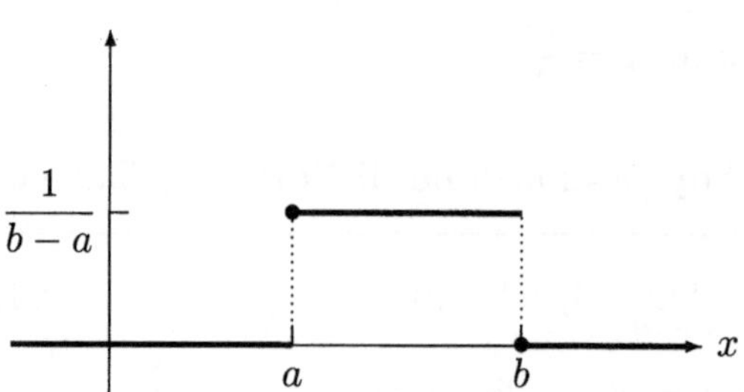

Distribuzione esponenziale

$$f(x) = \begin{cases} 0 & \text{se } x \leq 0 \\ \lambda e^{-\lambda x} & \text{se } x > 0 \end{cases}$$

$$EX = \frac{1}{\lambda}$$

$$\mathrm{Var}\,(X) = \frac{1}{\lambda^2}$$

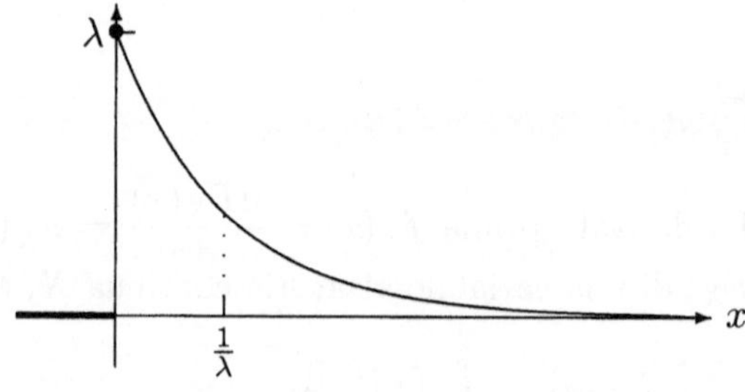

Distribuzione normale, $N(\mu, \sigma^2)$ $(-\infty < \mu < \infty,\ \sigma > 0)$

$$f(x) = \frac{1}{\sqrt{2\pi\sigma^2}} \cdot e^{-\frac{(x-\mu)^2}{2\sigma^2}}$$

$$(-\infty < x < \infty)$$

$$EX = \mu$$

$$\mathrm{Var}\,(X) = \sigma^2$$

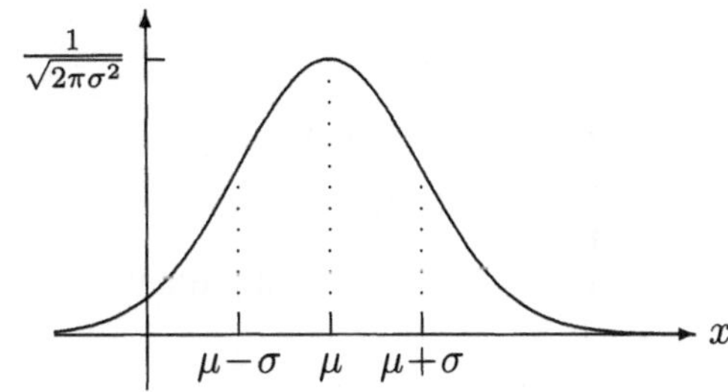

Distribuzione normale standardizzata

$$f(x) = \frac{1}{\sqrt{2\pi}} \cdot e^{-\frac{x^2}{2}}, \qquad EX = 0, \qquad \mathrm{Var}\,(X) = 1$$

Distribuzione lognormale

$$f(x) = \begin{cases} 0 & \text{se}\ \ x \leq 0 \\ \dfrac{1}{\sqrt{2\pi\sigma^2}\,x}\, e^{-\frac{(\ln x - \mu)^2}{2\sigma^2}} & \text{se}\ \ x > 0 \end{cases}$$

$$EX = e^{\mu + \frac{\sigma^2}{2}}$$

$$\mathrm{Var}\,(X) = e^{2\mu + \sigma^2}\left(e^{\sigma^2} - 1\right)$$

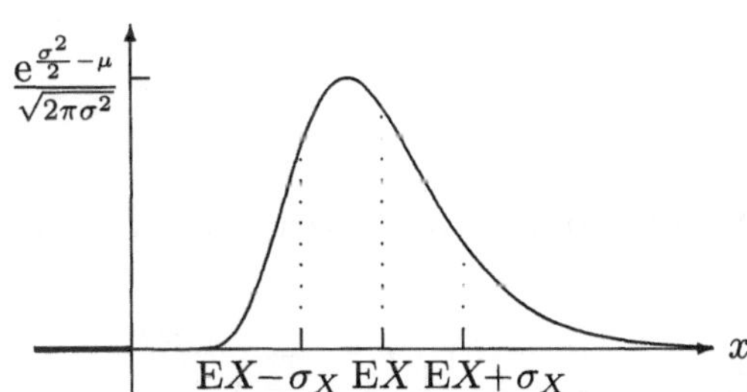

Distribuzione Weibull $(a > 0,\ b > 0,\ -\infty < c < \infty)$

$$f(x) = \begin{cases} 0 & \text{se}\ \ x \leq c \\ \dfrac{b}{a}\left(\dfrac{x-c}{a}\right)^{b-1} e^{-\left(\frac{x-c}{a}\right)^b} & \text{se}\ \ x > c \end{cases}$$

$$EX = c + a \cdot \Gamma\left(\tfrac{b+1}{b}\right)$$

$$\mathrm{Var}\,(X) = a^2\left[\Gamma\left(\tfrac{b+2}{b}\right) - \Gamma^2\left(\tfrac{b+1}{b}\right)\right]$$

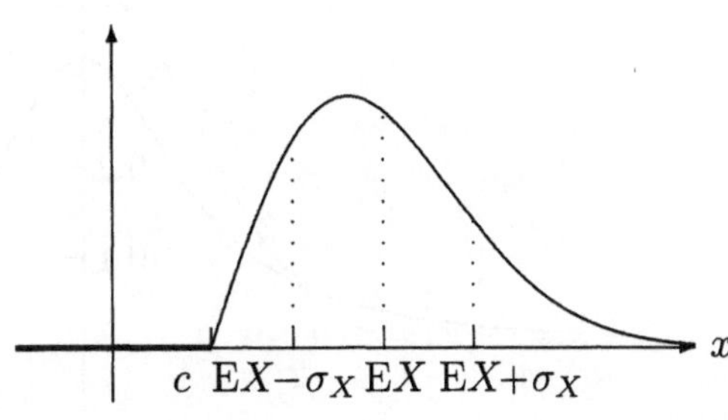

Distribuzione beta $(p > 0, q > 0)$

$$f(x) = \begin{cases} \dfrac{x^{p-1}(1-x)^{q-1}}{B(p,q)} & \text{se } 0 < x < 1 \\[2ex] 0 & \text{altrimenti} \end{cases}$$

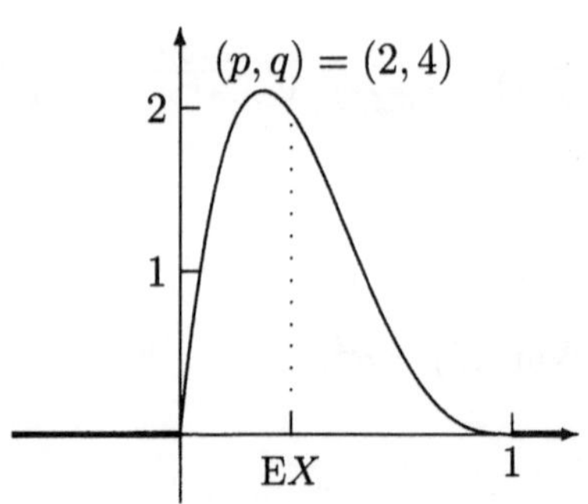

$$EX = \frac{p}{p+q}$$

$$\operatorname{Var}(X) = \frac{pq}{(p+q)^2(p+q+1)}$$

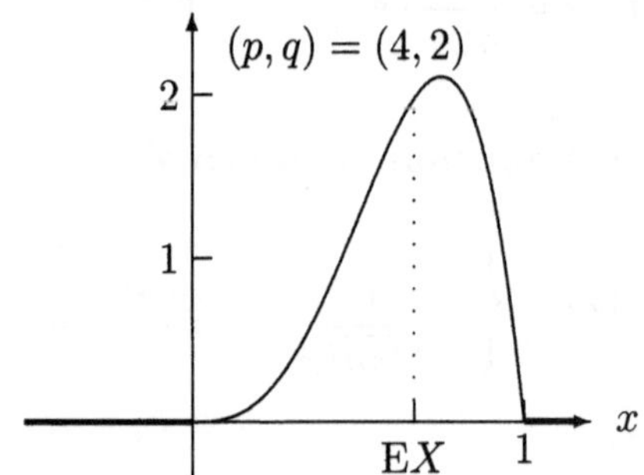

T di Student con m gradi di libertà $(m \geq 3)$

$$f(x) = \frac{\Gamma\left(\frac{m+1}{2}\right)}{\sqrt{\pi m}\,\Gamma\left(\frac{m}{2}\right)} \left(1 + \frac{x^2}{m}\right)^{-\frac{m+1}{2}},$$

$$EX = 0, \qquad \operatorname{Var}(X) = \frac{m}{m-2}$$

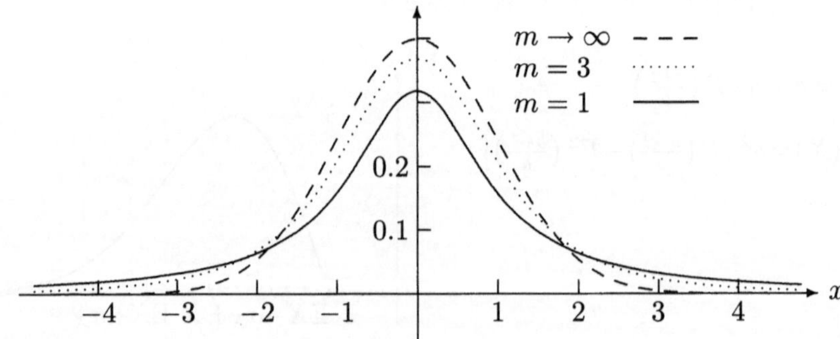

F di Fisher con (m, n) gradi di libertà $(m \geq 1,\ n \geq 1)$

$$f(x) = \begin{cases} 0 & \text{se}\ \ x \leq 0 \\[2mm] \dfrac{\Gamma\left(\frac{m+n}{2}\right) m^{\frac{m}{2}} n^{\frac{n}{2}} x^{\frac{m}{2}-1}}{\Gamma\left(\frac{m}{2}\right) \Gamma\left(\frac{n}{2}\right) (n+mx)^{\frac{m+n}{2}}} & \text{se}\ \ x > 0, \end{cases}$$

$$EX = \frac{n}{n-2} \quad (n \geq 3),$$

$$\text{Var}\,(X) = \frac{2n^2}{n-4} \cdot \frac{m+n-2}{m(n-2)^2}$$

$$(n \geq 5)$$

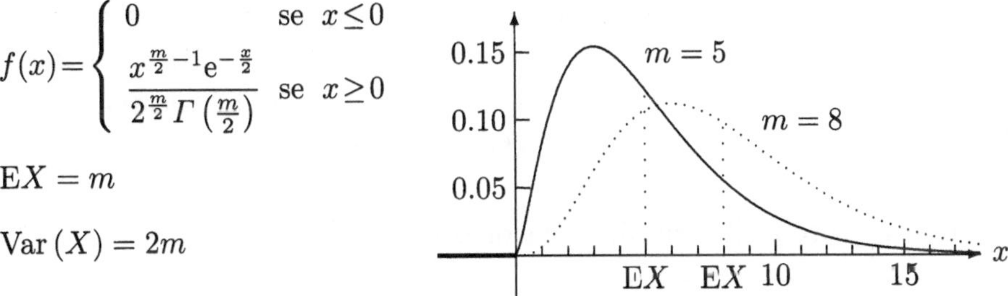

Distribuzione χ^2 con m gradi di libertà $(m \geq 1)$

$$f(x) = \begin{cases} 0 & \text{se}\ \ x \leq 0 \\[2mm] \dfrac{x^{\frac{m}{2}-1} e^{-\frac{x}{2}}}{2^{\frac{m}{2}} \Gamma\left(\frac{m}{2}\right)} & \text{se}\ \ x \geq 0 \end{cases}$$

$$EX = m$$

$$\text{Var}\,(X) = 2m$$

Vettori di variabili aleatorie

Se $X_1, X_2, \ldots, X_n$ sono variabili aleatorie (su uno e lo stesso spazio Ω), allora $\boldsymbol{X} = (X_1, \ldots, X_n)$ è detto *variabile aleatoria ad n dimensioni*, e $X_1, \ldots, X_n$ sono le sue *componenti*. La funzione $F_{\boldsymbol{X}} : F_{\boldsymbol{X}}(x_1, \ldots, x_n) = P(X_1 \leq x_1, \ldots, X_n \leq x_n)$ con $(x_1, \ldots, x_n) \in \mathbb{R}^n$ è la *funzione di ripartizione* di $\boldsymbol{X}$.

Proprietà

$$\lim_{x_i \to -\infty} F_{\boldsymbol{X}}(x_1, \ldots, x_i, \ldots, x_n) = 0, \quad i = 1, \ldots, n,$$

$$\lim_{\substack{x_1 \to \infty \\ \vdots \\ x_n \to \infty}} F_{\boldsymbol{X}}(x_1, \ldots, x_n) = 1$$

$$\lim_{h \downarrow 0} F_{\boldsymbol{X}}(x_1, \ldots, x_i + h, \ldots, x_n) = F_{\boldsymbol{X}}(x_1, \ldots, x_i, \ldots, x_n), \quad i = 1, \ldots, n$$

$$F_{X_i}(x) = \lim_{\substack{x_j \to \infty \\ j \neq i}} F_{\boldsymbol{X}}(x_1, \ldots, x_{i-1}, x, x_{i+1}, \ldots, x_n), \quad i = 1, \ldots, n$$

(distribuzioni marginali)

Indipendenza

$X_1, \ldots, X_n$ sono *indipendenti* se per ogni $(x_1, \ldots, x_n) \in \mathbb{R}^n$ si ha

$$F_{\boldsymbol{X}}(x_1, \ldots, x_n) = F_{X_1}(x_1) \cdot F_{X_2}(x_2) \cdot \ldots \cdot F_{X_n}(x_n)$$

Variabile aleatoria in R^2

- Il vettore $\boldsymbol{X} = (X_1, X_2)$ è *continuo* se esiste una *(funzione di) densità* $f_{\boldsymbol{X}}$ tale che valga la rappresentazione $F_{\boldsymbol{X}}(x_1, x_2) = \int\limits_{-\infty}^{x_1} \int\limits_{-\infty}^{x_2} f_{\boldsymbol{X}}(t_1, t_2)\, dt_1 dt_2$, $(x_1, x_2) \in \mathbb{R}^2$, ovvero $\dfrac{\partial^2 F_{\boldsymbol{X}}(x_1, x_2)}{\partial x_1 \partial x_2} = f_{\boldsymbol{X}}(x_1, x_2)$.

Le variabili aleatorie X_1 (con densità f_{X_1}) ed X_2 (con densità f_{X_2}) sono *indipendenti* se $f_{\boldsymbol{X}}(x_1, x_2) = f_{X_1}(x_1) \cdot f_{X_2}(x_2)$ per ogni $(x_1, x_2) \in \mathbb{R}^2$.

- $\boldsymbol{X} = (X_1, X_2)$ è *discreta* con probabilità dei punti $p_{ij} = \mathrm{P}(X_1 = x_1^{(i)}, X_2 = x_2^{(j)})$ se X_1 e X_2 sono discrete con probabilità $p_i = \mathrm{P}(X_1 = x_1^{(i)})$, $i = 1, 2, \ldots$ e $q_j = \mathrm{P}(X_2 = x_2^{(j)})$, $j = 1, 2, \ldots$, rispettivamente. Le variabili aleatorie X_1 e X_2 sono indipendenti se $p_{ij} = p_i \cdot q_j$ per ogni $i, j = 1, 2, \ldots$

Momento primo di variabili aleatorie in R^2

valore atteso	discrete	continue
EX_1	$\sum_i \sum_j x_1^{(i)} p_{ij}$	$\int\limits_{-\infty}^{\infty} \int\limits_{-\infty}^{\infty} x_1 f_{\boldsymbol{X}}(x_1, x_2)\, dx_1 dx_2$
EX_2	$\sum_i \sum_j x_2^{(j)} p_{ij}$	$\int\limits_{-\infty}^{\infty} \int\limits_{-\infty}^{\infty} x_2 f_{\boldsymbol{X}}(x_1, x_2)\, dx_1 dx_2$

Momento secondo di variabili aleatorie in R^2

varianze	discrete	continue
$\mathrm{Var}\,(X_1) = \sigma^2_{X_1}$ $= \mathrm{E}(X_1 - EX_1)^2$	$\sum_i \sum_j (x_1^{(i)} - EX_1)^2 p_{ij}$	$\int\limits_{-\infty}^{\infty} \int\limits_{-\infty}^{\infty} (x_1 - EX_1)^2 f_{\boldsymbol{X}}(x_1, x_2)\, dx_1 dx_2$
$\mathrm{Var}\,(X_2) = \sigma^2_{X_2}$ $= \mathrm{E}(X_2 - EX_2)^2$	$\sum_i \sum_j (x_2^{(j)} - EX_2)^2 p_{ij}$	$\int\limits_{-\infty}^{\infty} \int\limits_{-\infty}^{\infty} (x_2 - EX_2)^2 f_{\boldsymbol{X}}(x_1, x_2)\, dx_1 dx_2$

covarianza:

$$\mathrm{cov}\,(X_1, X_2) = \mathrm{E}(X_1 - \mathrm{E}X_1)(X_2 - \mathrm{E}X_2) = \mathrm{E}(X_1 X_2) - \mathrm{E}X_1 \cdot \mathrm{E}X_2$$

$$\sum_i \sum_j (x_1^{(i)} - \mathrm{E}X_1)(x_2^{(j)} - \mathrm{E}X_2)p_{ij} \qquad \text{– distribuzione discreta}$$

$$\int\limits_{-\infty}^{\infty} \int\limits_{-\infty}^{\infty} (x_1 - \mathrm{E}X_1)(x_2 - \mathrm{E}X_2)f_{\boldsymbol{X}}(x_1, x_2)\,\mathrm{d}x_1\mathrm{d}x_2 \quad \text{– distribuzione continua}$$

Correlazione

$$\rho_{X_1 X_2} = \frac{\mathrm{cov}\,(X_1, X_2)}{\sqrt{\mathrm{Var}\,(X_1)\mathrm{Var}\,(X_2)}} = \frac{\mathrm{cov}\,(X_1, X_2)}{\sigma_{X_1}\sigma_{X_2}}$$

coefficiente di correlazione

- Il coefficiente di correlazione descrive la dipendenza (lineare) tra le componenti X_1 e X_2 del vettore aleatorio $\boldsymbol{X} = (X_1, X_2)$.
- $-1 \le \rho_{X_1 X_2} \le 1$
- Se $\rho_{X_1 X_2} = 0$, allora X_1, X_2 sono *incorrelate*.
- Se X_1, X_2 sono indipendenti, allora sono anche incorrelate.

Distribuzione normale bidimensionale

$$f_{\boldsymbol{X}}(x_1, x_2) = \frac{1}{2\pi\sigma_1\sigma_2\sqrt{1-\rho^2}} \times$$
$$\times\ e^{-\dfrac{1}{2(1-\rho^2)}\left[\dfrac{(x_1-\mu_1)^2}{\sigma_1^2} - 2\rho\dfrac{(x_1-\mu_1)(x_2-\mu_2)}{\sigma_1\sigma_2} + \dfrac{(x_2-\mu_2)^2}{\sigma_2^2}\right]}$$

densità della distribuzione normale bidimensionale con $-\infty < \mu_1, \mu_2 < \infty$; $\sigma_1 > 0$, $\sigma_2 > 0$, $-1 < \rho < 1$; $-\infty < x_1, x_2 < \infty$

Momenti:

$\mathrm{E}X_1 = \mu_1$, $\mathrm{E}X_2 = \mu_2$,

$\mathrm{Var}\,(X_1) = \sigma_1^2$,

$\mathrm{Var}\,(X_2) = \sigma_2^2$,

$\mathrm{cov}\,(X_1, X_2) = \rho\sigma_1\sigma_2$

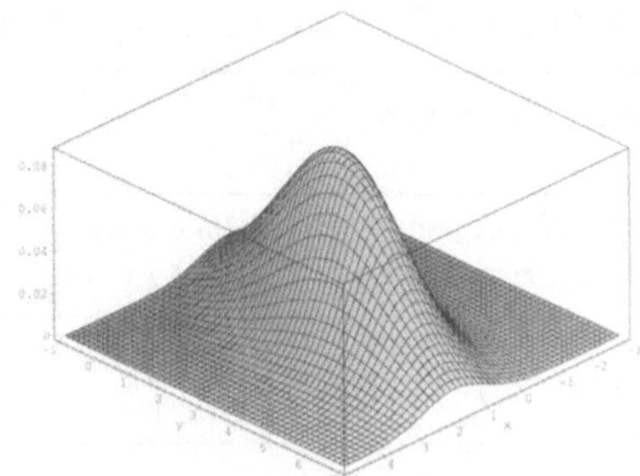

Somma di due variabili aleatorie indipendenti

• Se X_1 e X_2 sono variabili aleatorie discrete indipendenti di probabilità $p_i = \mathrm{P}(X_1 = x_1^{(i)})$, $i = 1, 2, \ldots$, e $q_j = \mathrm{P}(X_2 = x_2^{(j)})$, $j = 1, 2, \ldots$, allora

$$\mathrm{P}(X_1 + X_2 = y) = \sum_{i,j:\, x_1^{(i)} + x_2^{(j)} = y} p_i \, q_j \, .$$

Se, in particolare, $x_1^{(i)} = i$, $i = 1, 2, \ldots$ e $x_2^{(j)} = j$, $j = 1, 2, \ldots$, allora

$$\mathrm{P}(X_1 + X_2 = k) = \sum_{i=1}^{k} \mathrm{P}(X_1 = i) \, \mathrm{P}(X_2 = k - i), \quad k = 1, 2, \ldots$$

• Se X_1, X_2 sono variabili aleatorie continue indipendenti di densità f_{X_1} e f_{X_2}, allora $Y = X_1 + X_2$ è una variabile aleatoria continua di densità

$$f_Y(y) = \int_{-\infty}^{\infty} f_{X_1}(x) f_{X_2}(y - x) \, \mathrm{d}x \, .$$

• In generale, vale la relazione $\mathrm{E}(X_1 + X_2) = \mathrm{E}X_1 + \mathrm{E}X_2$. Inoltre, nel caso dell'indipendenza si ha $\mathrm{Var}\,(X_1 + X_2) = \mathrm{Var}\,(X_1) + \mathrm{Var}\,(X_2)$.

Esempi di somme di variabili aleatorie indipendenti

• Se X_1 e X_2 sono binomiali di parametri (n_1, p) (n_2, p), risp., allora $X_1 + X_2$ è una binomiale di parametri $(n_1 + n_2, p)$.

• Se X_1 e X_2 sono Poisson di parametro λ_1 e λ_2, risp., allora $X_1 + X_2$ è una Poisson di parametro $\lambda_1 + \lambda_2$.

• Se X_1 e X_2 sono normali di parametri (μ_1, σ_1^2) e (μ_2, σ_2^2), risp., allora la combinazione lineare $\alpha_1 X_1 + \alpha_2 X_2$ è una normale di parametri $(\alpha_1 \mu_1 + \alpha_2 \mu_2, \alpha_1^2 \sigma_1^2 + \alpha_2^2 \sigma_2^2)$, dove $\alpha_1, \alpha_2 \in \mathbb{R}$.

• Se X_1 e X_2 sono χ^2 di m ed n gradi di libertà rispettivamente, allora la somma $X_1 + X_2$ è un χ^2 con $m + n$ gradi di libertà.

Prodotto di due variabili aleatorie indipendenti

• Se X_1, X_2 sono variabili aleatorie indipendenti discrete con probabilità $p_i = \mathrm{P}(X_1 = x_1^{(i)})$, $i = 1, 2, \ldots$, e $q_j = \mathrm{P}(X_2 = x_2^{(j)})$, $j = 1, 2, \ldots$, allora

$$\mathrm{P}(X_1 \cdot X_2 = y) = \sum_{i,j:\, x_1^{(i)} \cdot x_2^{(j)} = y} p_i \, q_j \, .$$

• Se X_1, X_2 sono variabili aleatorie indipendenti continue con densità f_{X_1} ed f_{X_2}, risp., allora $Y = X_1 \cdot X_2$ è una variabile aleatoria continua con

$$f_Y(y) = \int_{-\infty}^{\infty} f_{X_1}(x) f_{X_2}\left(\frac{y}{x}\right) \frac{\mathrm{d}x}{|x|} \, .$$

Inferenza Statistica

Un vettore aleatorio n dimensionale $X = (X_1, \ldots, X_n)$ le cui componenti sono indipendenti e distribuite secondo la legge la legge di una v.a. X è un *campione aleatorio* di dimensione n da una popolazione M_X . Ogni realizzazione $x = (x_1, \ldots, x_n)$ di X è un *campione osservato*.

Stima puntuale

Obiettivo: Ottenere buone approssimazioni per i parametri incogniti θ di una distribuzione, per stimare una loro funzione $g : \theta \to g(\theta)$.

Una *statistica* $t_n = T_n(x)$ è una funzione del campione osservato $x = (x_1, \ldots, x_n)$. Se una statistica viene utilizzata per la stima di θ è una *stima*; notazione: $t_n = \hat{\theta}(x) = \tilde{\theta}$. La statistica $T_n = T_n(X) = \hat{\theta}(X)$ funzione del campione aleatorio corrispondente X è uno *stimatore puntuale*, o semplicemente *stimatore*.

Proprietà degli stimatori puntuali

- T_n è *non distorto (corretto)* per $g(\theta)$ se $\mathrm{E}T_n = g(\theta)$.

- $(T_n)_{n=1,2,\ldots}$ è *asintoticamente non distorto* per $g(\theta)$ se $\lim_{n\to\infty} \mathrm{E}T_n = g(\theta)$.

- $(T_n)_{n=1,2,\ldots}$ è (debolmente) *consistente* per $g(\theta)$ se vale la relazione
  $\lim_{n\to\infty} \mathrm{P}(|T_n - g(\theta)| < \varepsilon) = 1$ (per ogni $\varepsilon > 0$).

Stimatori del valore atteso e della varianza

parametro da stimare	stimatore	osservazioni
valore atteso $\mu = \mathrm{E}X$	$\tilde{\mu} = \overline{x}_n = \dfrac{1}{n} \sum_{i=1}^{n} x_i$	media aritmetica
varianza $\sigma^2 = \mathrm{Var}(X)$	$\tilde{\sigma}^2 = s^{*2} = \dfrac{1}{n} \sum_{i=1}^{n} (x_i - \mathrm{E}X)^2$	si utilizza solo se $\mathrm{E}X$ è noto
	$\tilde{\sigma}^2 = s_X^2 = \dfrac{1}{n-1} \sum_{i=1}^{n} (x_i - \overline{x}_n)^2$	varianza campionaria

Altri stimatori

probabilità di un evento $p = \mathrm{P}(A)$	$\tilde{p} = h_n(A)$	$h_n(A)$ è la frequenza relativa di A
covarianza $\sigma_{XY} = \mathrm{cov}\,(X, Y)$	$\tilde{\sigma}_{XY} = \frac{1}{n-1} \sum\limits_{i=1}^{n} (x_i - \overline{x}_n)(y_i - \overline{y}_n)$	covarianza campionaria
coefficiente di correlazione ρ_{XY}	$\tilde{\rho}_{XY} = \dfrac{\tilde{\sigma}_{XY}}{\sqrt{s_X^2 s_Y^2}}$	coefficiente di correlazione campionario

Metodo della massima verosimiglianza per la costruzione di stimatori puntuali

Assunzione: una funzione di ripartizione F è nota a meno del parametro $\boldsymbol{\theta} = (\theta_1, \ldots, \theta_p) \in \Theta \subset \mathrm{I\!R}^p$

- La funzione $\boldsymbol{\theta} \to L(\boldsymbol{\theta}; \boldsymbol{x}) = p(\boldsymbol{\theta}; x_1) \cdot \ldots \cdot p(\boldsymbol{\theta}; x_n) = \prod\limits_{i=1}^{n} p(\boldsymbol{\theta}; x_i)$ è detta *funzione di verosimiglianza* rispetto al campione $\boldsymbol{x} = (x_1, \ldots, x_n)$, dove

$$p(\boldsymbol{\theta}; x_i) = \begin{cases} \text{densità } f_X(x_i), & \text{se } X \text{ è continua} \\ \text{probabilità } \mathrm{P}(X = x_i) & \text{se } X \text{ è discreta.} \end{cases}$$

- La quantità $\tilde{\boldsymbol{\theta}} = \tilde{\boldsymbol{\theta}}(\boldsymbol{x}) = (\tilde{\theta}_1, \ldots, \tilde{\theta}_p)$ tale che $L(\tilde{\boldsymbol{\theta}}; \boldsymbol{x}) \geq L(\boldsymbol{\theta}; \boldsymbol{x})$ per ogni $\boldsymbol{\theta} \in \Theta$ è lo stimatore di massima verosimiglianza per $\boldsymbol{\theta}$.

- Se L è differenziabile rispetto a $\boldsymbol{\theta}$, allora $\tilde{\boldsymbol{\theta}}(\boldsymbol{x})$ è soluzione di $\dfrac{\partial \ln L(\boldsymbol{\theta}; x)}{\partial \theta_j} = 0, \quad j = 1, \ldots, p$ *(equazioni di massima verosimiglianza)*.

Metodo dei momenti

Assunzione: una funzione di ripartizione F è nota a meno del parametro $\boldsymbol{\theta} = (\theta_1, \ldots, \theta_p) \in \Theta \subset \mathrm{I\!R}^p$

Questo metodo per la costruzione di stime puntuali è basato sulla relazione tra i parametri $\theta_1, \ldots, \theta_p$ e i momenti μ_r $(r = 2, 3, \ldots)$ così come il valore atteso μ di F. Sostituendo μ con $\hat{\mu} = \dfrac{1}{n} \sum\limits_{i=1}^{n} x_i$ e μ_r con $\hat{\mu}_r = \dfrac{1}{n} \sum\limits_{i=1}^{n} (x_i - \hat{\mu})^r$ risp. e risolvendo le equazioni ottenute, si ottengono gli stimatori dei momenti $\hat{\theta}_j = T_j^*(\hat{m}_1, \hat{m}_2, \ldots, \hat{m}_p)$ per θ_j, $j = 1, \ldots, p$.

Intervalli di confidenza

Obiettivo: Stabilire l'accuratezza della stima di un parametro incognito θ, costruendo un *intervallo di confidenza*, che contenga θ con alta probabilità.

- Un intervallo aleatorio per il parametro θ $I(\boldsymbol{X}) = [g_u(\boldsymbol{X}); g_o(\boldsymbol{X})]$ con $g_u(\boldsymbol{X}) < g_o(\boldsymbol{X})$, dipendente dal campione aleatorio $\boldsymbol{X} = (X_1, \ldots, X_n)$ e tale che

$$P(g_u(\boldsymbol{X}) \leq \theta \leq g_o(\boldsymbol{X})) \geq \varepsilon = 1 - \alpha$$

  è un *intervallo di confidenza (bilaterale)* per θ a *livello* ε $(0 < \varepsilon < 1)$.

- Per una realizzazione $\boldsymbol{x}$ di $\boldsymbol{X}$ l'intervallo $I(\boldsymbol{x}) = [g_u(\boldsymbol{x}); g_o(\boldsymbol{x})]$ è un *intervallo di confidenza osservato* per θ.

- Se $g_u \equiv -\infty$ o $g_o \equiv +\infty$, allora $[-\infty; g_o(\boldsymbol{X})]$ e $[g_u(\boldsymbol{X}); \infty]$, risp., sono *intervalli di confidenza unilaterali* con

$$P(\theta \leq g_o(\boldsymbol{X})) \geq \varepsilon \quad \text{e} \quad P(\theta \geq g_u(\boldsymbol{X})) \geq \varepsilon.$$

Intervalli di confidenza unilaterali per i parametri della distribuzione normale

---

per il valore atteso μ :

σ^2 noto: $\quad \left(-\infty; \overline{x}_n + z_{1-\alpha}\frac{\sigma}{\sqrt{n}}\right] \quad$ o $\quad \left[\overline{x}_n - z_{1-\alpha}\frac{\sigma}{\sqrt{n}}; +\infty\right)$

σ^2 ignoto: $\quad \left(-\infty; \overline{x}_n + t_{n-1;1-\alpha}\frac{s}{\sqrt{n}}\right] \quad$ o $\quad \left[\overline{x}_n - t_{n-1;1-\alpha}\frac{s}{\sqrt{n}}; +\infty\right)$

per la varianza σ^2 :

μ noto: $\quad \left[0; \dfrac{n \cdot s^{*2}}{\chi^2_{n;\alpha}}\right] \qquad$ o $\quad \left[\dfrac{n \cdot s^{*2}}{\chi^2_{n;1-\alpha}}; +\infty\right)$

μ ignoto: $\quad \left[0; \dfrac{(n-1) \cdot s^2}{\chi^2_{n-1;\alpha}}\right] \qquad$ o $\quad \left[\dfrac{(n-1) \cdot s^2}{\chi^2_{n-1;1-\alpha}}; +\infty\right)$

Dove $\overline{x}_n = \frac{1}{n}\sum\limits_{i=1}^{n} x_i$, $\quad s^{*2} = \frac{1}{n}\sum\limits_{i=1}^{n}(x_i - \mu)^2$, $\quad s^2 = \frac{1}{n-1}\sum\limits_{i=1}^{n}(x_i - \overline{x}_n)^2$; per i quantili z_q, $t_{m;q}$, $\chi^2_{m;q}$ vedere le tavole Ib, II, III a p. 196 e seguenti.

Intervalli di confidenza bilaterali per i parametri della distribuzione normale

per il valore atteso μ :

σ^2 noto:
$$\left[\overline{x}_n - z_{1-\frac{\alpha}{2}} \frac{\sigma}{\sqrt{n}};\ \overline{x}_n + z_{1-\frac{\alpha}{2}} \frac{\sigma}{\sqrt{n}} \right]$$

σ^2 ignoto:
$$\left[\overline{x}_n - t_{n-1;1-\frac{\alpha}{2}} \frac{s}{\sqrt{n}};\ \overline{x}_n + t_{n-1;1-\frac{\alpha}{2}} \frac{s}{\sqrt{n}} \right]$$

per la varianza σ^2 :

μ noto:
$$\left[\frac{n \cdot s^{*2}}{\chi^2_{n;1-\frac{\alpha}{2}}};\ \frac{n \cdot s^{*2}}{\chi^2_{n;\frac{\alpha}{2}}} \right]$$

μ ignoto:
$$\left[\frac{(n-1) \cdot s^2}{\chi^2_{n-1;1-\frac{\alpha}{2}}};\ \frac{(n-1) \cdot s^2}{\chi^2_{n-1;\frac{\alpha}{2}}} \right]$$

Dove $\overline{x}_n = \dfrac{1}{n} \sum_{i=1}^{n} x_i$, $s^{*2} = \dfrac{1}{n} \sum_{i=1}^{n} (x_i - \mu)^2$, $s^2 = \dfrac{1}{n-1} \sum_{i=1}^{n} (x_i - \overline{x}_n)^2$. Per i quantili z_q, $t_{m;q}$, $\chi^2_{m,q}$ vedere le tavole I b, II, III a p. 196 e seguenti.

Intervallo di confidenza asintotico per la probabilità $p = P(A)$

a livello $\varepsilon = 1 - \alpha$

$$[g_u; g_o] = \left[\frac{1}{n + z_q^2} \left(x + \frac{z_q^2}{2} - z_q \sqrt{\frac{x(n-x)}{n} + \frac{z_q^2}{4}} \right);\right.$$
$$\left. \frac{1}{n + z_q^2} \left(x + \frac{z_q^2}{2} + z_q \sqrt{\frac{x(n-x)}{n} + \frac{z_q^2}{4}} \right) \right]$$

Qui $q = 1 - \dfrac{\alpha}{2}$, mentre x descrive quanto spesso l'evento aleatorio A si verifica in n prove.

Test di ipotesi

Obiettivo: I test di ipotesi sono utilizzati per la verifica di ipotesi statistiche sulle distribuzioni F (ignote completamente o solo in parte) per mezzo di campioni aleatorio.

Assunzione: $F = F_\theta$, $\theta \in \Theta$

- *Ipotesi nulla* $H_0 : \theta \in \Theta_0 \, (\subset \Theta)$;

- *Ipotesi alternativa* $H_1 : \theta \in \Theta_1 \, (\subset \Theta \setminus \Theta_0)$

- Un ipotesi nulla è detta *semplice* se $H_0 : \theta = \theta_0$, ovvero $\Theta_0 = \{\theta_0\}$, altrimenti è detta *composta*.

- Si ha una *verifica di ipotesi bilaterale* o *test bilaterale* se $H_0 : \theta = \theta_0$ e $H_1 : \theta \neq \theta_0$ (ovvero $\theta > \theta_0$ e $\theta < \theta_0$). Si ha una *verifica di ipotesi unilaterale* se il sistema di ipotesi è nella forma $H_0 : \theta \leq \theta_0$ e $H_1 : \theta > \theta_0$ oppure $H_0 : \theta \geq \theta_0$ e $H_1 : \theta < \theta_0$.

Test di significatività

1. Formulazione di una *ipotesi nulla* H_0 (e di una ipotesi alternativa H_1 se necessario).

2. Costruzione di una *statistica test* $T = T(X_1, \ldots, X_n)$ per il campione aleatorio. (In questo caso la distribuzione di T deve essere nota condizionatamente ad H_0 vera .)

3. Scelta di una *regione di rifiuto* K^* (nel codominio di T, che sia la più ampia possibile e in modo che la probabilità p^* dell'evento in cui T ha valori in K^* non è maggiore di un *livello di significatività* fissato α ($0 < \alpha < 1$) condizionatamente ad H_0 vera; in genere: $\alpha = 0.05; 0.01; 0.001$).

4. *Regola di decisione:* Se il valore t della statistica test T nel campione osservato $(x_1, \ldots, x_n)$ (ovvero $t = T(x_1, \ldots, x_n)$) è nella regione K^* (ovvero $t \in K^*$), allora si rifiuta H_0 e si ritiene vera H_1. Altrimenti non si rifiuta H_0.

Casi possibili

decisione	situazione reale (incognita)	
	H_0 vera	H_0 non vera
H_0 rifiutata	errore di I specie	decisione corretta
H_0 non rifiutata	decisione corretta	errore di II specie

con P(errore di prima specie) $\leq \alpha$.

Test di significatività per la distribuzione normale

Problemi con un solo campione: Sia $x = (x_1, \ldots, x_n)$ un campione di dimensione n da una popolazione normale cone media μ e varianza σ^2.

ipotesi H_0 H_1	assunzioni	realizzazione t della statistica test T	distribuzione di T	regione di rifiuto
Test di Gauss a) $\mu = \mu_0$, $\mu \neq \mu_0$ b) $\mu \leq \mu_0$, $\mu > \mu_0$ c) $\mu \geq \mu_0$, $\mu < \mu_0$	σ^2 noto	$\dfrac{\overline{x}_n - \mu_0}{\sigma}\sqrt{n}$	$N(0;1)$	$\lvert t\rvert \geq z_{1-\frac{\alpha}{2}}$ $t \geq z_{1-\alpha}$ $t \leq -z_{1-\alpha}$
t-test a) $\mu = \mu_0$, $\mu \neq \mu_0$ b) $\mu \leq \mu_0$, $\mu > \mu_0$ c) $\mu \geq \mu_0$, $\mu < \mu_0$	σ^2 incognito	$\dfrac{\overline{x}_n - \mu_0}{s}\sqrt{n}$	t_m $(m = n - 1)$	$\lvert t\rvert \geq t_{n-1;1-\frac{\alpha}{2}}$ $t \geq t_{n-1;1-\alpha}$ $t \leq -t_{n-1;1-\alpha}$
a) $\sigma^2 = \sigma_0^2$, $\sigma^2 \neq \sigma_0^2$ b) $\sigma^2 \leq \sigma_0^2$, $\sigma^2 > \sigma_0^2$ c) $\sigma^2 \geq \sigma_0^2$, $\sigma^2 < \sigma_0^2$	μ noto	$\dfrac{n \cdot s^{*2}}{\sigma_0^2}$	χ_n^2	$t \geq \chi_{n;1-\frac{\alpha}{2}}^2$ $\vee \ t \leq \chi_{n;\frac{\alpha}{2}}^2$ $t \geq \chi_{n;1-\alpha}^2$ $t \leq \chi_{n;\alpha}^2$
test del chi-quadrato per le varianze a) $\sigma^2 = \sigma_0^2$, $\sigma^2 \neq \sigma_0^2$ b) $\sigma^2 \leq \sigma_0^2$, $\sigma^2 > \sigma_0^2$ c) $\sigma^2 \geq \sigma_0^2$, $\sigma^2 < \sigma_0^2$	μ ignoto	$\dfrac{(n-1) \cdot s^2}{\sigma_0^2}$	χ_m^2 $(m = n - 1)$	$t \geq \chi_{n-1;1-\frac{\alpha}{2}}^2$ $\vee \ t \leq \chi_{n-1;\frac{\alpha}{2}}^2$ $t \geq \chi_{n-1;1-\alpha}^2$ $t \leq \chi_{n-1;\alpha}^2$

a) problema bilaterale, b) e c) problemi unilaterali.

Problemi su due campioni: $x = (x_1, \ldots, x_{n_1})$ e $x' = (x'_1, \ldots, x'_{n_2})$ sono campioni di dimensioni n_1 ed n_2, risp., da due popolazioni normali con valori attesi μ_1 e μ_2 e varianze σ_1^2 e σ_2^2, risp. (T – statistica test):

ipotesi H_0 $\qquad H_1$	realizzazione di T	distribuzione di T	regione di rifiuto
Metodo delle differenze (assunzioni: x, x' campioni dipendenti, $n_1 = n_2 - n$, $D = X - X' \in N(\mu_D, \sigma_D^2)$, $\mu_D = \mu_1 - \mu_2$, σ_D^2 incognito)			
a) $\mu_D = 0, \mu_D \neq 0$ b) $\mu_D \leq 0, \mu_D > 0$ c) $\mu_D \geq 0, \mu_D < 0$	$\dfrac{\bar{d}}{s_D}\sqrt{n}$	distribuzione t_m $m = n - 1$	$\|t\| \geq t_{n-1;1-\frac{\alpha}{2}}$ $t \geq t_{n-1;1-\alpha}$ $t \leq -t_{n-1;1-\alpha}$
T-test (assunzioni: x, x' campioni indipendenti, $X \in N(\mu_1, \sigma_1^2)$, $X' \in N(\mu_2, \sigma_2^2)$, $\sigma_1^2 = \sigma_2^2$)			
a) $\mu_1 = \mu_2, \mu_1 \neq \mu_2$ b) $\mu_1 \leq \mu_2, \mu_1 > \mu_2$ c) $\mu_1 \geq \mu_2, \mu_1 < \mu_2$	$\dfrac{\bar{x}_{(1)} - \bar{x}_{(2)}}{s_g} \times$ $\times \sqrt{\dfrac{n_1 n_2}{n_1 + n_2}}$ (s_g s. sotto)	distribuzione t_m $m = n_1 + n_2 - 2$	$\|t\| \geq t_{m;1-\frac{\alpha}{2}}$ $t \geq t_{m;1-\alpha}$ $t \leq -t_{m;1-\alpha}$ ($m = n_1 + n_2 - 2$)
Test di Welch (assunzioni: x, x' campioni indipendenti, $X \in N(\mu_1, \sigma_1^2)$, $X' \in N(\mu_2, \sigma_2^2)$, $\sigma_1^2 \neq \sigma_2^2$)			
a) $\mu_1 = \mu_2, \mu_1 \neq \mu_2$ b) $\mu_1 \leq \mu_2, \mu_1 > \mu_2$ c) $\mu_1 \geq \mu_2, \mu_1 < \mu_2$	$\dfrac{\bar{x}_{(1)} - x_{(2)}}{\sqrt{\dfrac{s_1^2}{n_1} + \dfrac{s_2^2}{n_2}}}$	approssimativamente distribuzione t_m $m \approx$ $\left[\dfrac{c^2}{n_1-1} + \dfrac{(1-c)^2}{n_2-1}\right]^{-1}$ $c = \dfrac{s_1^2/n_1}{s_1^2/n_1 + s_2^2/n_2}$	$\|t\| \geq t_{m;1-\frac{\alpha}{2}}$ $t \geq t_{m;1-\alpha}$ $t \leq -t_{m;1-\alpha}$
F test (x, x' campioni indipendenti, $X \in N(\mu_1, \sigma_1^2)$, $X' \in N(\mu_2, \sigma_2^2)$, μ_1, μ_2 ignoti)			
a) $\sigma_1^2 = \sigma_2^2, \sigma_1^2 \neq \sigma_2^2$	s_1^2/s_2^2	distribuzione F_{m_1, m_2}. ($m_1 = n_1 - 1$) ($m_2 = n_2 - 1$)	$t \geq F_{m_1, m_2; 1-\frac{\alpha}{2}}$ o $t \leq F_{m_1, m_2; 1-\frac{\alpha}{2}}$
b) $\sigma_1^2 \leq \sigma_2^2, \sigma_1^2 > \sigma_2^2$ c) $\sigma_1^2 \geq \sigma_2^2, \sigma_1^2 < \sigma_2^2$	 s_2^2/s_1^2	 distribuzione F_{m_2, m_1}	$t \geq F_{m_1, m_2; 1-\alpha}$ $t \geq F_{m_2, m_1; 1-\alpha}$

a) problema bilaterale, b) e c) problemi unilaterali; dove $n_k, \bar{x}_k$ e s_k^2 indicano dimensione campionaria, media artimentica e varianza campionaria, risp., del k-mo campione $k = 1, 2$, mentre $\bar{d}$ e s_D^2 sono la media e la varianza campionaria delle differenze $d_i = x_i - x'_i$, $i = 1, 2, \ldots, n$ formate dai valori dei campioni dipendenti. Inoltre $s_g = \sqrt{[(n_1 - 1)s_1^2 + (n_2 - 1)s_2^2](n_1 + n_2 - 2)^{-1}}$.

Tavola 1a   Funzione di ripartizione $\Phi(x)$ della distribuzione normale standard

x	0.00	0.01	0.02	0.03	0.04
0.0	.500000	.503989	.507978	.511966	.515953
0.1	.539828	.543795	.547758	.551717	.555670
0.2	.579260	.583166	.587064	.590954	.594835
0.3	.617911	.621720	.625516	.629300	.633072
0.4	.655422	.659097	.662757	.666402	.670031
0.5	.691462	.694974	.698468	.701944	.705401
0.6	.725747	.729069	.732371	.735653	.738914
0.7	.758036	.761148	.764238	.767305	.770350
0.8	.788145	.791030	.793892	.796731	.799546
0.9	.815940	.818589	.821214	.823814	.826391
1.0	.841345	.843752	.846136	.848495	.850830
1.1	.864334	.866500	.868643	.870762	.872857
1.2	.884930	.886861	.888768	.890651	.892512
1.3	.903200	.904902	.906582	.908241	.909877
1.4	.919243	.920730	.922196	.923641	.925066
1.5	.933193	.934478	.935745	.936992	.938220
1.6	.945201	.946301	.947384	.948449	.949497
1.7	.955435	.956367	.957284	.958185	.959070
1.8	.964070	.964852	.965620	.966375	.967116
1.9	.971283	.971933	.972571	.973197	.973810
2.0	.977250	.977784	.978308	.978822	.979325
2.1	.982136	.982571	.982997	.983414	.983823
2.2	.986097	.986447	.986791	.987126	.987455
2.3	.989276	.989556	.989830	.990097	.990358
2.4	.991802	.992024	.992240	.992451	.992656
2.5	.993790	.993963	.994132	.994297	.994457
2.6	.995339	.995473	.995604	.995731	.995855
2.7	.996533	.996636	.996736	.996833	.996928
2.8	.997445	.997523	.997599	.997673	.997744
2.9	.998134	.998193	.998250	.998305	.998359
3.0	.998650	.999032	.999313	.999517	.999663
x	0.0	0.1	0.2	0.3	0.4

Tavola 1a Funzione di ripartizione $\Phi(x)$ della distribuzione normale standard

x	0.05	0.06	0.07	0.08	0.09
0.0	.519938	.523922	.527903	.531881	.535856
0.1	.559618	.563559	.567495	.571424	.575345
0.2	.598706	.602568	.606420	.610261	.614092
0.3	.636831	.640576	.644309	.648027	.651732
0.4	.673645	.677242	.680822	.684386	.687933
0.5	.708840	.712260	.715661	.719043	.722405
0.6	.742154	.745373	.748571	.751748	.754903
0.7	.773373	.776373	.779350	.782305	.785236
0.8	.802338	.805105	.807850	.810570	.813267
0.9	.828944	.831472	.833977	.836457	.838913
1.0	.853141	.855428	.857690	.859929	.862143
1.1	.874928	.876976	.879000	.881000	.882977
1.2	.894350	.896165	.897958	.899727	.901475
1.3	.911492	.913085	.914657	.916207	.917736
1.4	.926471	.927855	.929219	.930563	.931888
1.5	.939429	.940620	.941792	.942947	.944083
1.6	.950529	.951543	.952540	.953521	.954486
1.7	.959941	.960796	.961636	.962462	.963273
1.8	.967843	.968557	.969258	.969946	.970621
1.9	.974412	.975002	.975581	.976148	.976705
2.0	.979818	.980301	.980774	.981237	.981691
2.1	.984222	.984614	.984997	.985371	.985738
2.2	.987776	.988089	.988396	.988696	.988989
2.3	.990613	.990863	.991106	.991344	.991576
2.4	.992857	.993053	.993244	.993431	.993613
2.5	.994614	.994766	.994915	.995060	.995201
2.6	.995975	.996093	.996207	.996319	.996427
2.7	.997020	.997110	.997197	.997282	.997365
2.8	.997814	.997882	.997948	.998012	.998074
2.9	.998411	.998462	.998511	.998559	.998605
3.0	.999767	.999841	.999892	.999928	.999952
x	0.5	0.6	0.7	0.8	0.9

Tavola 1 b   Quantili z_q della normale standard

q	z_q	q	z_q	q	z_q
0.5	0	0.91	1.34076	**0.975**	**1.95996**
0.55	0.12566	0.92	1.40507	0.98	2.05375
0.6	0.25335	0.93	1.47579	0.985	2.17009
0.65	0.38532	0.94	1.55478	**0.99**	**2.32635**
0.7	0.52440	**0.95**	**1.64485**	**0.995**	**2.57583**
0.75	0.67449	0.955	1.69540	0.99865	3.00000
0.8	0.84162	0.96	1.75069	**0.999**	**3.09023**
0.85	1.03644	0.965	1.81191	**0.9995**	**3.29053**
0.9	**1.28155**	0.97	1.88080	0.999767	3.50000

Tavola 2   Quantili $t_{m;q}$ della T di Student

m \ q	0.9	0.95	0.975	0.99	0.995	0.999	0.9995
1	3.08	6.31	12.71	31.82	63.7	318.3	636.6
2	1.89	2.92	4.30	6.96	9.92	22.33	31.6
3	1.64	2.35	3.18	4.54	5.84	10.21	12.9
4	1.53	2.13	2.78	3.75	4.60	7.17	8.61
5	1.48	2.02	2.57	3.36	4.03	5.89	6.87
6	1.44	1.94	2.45	3.14	3.71	5.21	5.96
7	1.41	1.89	2.36	3.00	3.50	4.79	5.41
8	1.40	1.86	2.31	2.90	3.36	4.50	5.04
9	1.38	1.83	2.26	2.82	3.25	4.30	4.78
10	1.37	1.81	2.23	2.76	3.17	4.14	4.59
11	1.36	1.80	2.20	2.72	3.11	4.02	4.44
12	1.36	1.78	2.18	2.68	3.05	3.93	4.32
13	1.35	1.77	2.16	2.65	3.01	3.85	4.22
14	1.35	1.76	2.14	2.62	2.98	3.79	4.14
15	1.34	1.75	2.13	2.60	2.95	3.73	4.07
16	1.34	1.75	2.12	2.58	2.92	3.69	4.01
17	1.33	1.74	2.11	2.57	2.90	3.65	3.97
18	1.33	1.73	2.10	2.55	2.88	3.61	3.92
19	1.33	1.73	2.09	2.54	2.86	3.58	3.88
20	1.33	1.72	2.09	2.53	2.85	3.55	3.85
21	1.32	1.72	2.08	2.52	2.83	3.53	3.82
22	1.32	1.72	2.07	2.51	2.82	3.50	3.79
23	1.32	1.71	2.07	2.50	2.81	3.48	3.77
24	1.32	1.71	2.06	2.49	2.80	3.47	3.75
25	1.32	1.71	2.06	2.49	2.79	3.45	3.73
26	1.31	1.71	2.06	2.48	2.78	3.43	3.71
27	1.31	1.70	2.05	2.47	2.77	3.42	3.69
28	1.31	1.70	2.05	2.46	2.76	3.41	3.67
29	1.31	1.70	2.05	2.46	2.76	3.40	3.66
30	1.31	1.70	2.04	2.46	2.75	3.39	3.65
40	1.30	1.68	2.02	2.42	2.70	3.31	3.55
60	1.30	1.67	2.00	2.39	2.66	3.23	3.46
120	1.29	1.66	1.98	2.36	2.62	3.16	3.37
∞	1.28	1.64	1.96	2.33	2.58	3.09	3.29

Tavola 3 Densità $\varphi(x)$ della normale standard

x	0	1	2	3	4	5	6	7	8	9
0,0	0,3989	3989	3989	3988	3986	3984	3982	3980	3977	3973
0,1	3970	3965	3961	3956	3951	3945	3939	3932	3925	3918
0,2	3910	3902	3894	3885	3876	3867	3857	3847	3836	3825
0,3	3814	3802	3790	3778	3765	3752	3739	3725	3712	3697
0,4	3683	3668	3653	3637	3621	3605	3589	3572	3555	3538
0,5	3521	3503	3485	3467	3448	3429	3410	3391	3372	3352
0,6	3332	3312	3292	3271	3251	3230	3209	3187	3166	3144
0,7	3123	3101	3079	3056	3034	3011	2989	2966	2943	2920
0,8	2897	2874	2850	2827	2803	2780	2756	2732	2709	2685
0,9	2661	2637	2613	2589	2565	2541	2516	2492	2468	2444
1,0	0,2420	2396	2371	2347	2323	2299	2275	2251	2227	2203
1,1	2179	2155	2131	2107	2083	2059	2036	2012	1989	1965
1,2	1942	1919	1895	1872	1849	1826	1804	1781	1758	1736
1,3	1714	1691	1669	1647	1626	1604	1582	1561	1539	1518
1,4	1497	1476	1456	1435	1415	1394	1374	1354	1334	1315
1,5	1295	1276	1257	1238	1219	1200	1182	1163	1145	1127
1,6	1109	1092	1074	1057	1040	1023	1006	0989	0973	0957
1,7	0940	0925	0909	0893	0878	0863	0848	0833	0818	0804
1,8	0790	0775	0761	0748	0734	0721	0707	0694	0681	0669
1,9	0656	0644	0632	0620	0608	0596	0584	0573	0562	0551
2,0	0,0540	0529	0519	0508	0498	0488	0478	0468	0459	0449
2,1	0440	0431	0422	0413	0404	0396	0387	0379	0371	0363
2,2	0355	0347	0339	0332	0325	0317	0310	0303	0297	0290
2,3	0283	0277	0270	0264	0258	0252	0246	0241	0235	0229
2,4	0224	0219	0213	0208	0203	0198	0194	0189	0184	0180
2,5	0175	0171	0167	0163	0158	0154	0151	0147	0143	0139
2,6	0136	0132	0129	0126	0122	0119	0116	0113	0110	0107
2,7	0104	0101	0099	0096	0093	0091	0088	0086	0084	0081
2,8	0079	0077	0075	0073	0071	0069	0067	0065	0063	0061
2,9	0060	0058	0056	0055	0053	0051	0050	0048	0047	0046
3,0	0,0044	0043	0042	0040	0039	0038	0037	0036	0035	0034
3,1	0033	0032	0031	0030	0029	0028	0027	0026	0025	0025
3,2	0024	0023	0022	0022	0021	0020	0020	0019	0018	0018
3,3	0017	0017	0016	0016	0015	0015	0014	0014	0013	0013
3,4	0012	0012	0012	0011	0011	0010	0010	0010	0009	0009
3,5	0009	0008	0008	0008	0008	0007	0007	0007	0007	0006
3,6	0006	0006	0006	0005	0005	0005	0005	0005	0005	0004
3,7	0004	0004	0004	0004	0004	0004	0003	0003	0003	0003
3,8	0003	0003	0003	0003	0003	0002	0002	0002	0002	0002
3,9	0002	0002	0002	0002	0002	0002	0002	0002	0001	0001

Tavola 4a   Quantili $F_{m_1,m_2;q}$ della F di Fisher con $q = 0.95$

m_2 \ m_1	1	2	3	4	5	6	7	8	9	10
1	161	200	216	225	230	234	37	239	41	242
2	18.5	19.0	19.2	19.2	19.3	19.3	19.4	19.4	19.4	19.4
3	10.1	9.55	9.28	9.12	9.01	8.94	8.89	8.85	8.81	8.79
4	7.71	6.94	6.59	6.39	6.26	6.16	6.09	6.04	6.00	5.96
5	4.68	4.64	4.60	4.56	4.50	4.44	4.42	4.41	4.37	4.36
6	5.99	5.14	4.76	4.53	4.39	4.28	4.21	4.15	4.10	4.06
7	5.59	4.74	4.35	4.12	3.97	3.87	3.79	3.73	3.68	3.64
8	5.32	4.46	4.07	3.84	3.69	3.58	3.50	3.44	3.39	3.35
9	5.12	4.26	3.86	3.63	3.48	3.37	3.29	3.23	3.18	3.14
10	4.96	4.10	3.71	3.48	3.33	3.22	3.14	3.07	3.02	2.98
11	4.84	3.98	3.59	3.36	3.20	3.09	3.01	2.95	2.90	2.85
12	4.75	3.89	3.49	3.26	3.11	3.00	2.91	2.85	2.80	2.75
13	4.67	3.81	3.41	3.18	3.03	2.92	2.83	2.77	2.71	2.67
14	4.60	3.74	3.34	3.11	2.96	2.85	2.76	2.70	2.65	2.60
15	4.54	3.68	3.29	3.06	2.90	2.79	2.71	2.64	2.59	2.54
16	4.49	3.63	3.24	3.01	2.85	2.74	2.66	2.59	2.54	2.49
17	4.45	3.59	3.20	2.96	2.81	2.70	2.61	2.55	2.49	2.45
18	4.41	3.55	3.16	2.93	2.77	2.66	2.58	2.51	2.46	2.41
19	4.38	3.52	3.13	2.90	2.74	2.63	2.54	2.48	2.42	2.38
20	4.35	3.49	3.10	2.87	2.71	2.60	2.51	2.45	2.39	2.35
21	4.32	3.47	3.07	2.84	2.68	2.57	2.49	2.42	2.37	2.32
22	4.30	3.44	3.05	2.82	2.66	2.55	2.46	2.40	2.34	2.30
23	4.28	3.42	3.03	2.80	2.64	2.53	2.44	2.37	2.32	2.27
24	4.26	3.40	3.01	2.78	2.62	2.51	2.42	2.36	2.30	2.25
25	4.24	3.39	2.99	2.76	2.60	2.49	2.40	2.34	2.28	2.24
	1	2	3	4	5	6	7	8	9	10
26	4.23	3.37	2.98	2.74	2.59	2.47	2.39	2.32	2.27	2.22
27	4.21	3.35	2.96	2.73	2.57	2.46	2.37	2.31	2.25	2.20
28	4.20	3.34	2.95	2.71	2.56	2.45	2.36	2.29	2.24	2.19
29	4.18	3.33	2.93	2.70	2.55	2.43	2.35	2.28	2.22	2.18
30	4.17	3.32	2.92	2.69	2.53	2.42	2.33	2.27	2.21	2.16
32	4.15	3.29	2.90	2.67	2.51	2.40	2.31	2.24	2.19	2.14
34	4.13	3.28	2.88	2.65	2.49	2.38	2.29	2.23	2.17	2.12
36	4.11	3.26	2.87	2.63	2.48	2.36	2.28	2.21	2.15	2.11
38	4.10	3.24	2.85	2.62	2.46	2.35	2.26	2.19	2.14	2.09
40	4.08	3.23	2.84	2.61	2.45	2.34	2.25	2.18	2.12	2.08
42	4.07	3.22	2.83	2.59	2.44	2.32	2.24	2.17	2.11	2.06
44	4.06	3.21	2.82	2.58	2.43	2.31	2.23	2.16	2.10	2.05
46	4.05	3.20	2.81	2.57	2.42	2.30	2.22	2.15	2.09	2.04
48	4.04	3.19	2.80	2.57	2.41	2.29	2.21	2.14	2.08	2.03
50	4.03	3.18	2.79	2.56	2.40	2.29	2.20	2.13	2.07	2.03
55	4.02	3.16	2.78	2.54	2.38	2.27	2.18	2.11	2.06	2.01
60	4.00	3.15	2.76	2.53	2.37	2.25	2.17	2.10	2.04	1.99
65	3.99	3.14	2.75	2.51	2.36	2.24	2.15	2.08	2.03	1.98
70	3.98	3.13	2.74	2.50	2.35	2.23	2.14	2.07	2.02	1.97
80	3.96	3.11	2.72	2.49	2.33	2.21	2.13	2.06	2.00	1.95
100	3.94	3.09	2.70	2.46	2.31	2.19	2.10	2.03	1.97	1.93
125	3.92	3.07	2.68	2.44	2.29	2.17	2.08	2.01	1.96	1.91
150	3.90	3.06	2.66	2.43	2.27	2.16	2.07	2.00	1.94	1.89
200	3.89	3.04	2.65	2.42	2.26	2.14	2.06	1.98	1.93	1.88
400	3.86	3.02	2.62	2.39	2.23	2.12	2.03	1.96	1.90	1.85
1000	3.85	3.00	2.61	2.38	2.22	2.11	2.02	1.95	1.89	1.84
∞	3.84	3.00	2.60	2.37	2.21	2.10	2.01	1.94	1.88	1.83

Tavola 4a   Quantili $F_{m_1,m_2;q}$ della distribuzione F con $q = 0.95$

m_2 \ m_1	12	14	16	20	30	50	75	100	500	∞
1	244	245	246	248	250	252	253	253	254	254
2	19.4	19.4	19.4	19.4	19.5	19.5	19.5	19.5	19.5	19.5
3	8.74	8.71	8.69	8.66	8.62	8.58	8.56	8.55	8.53	8.53
4	5.91	5.87	5.84	5.80	5.75	5.70	5.68	5.66	5.64	5.63
5	4.68	4.64	4.60	4.56	4.50	4.44	4.42	4.41	4.37	4.36
6	4.00	3.96	3.92	3.87	3.81	3.75	3.72	3.71	3.68	3.67
7	3.57	3.53	3.49	3.44	3.38	3.32	3.29	3.27	3.24	3.23
8	3.28	3.24	3.20	3.15	3.08	3.02	3.00	2.97	2.94	2.93
9	3.07	3.03	2.99	2.93	2.86	2.80	2.77	2.76	2.72	2.71
10	2.91	2.86	2.83	2.77	2.70	2.64	2.61	2.59	2.55	2.54
11	2.79	2.74	2.70	2.65	2.57	2.51	2.47	2.46	2.42	2.40
12	2.69	2.64	2.60	2.54	2.47	2.40	2.36	2.35	2.31	2.30
13	2.60	2.55	2.51	2.46	2.38	2.31	2.28	2.26	2.22	2.21
14	2.53	2.48	2.44	2.39	2.31	2.24	2.21	2.19	2.14	2.13
15	2.48	2.42	2.38	2.33	2.25	2.18	2.14	2.12	2.08	2.07
16	2.42	2.37	2.33	2.28	2.19	2.12	2.09	2.07	2.02	2.01
17	2.38	2.33	2.29	2.23	2.15	2.08	2.04	2.02	1.97	1.96
18	2.34	2.29	2.25	2.19	2.11	2.04	2.00	1.98	1.93	1.92
19	2.31	2.26	2.21	2.15	2.07	2.00	1.96	1.94	1.89	1.88
20	2.28	2.22	2.18	2.12	2.04	1.97	1.93	1.91	1.86	1.84
21	2.25	2.20	2.16	2.10	2.01	1.94	1.90	1.88	1.82	1.81
22	2.23	2.17	2.13	2.07	1.98	1.91	1.87	1.85	1.80	1.78
23	2.20	2.15	2.11	2.05	1.96	1.88	1.84	1.82	1.77	1.76
24	2.18	2.13	2.09	2.03	1.94	1.86	1.82	1.80	1.75	1.73
25	2.16	2.11	2.07	2.01	1.92	1.84	1.80	1.78	1.73	1.71

m_2	12	14	16	20	30	50	75	100	500	∞
26	2.15	2.09	2.05	1.99	1.90	1.82	1.78	1.76	1.71	1.69
27	2.13	2.08	2.04	1.97	1.88	1.81	1.76	1.74	1.68	1.67
28	2.12	2.06	2.02	1.96	1.87	1.79	1.75	1.73	1.67	1.65
29	2.10	2.05	2.01	1.94	1.85	1.77	1.73	1.71	1.65	1.64
30	2.09	2.04	1.99	1.93	1.84	1.76	1.72	1.70	1.64	1.62
32	2.07	2.01	1.97	1.91	1.82	1.74	1.69	1.67	1.61	1.59
34	2.05	1.99	1.95	1.89	1.80	1.71	1.67	1.65	1.59	1.57
36	2.03	1.98	1.93	1.87	1.78	1.69	1.65	1.62	1.56	1.55
38	2.02	1.96	1.92	1.85	1.76	1.68	1.63	1.61	1.54	1.53
40	2.00	1.95	1.90	1.84	1.74	1.66	1.61	1.59	1.53	1.51
42	1.99	1.94	1.89	1.83	1.73	1.65	1.60	1.57	1.51	1.49
44	1.98	1.92	1.88	1.81	1.72	1.63	1.58	1.56	1.49	1.48
46	1.97	1.91	1.87	1.80	1.71	1.62	1.57	1.55	1.48	1.46
48	1.96	1.90	1.86	1.79	1.70	1.61	1.56	1.54	1.47	1.45
50	1.95	1.89	1.85	1.78	1.69	1.60	1.55	1.52	1.46	1.44
55	1.93	1.88	1.83	1.76	1.67	1.58	1.53	1.50	1.43	1.41
60	1.92	1.86	1.82	1.75	1.65	1.56	1.51	1.48	1.41	1.39
65	1.90	1.85	1.80	1.73	1.63	1.54	1.49	1.46	1.39	1.37
70	1.89	1.84	1.79	1.72	1.62	1.53	1.48	1.45	1.37	1.35
80	1.88	1.82	1.77	1.70	1.60	1.51	1.45	1.43	1.35	1.32
100	1.85	1.79	1.75	1.68	1.57	1.48	1.42	1.39	1.31	1.28
125	1.83	1.77	1.73	1.66	1.55	1.45	1.40	1.36	1.27	1.25
150	1.82	1.76	1.71	1.64	1.53	1.44	1.38	1.34	1.25	1.22
200	1.80	1.74	1.69	1.62	1.52	1.41	1.35	1.32	1.22	1.19
400	1.78	1.72	1.67	1.60	1.49	1.38	1.32	1.28	1.17	1.13
1000	1.76	1.70	1.65	1.58	1.47	1.36	1.30	1.26	1.13	1.08
∞	1.75	1.69	1.64	1.57	1.46	1.35	1.28	1.24	1.11	1.00

Tavola 4b   Quantili $F_{m_1,m_2;q}$ della distribuzione F con $q = 0.99$

m_2 \ m_1	1	2	3	4	5	6	7	8	9	10
1	4052	4999	5403	5625	5764	5859	5928	5981	6022	6056
2	98.5	99.0	99.2	99.2	99.3	99.3	99.4	99.4	99.4	99.4
3	34.1	30.8	29.5	28.7	28.2	27.9	27.7	27.5	27.3	27.2
4	21.2	18.0	16.7	16.0	15.5	15.2	15.0	14.8	14.7	14.6
5	16.3	13.3	12.1	11.4	11.0	10.7	10.5	10.3	10.2	10.1
6	13.7	10.9	9.78	9.15	8.75	8.47	8.26	8.10	7.98	7.87
7	12.2	9.55	8.45	7.85	7.46	7.19	6.99	6.84	6.72	6.62
8	11.3	8.65	7.59	7.01	6.63	6.37	6.18	6.03	5.91	5.81
9	10.6	8.02	6.99	6.42	6.06	5.80	5.61	5.47	5.35	5.26
10	10.0	7.56	6.55	5.99	5.64	5.39	5.20	5.06	4.94	4.85
11	9.65	7.21	6.22	5.67	5.32	5.07	4.89	4.74	4.63	4.54
12	9.33	6.93	5.95	5.41	5.06	4.82	4.64	4.50	4.39	4.30
13	9.07	6.70	5.74	5.21	4.86	4.62	4.44	4.30	4.19	4.10
14	8.86	6.51	5.56	5.04	4.70	4.46	4.28	4.14	4.03	3.94
15	8.68	6.36	5.42	4.89	4.56	4.32	4.14	4.00	3.89	3.80
16	8.53	6.23	5.29	4.77	4.44	4.20	4.03	3.89	3.78	3.69
17	8.40	6.11	5.18	4.67	4.34	4.10	3.93	3.79	3.68	3.59
18	8.29	6.01	5.09	4.58	4.25	4.01	3.84	3.71	3.60	3.51
19	8.18	5.93	5.01	4.50	4.17	3.94	3.77	3.63	3.52	3.43
20	8.10	5.85	4.94	4.43	4.10	3.87	3.70	3.56	3.46	3.37
21	8.02	5.78	4.87	4.37	4.04	3.81	3.64	3.51	3.40	3.31
22	7.95	5.72	4.82	4.31	3.99	3.76	3.59	3.45	3.35	3.26
23	7.88	5.66	4.76	4.26	3.94	3.71	3.54	3.41	3.30	3.21
24	7.82	5.61	4.72	4.22	3.90	3.67	3.50	3.36	3.26	3.17
25	7.77	5.57	4.68	4.18	3.86	3.63	3.46	3.32	3.22	3.13
	1	2	3	4	5	6	7	8	9	10
26	7.72	5.53	4.64	4.14	3.82	3.59	3.42	3.29	3.18	3.09
27	7.68	5.49	4.60	4.11	3.78	3.56	3.39	3.26	3.15	3.06
28	7.64	5.45	4.57	4.07	3.76	3.53	3.36	3.23	3.12	3.03
29	7.60	5.42	4.54	4.04	3.73	3.50	3.33	3.20	3.09	3.00
30	7.56	5.39	4.51	4.02	3.70	3.47	3.30	3.17	3.07	2.98
32	7.50	5.34	4.46	3.97	3.65	3.43	3.25	3.13	3.02	2.93
34	7.44	5.29	4.42	3.93	3.61	3.39	3.22	3.09	2.98	2.89
36	7.40	5.25	4.38	3.89	3.57	3.35	3.18	3.05	2.95	2.86
38	7.35	5.21	4.34	3.86	3.54	3.32	3.15	3.02	2.92	2.83
40	7.31	5.18	4.31	3.83	3.51	3.29	3.12	2.99	2.89	2.80
42	7.28	5.15	4.29	3.80	3.49	3.27	3.10	2.97	2.86	2.78
44	7.25	5.12	4.26	3.78	3.47	3.24	3.08	2.95	2.84	2.75
46	7.22	5.10	4.24	3.76	3.44	3.22	3.06	2.93	2.82	2.73
48	7.20	5.08	4.22	3.74	3.43	3.20	3.04	2.91	2.80	2.71
50	7.17	5.06	4.20	3.72	3.41	3.19	3.02	2.89	2.78	2.70
55	7.12	5.01	4.16	3.68	3.37	3.15	2.98	2.85	2.75	2.66
60	7.08	4.98	4.13	3.65	3.34	3.12	2.95	2.82	2.72	2.63
65	7.04	4.95	4.10	3.62	3.31	3.09	2.93	2.80	2.69	2.61
70	7.01	4.92	4.08	3.60	3.29	3.07	2.91	2.78	2.67	2.59
80	6.96	4.88	4.04	3.56	3.26	3.04	2.87	2.74	2.64	2.55
100	6.90	4.82	3.98	3.51	3.21	2.99	2.82	2.69	2.59	2.50
125	6.84	4.78	3.94	3.47	3.17	2.95	2.79	2.66	2.55	2.47
150	6.81	4.75	3.92	3.45	3.14	2.92	2.76	2.63	2.53	2.44
200	6.76	4.71	3.88	3.41	3.11	2.89	2.73	2.60	2.50	2.41
400	6.70	4.66	3.83	3.37	3.06	2.85	2.69	2.56	2.45	2.37
1000	6.66	4.63	3.80	3.34	3.04	2.82	2.66	2.53	2.43	2.34
∞	6.63	4.61	3.78	3.32	3.02	2.80	2.64	2.51	2.41	2.32

Tavola 4b   Quantili $F_{m_1, m_2; q}$ della distribuzione F con $q = 0.99$

m_2 \ m_1	12	14	16	20	30	50	75	100	500	∞
1	6106	6143	6170	6209	6261	6302	6324	6334	6360	6366
2	99.4	99.4	99.4	99.4	99.5	99.5	99.5	99.5	99.5	99.5
3	27.1	26.9	26.8	26.7	26.5	26.4	26.3	26.2	26.1	26.1
4	14.4	14.3	14.2	14.0	13.8	13.7	13.6	13.6	13.5	13.5
5	9.89	9.77	9.68	9.55	9.38	9.24	9.17	9.13	9.04	9.02
6	7.72	7.60	7.52	7.40	7.23	7.09	7.02	6.99	6.90	6.88
7	6.47	6.36	6.27	6.16	5.99	5.86	5.79	5.75	5.67	5.65
8	5.67	5.56	5.48	5.36	5.20	5.07	5.00	4.96	4.88	4.86
9	5.11	5.00	4.92	4.81	4.65	4.52	4.45	4.42	4.33	4.31
10	4.71	4.60	4.52	4.41	4.25	4.12	4.05	4.01	3.93	3.91
11	4.40	4.29	4.21	4.10	3.94	3.81	3.74	3.71	3.62	3.60
12	4.16	4.05	3.97	3.86	3.70	3.57	3.49	3.47	3.38	3.36
13	3.96	3.86	3.78	3.66	3.51	3.38	3.31	3.27	3.19	3.17
14	3.80	3.70	3.62	3.51	3.35	3.22	3.15	3.11	3.03	3.00
15	3.67	3.56	3.49	3.37	3.21	3.08	3.01	2.98	2.89	2.87
16	3.55	3.45	3.37	3.26	3.10	2.97	2.90	2.86	2.78	2.75
17	3.46	3.35	3.27	3.16	3.00	2.87	2.80	2.76	2.68	2.65
18	3.37	3.27	3.19	3.08	2.92	2.78	2.71	2.68	2.59	2.57
19	3.30	3.19	3.12	3.00	2.84	2.71	2.64	2.60	2.51	2.49
20	3.23	3.13	3.05	2.94	2.78	2.64	2.57	2.54	2.44	2.42
21	3.17	3.07	2.99	2.88	2.72	2.58	2.51	2.48	2.38	2.36
22	3.12	3.02	2.94	2.83	2.67	2.53	2.46	2.42	2.33	2.31
23	3.07	2.97	2.89	2.78	2.62	2.48	2.41	2.37	2.28	2.26
24	3.03	2.93	2.85	2.74	2.58	2.44	2.37	2.33	2.24	2.21
25	2.99	2.89	2.81	2.70	2.54	2.40	2.33	2.29	2.19	2.17
	12	14	16	20	30	50	75	100	500	∞
26	2.96	2.86	2.78	2.66	2.50	2.36	2.29	2.25	2.16	2.13
27	2.93	2.82	2.75	2.63	2.47	2.33	2.25	2.22	2.12	2.10
28	2.90	2.80	2.72	2.60	2.44	2.30	2.23	2.19	2.09	2.06
29	2.87	2.77	2.69	2.57	2.41	2.27	2.20	2.16	2.06	2.03
30	2.84	2.74	2.66	2.55	2.39	2.25	2.17	2.13	2.03	2.01
32	2.80	2.70	2.62	2.50	2.34	2.20	2.12	2.08	1.98	1.96
34	2.76	2.66	2.58	2.46	2.30	2.16	2.08	2.04	1.94	1.91
36	2.72	2.62	2.54	2.43	2.26	2.12	2.04	2.00	1.90	1.87
38	2.69	2.59	2.51	2.40	2.23	2.09	2.01	1.97	1.86	1.84
40	2.66	2.56	2.48	2.37	2.20	2.06	1.98	1.94	1.83	1.80
42	2.64	2.54	2.46	2.34	2.18	2.03	1.98	1.91	1.80	1.78
44	2.62	2.52	2.44	2.32	2.15	2.01	1.93	1.89	1.78	1.75
46	2.60	2.50	2.42	2.30	2.13	1.99	1.91	1.86	1.76	1.73
48	2.58	2.48	2.40	2.28	2.12	1.97	1.89	1.84	1.73	1.70
50	2.56	2.46	2.38	2.26	2.10	1.95	1.87	1.82	1.71	1.68
55	2.53	2.42	2.34	2.23	2.06	1.91	1.83	1.78	1.67	1.64
60	2.50	2.39	2.31	2.20	2.03	1.88	1.79	1.75	1.63	1.60
65	2.47	2.37	2.29	2.18	2.00	1.85	1.76	1.72	1.60	1.57
70	2.45	2.35	2.27	2.15	1.98	1.83	1.74	1.70	1.57	1.54
80	2.42	2.31	2.23	2.12	1.94	1.79	1.70	1.65	1.53	1.49
100	2.37	2.27	2.19	2.07	1.89	1.74	1.65	1.60	1.47	1.43
125	2.33	2.23	2.15	2.03	1.85	1.69	1.60	1.55	1.41	1.37
150	2.31	2.20	2.12	2.00	1.83	1.67	1.57	1.52	1.38	1.33
200	2.27	2.17	2.09	1.97	1.79	1.63	1.53	1.48	1.33	1.28
400	2.23	2.13	2.04	1.92	1.74	1.58	1.48	1.42	1.25	1.19
1000	2.20	2.10	2.02	1.90	1.72	1.54	1.44	1.38	1.19	1.11
∞	2.18	2.08	2.00	1.88	1.70	1.52	1.42	1.36	1.15	1.00

Tavola 5   Probabilità $p_k = \dfrac{\lambda^k}{k!}e^{-\lambda}$ della distribuzione di Poisson

k \ λ	0,1	0,2	0,3	0,4	0,5	0,6	0,7
0	0,904837	0,818731	0,740818	0,670320	0,606531	0,548812	0,496585
1	0,090484	0,163746	0,222245	0,268128	0,303265	0,329287	0,347610
2	0,004524	0,016375	0,033337	0,053626	0,075816	0,098786	0,121663
3	0,000151	0,001091	0,003334	0,007150	0,012636	0,019757	0,028388
4	0,000004	0,000055	0,000250	0,000715	0,001580	0,002964	0,004968
5		0,000002	0,000015	0,000057	0,000158	0,000356	0,000696
6			0,000001	0,000004	0,000013	0,000036	0,000081
7					0,000001	0,000003	0,000008

k \ λ	0,8	0,9	1,0	1,5	2,0	2,5	3,0
0	0,449329	0, 406570	0,367879	0,223130	0,135335	0,082085	0,049787
1	0,359463	0,365913	0,367879	0,334695	0,270671	0,205212	0,149361
2	0,143785	0,164661	0,183940	0,251021	0,270671	0,256516	0,224042
3	0,038343	0,049398	0,061313	0,125510	0,180447	0,213763	0,224042
4	0,007669	0,011115	0,015328	0,047067	0,090224	0,133602	0,168031
5	0,001227	0,002001	0,003066	0,014120	0,036089	0,066801	0,100819
6	0,000164	0,000300	0,000511	0,003530	0,012030	0,027834	0,050409
7	0,000019	0,000039	0,000073	0,000756	0,003437	0,009941	0,021604
8	0,000002	0,000004	0,000009	0,000142	0,000859	0,003106	0,008101
9			0,000001	0,000024	0,000191	0,000863	0,002701
10				0,000004	0,000038	0,000216	0,000810
11					0,000007	0,000049	0,000221
12					0,000001	0,000010	0,000055
13						0,000002	0,000013
14							0,000003
15							0,000001

Tavola 5   Probabilità $p_k = \dfrac{\lambda^k}{k!}e^{-\lambda}$ della distribuzione di Poisson

k \ λ	4,0	5,0	6,0	7,0	8,0	9,0	10,0
0	0,018316	0,006738	0,002479	0,000912	0,000335	0,000123	0,000045
1	0,073263	0,033690	0,014873	0,006383	0,002684	0,001111	0,000454
2	0,146525	0,084224	0,044618	0,022341	0,010735	0,004998	0,002270
3	0,195367	0,140374	0,089235	0,052129	0,028626	0,014994	0,007567
4	0,195367	0,175467	0,133853	0,091226	0,057252	0,033737	0,018917
5	0,156293	0,175467	0,016623	0,127717	0,091604	0,060727	0,037833
6	0,104196	0,146223	0,160623	0,149003	0,122138	0,091090	0,063055
7	0,059540	0,104445	0,137677	0,149003	0,139587	0,117116	0,090079
8	0,029770	0,065278	0,103258	0,130377	0,139587	0,131756	0,112599
9	0,013231	0,036266	0,068838	0,101405	0,124077	0,131756	0,125110
10	0,005292	0,018133	0,041303	0,070983	0,099262	0,118580	0,125110
11	0,001925	0,008242	0,022529	0,045171	0,072190	0,097020	0,113736
12	0,000642	0,003434	0,011264	0,026350	0,048127	0,072765	0,094780
13	0,000197	0,001321	0,005199	0,014188	0,029616	0,050376	0,072908
14	0,000056	0,000472	0,002228	0,007094	0,016924	0,032384	0,052077
15	0,000015	0,000157	0,000891	0,003311	0,009026	0,019431	0,034718
16	0,000004	0,000049	0,000334	0,001448	0,004513	0,010930	0,021699
17	0,000001	0,000014	0,000118	0,000596	0,002124	0,005786	0,012764
18		0,000004	0,000039	0,000232	0,000944	0,002893	0,007091
19		0,000001	0,000012	0,000085	0,000397	0,001370	0,003732
20			0,000004	0,000030	0,000159	0,000617	0,001866
21			0,000001	0,000010	0,000061	0,000264	0,000889
22				0,000003	0,000022	0,000108	0,000404
23				0,000001	0,000008	0,000042	0,000176
24					0,000003	0,000016	0,000073
25					0,000001	0,000006	0,000029
26						0,000002	0,000011
27						0,000001	0,000004
28							0,000001
29							0,000001

Tavola 6   Quantili $\chi^2_{m;q}$ della distribuzione χ^2

m \ q	0.005	0.01	0.025	0.05	0.1	0.9	0.95	0.975	0.99	0.995
1	(1)	(2)	(3)	(4)	(5)	2.71	3.84	5.02	6.63	7.88
2	0.0100	0.020	0.051	0.103	0.21	4.61	5.99	7.38	9.21	10.60
3	0.0717	0.115	0.216	0.352	0.58	6.25	7.81	9.35	11.34	12.84
4	0.207	0.297	0.484	0.711	1.06	7.78	9.49	11.14	13.28	14.86
5	0.412	0.554	0.831	1.15	1.61	9.24	11.07	12.83	15.09	16.75
6	0.676	0.872	1.24	1.64	2.20	10.64	12.59	14.45	16.81	18.55
7	0.989	1.24	1.69	2.17	2.83	12.02	14.07	16.01	18.48	20.28
8	1.34	1.65	2.18	2.73	3.49	13.36	15.51	17.53	20.09	22.96
9	1.73	2.09	2.70	3.33	4.17	14.68	16.92	19.02	21.67	23.59
10	2.16	2.56	3.25	3.94	4.87	15.99	18.31	20.48	23.21	25.19
11	2.60	3.05	3.82	4.57	5.58	17.28	19.68	21.92	24.73	26.76
12	3.07	3.57	4.40	5.23	6.30	18.55	21.03	23.34	26.22	28.30
13	3.57	4.11	5.01	5.89	7.04	19.81	22.36	24.74	27.69	29.82
14	4.07	4.66	5.63	6.57	7.79	21.06	23.68	26.12	29.14	31.32
15	4.60	5.23	6.26	7.26	8.55	22.31	25.00	27.49	30.58	32.80
16	5.14	5.81	6.91	7.96	9.31	23.54	26.30	28.85	32.00	34.27
17	5.70	6.41	7.56	8.67	10.09	24.77	27.59	30.19	33.41	35.72
18	6.26	7.01	8.23	9.39	10.86	25.99	28.87	31.53	34.81	37.16
19	6.84	7.63	8.91	10.12	11.65	27.20	30.14	32.85	36.19	38.58
20	7.43	8.26	9.59	10.85	12.44	28.41	31.41	34.17	37.57	40.00
21	8.03	8.90	10.28	11.59	13.24	29.62	32.67	35.48	38.93	41.40
22	8.64	9.54	10.98	12.34	14.04	30.81	33.92	36.78	40.29	42.80
23	9.26	10.20	11.69	13.09	14.85	32.01	35.17	38.08	41.64	44.18
24	9.89	10.86	12.40	13.85	15.66	33.20	36.42	39.36	42.98	45.56
25	10.52	11.52	13.12	14.61	16.47	34.38	37.65	40.65	44.31	46.93
26	11.16	12.20	13.84	15.38	17.29	35.56	38.89	41.92	45.64	48.29
27	11.81	12.88	14.57	16.15	18.11	36.74	40.11	43.19	46.96	49.64
28	12.46	13.56	15.31	16.93	18.94	37.92	41.34	44.46	48.28	50.99
29	13.12	14.26	16.05	17.71	19.77	39.09	42.56	45.72	49.59	52.34
30	13.79	14.95	16.79	18.49	20.60	40.26	43.77	46.98	50.89	53.67
40	20.71	22.16	24.43	26.51	29.05	51.81	55.76	59.34	63.69	66.77
50	27.99	29.71	32.36	34.76	37.69	63.17	67.51	71.42	76.16	79.49
60	35.53	37.48	40.48	43.19	46.46	74.40	79.08	83.30	88.38	91.96
70	43.28	45.44	48.76	51.74	55.33	85.53	90.53	95.02	100.43	104.23
80	51.17	53.54	57.15	60.39	64.28	96.58	101.88	106.63	112.33	116.33
90	59.20	61.75	65.65	69.13	73.29	107.57	113.15	118.14	124.12	128.31
100	67.33	70.06	74.22	77.93	82.36	118.50	124.34	129.56	135.81	140.18

(1)=0.00004;   (2)=0.00016;   (3)=0.00098;   (4)=0.0039;   (5)=0.0158

Riferimenti Bibliografici

1. Amman, H. M. (ed.) (1996): Handbook of Computational Economics. Elsevier: Amsterdam
2. Anthony, M., Biggs, N. L. (1996): Mathematics for Economics and Finance. Methods and Modelling. Cambridge University Press: Cambridge
3. Baltagi, B. H. (1999): Econometrics, 2nd edition. Springer: Berlin, Heidelberg
4. Baltagi, B. H. (1998): Solutions Manual for Econometrics. Springer: Berlin, Heidelberg
5. Baxter, M., Rennie, A. (1997): Financial Calculus. An Introduction to Derivative Pricing. Cambridge University Press: Cambridge
6. Chiang, A. C. (1984): Fundamental Methods of Mathematical Economics, 3rd edition. McGraw-Hill: New York
7. Cissell, R., Cissell, H., Flaspohler, D. C. (1990): Mathematics of Finance. Houghton Mifflin: Boston
8. Elliott, R. J., Kopp, P. E. (1999): Mathematics of Financial Markets. Springer: New York, Berlin, Heidelberg
9. Elton, F., Gruber, M. (1992): Futures and Options, 4th edition. Wiley: New York
10. Glenberg, A. M. (1998): Learning from Data. An Introduction to Statistical Reasoning. Erlbaum: Mahwah (NJ)
11. Jacques, I. (1999): Mathematics for Economics and Business. Addison-Wesley: Harlow
12. Jeffrey, A. (1995): Handbook of Mathematical Formulas and Integrals. Academic Press: San Diego (Calif.)
13. Levy, A. (1992): Economic Dynamics. Applications of Difference Equations, Differential Equations and Optimal Control. Avebury: Aldershot
14. Mansfield, E. (1994): Statistics for Business and Economics: Methods and Applications, Norton: New York
15. Moore, J. C. (1999): Mathematical Methods for Economic Theory. Springer: Berlin
16. Pestman, W. R. (1998): Mathematical Statistics – an Introduction. de Gruyter: Berlin, New York
17. Simon, C. P., Blume L. (1994): Mathematics for Economists. Norton: New York
18. Sirjaev, A. N. (1996): Probability, 2nd edition (Transl. from the Russian). Springer: New York, Heidelberg
19. Sydsaeter, K., Strom A., Berck, P. (1993): Economists' Mathematical Manual, 3rd edition. Springer: Berlin, Heidelberg
20. Watson C., Billingsley, P., Croft, D., Huntsberger, D. (1993): Statistics for Management and Economics, 5th edition. Houghton Mifflin: Boston
21. Wilmott, P., Howison, S., Dewynne, J. (1998): The Mathematics of Financial derivatives. A Student Introduction. Cambridge University Press: Cambridge

Indice analitico